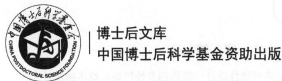

博士后文库
中国博士后科学基金资助出版

# 复杂机械系统不确定性分析方法及其工程应用

刘启明 著

科学出版社
北京

## 内 容 简 介

本书针对复杂装备高可靠性设计中面临的共性问题，对不确定性理论与方法展开了系统性研究，主要介绍了基于凸集理论的不确定性度量模型、全局敏感性分析方法和不确定性计算反求方法，建立了不确定性分析基本框架和软件平台，并开展了考虑个体差异的外骨骼机器人系统助力功效验证与评估工作。

本书适合高等院校机械工程类专业的师生阅读，也适合从事机械工程应用与研究的企业技术人员、科研院所研究人员参考阅读。

**图书在版编目（CIP）数据**

复杂机械系统不确定性分析方法及其工程应用 / 刘启明著. —北京：科学出版社，2022.6

（博士后文库）

ISBN 978-7-03-071362-9

Ⅰ. ①复… Ⅱ. ①刘… Ⅲ. ①机械系统-不确定系统-系统分析-研究 Ⅳ. ①TH122

中国版本图书馆 CIP 数据核字（2022）第 013005 号

责任编辑：陈 婕 李 娜 / 责任校对：任苗苗

责任印制：吴兆东 / 封面设计：蓝正设计

科学出版社出版

北京东黄城根北街 16 号

邮政编码：100717

http://www.sciencep.com

北京凌奇印刷有限责任公司印刷

科学出版社发行 各地新华书店经销

*

2022 年 6 月第 一 版 开本：720×1000 B5

2024 年 4 月第三次印刷 印张：15

字数：300 000

**定价：108.00 元**

# “博士后文库”序言

1985 年，在李政道先生的倡议和邓小平同志的亲自关怀下，我国建立了博士后制度，同时设立了博士后科学基金。30 多年来，在党和国家的高度重视下，在社会各方面的关心和支持下，博士后制度为我国培养了一大批青年高层次创新人才。在这一过程中，博士后科学基金发挥了不可替代的独特作用。

博士后科学基金是中国特色博士后制度的重要组成部分，专门用于资助博士后研究人员开展创新探索。博士后科学基金的资助，对正处于独立科研生涯起步阶段的博士后研究人员来说，适逢其时，有利于培养他们独立的科研人格、在选题方面的竞争意识以及负责的精神，是他们独立从事科研工作的“第一桶金”。尽管博士后科学基金资助金额不大，但对博士后青年创新人才的培养和激励作用不可估量。四两拨千斤，博士后科学基金有效地推动了博士后研究人员迅速成长为高水平的研究人才，“小基金发挥了大作用”。

在博士后科学基金的资助下，博士后研究人员的优秀学术成果不断涌现。2013 年，为提高博士后科学基金的资助效益，中国博士后科学基金会联合科学出版社开展了博士后优秀学术专著出版资助工作，通过专家评审遴选出优秀的博士后学术著作，收入“博士后文库”，由博士后科学基金资助、科学出版社出版。我们希望，借此打造专属于博士后学术创新的旗舰图书品牌，激励博士后研究人员潜心科研，扎实治学，提升博士后优秀学术成果的社会影响力。

2015 年，国务院办公厅印发了《关于改革完善博士后制度的意见》（国办发〔2015〕87 号），将“实施自然科学、人文社会科学优秀博士后论著出版支持计划”作为“十三五”期间博士后工作的重要内容和提升博士后研究人员培养质量的重要手段，这更加凸显了出版资助工作的意义。我相信，我们提供的这个出版资助平台将对博士后研究人员激发创新智慧、凝聚创新力量发挥独特的作用，促使博士后研究人员的创新成果更好地服务于创新驱动发展战略和创新型国家的建设。

祝愿广大博士后研究人员在博士后科学基金的资助下早日成长为栋梁之才，为实现中华民族伟大复兴的中国梦做出更大的贡献。

中国博士后科学基金会理事长

# 前　言

不确定性是物质世界的固有属性，无论是基础科学研究还是工程应用研究，都不可避免地存在大量不确定性因素。由于这些不确定性因素的存在，即便是微小的波动，其耦合作用也会导致产品失效或系统产生较大的偏差，甚至会引发重大生产事故。目前，在工程实际问题中，其设计通常建立在确定性理论的基础上，常采用设计参量的均值、极值等确定性数值，而忽略了自身或外界不确定性参数的影响，从而无法保证产品或系统的可靠性和稳定性。因此，发展不确定性理论与方法将为开发先进装备或高端产品奠定理论基础并提供技术支撑，对提高产品或系统的可靠性和稳定性、缩短开发周期、节省研发成本等方面有重要作用，同时对提升我国装备制造业自主创新能力、应对行业重大需求及保障国家战略安全等方面具有重要意义和工程价值。

围绕复杂机械装备高可靠性设计中面临的共性问题，作者在导师韩旭教授的指导下对不确定性理论与方法展开系统性研究，建立一套在不确定条件下提升系统可靠性的分析模型、计算方法以及软件平台，以重点解决工程实际问题中面临的小样本条件下不确定性量化与传播精度低、高维参量敏感性分析求解效率低、高精度数值建模中参数难以识别等瓶颈问题。本书系统地介绍不确定性理论与方法并结合工程问题阐述其实用性，全书共 6 章。第 1 章对不确定性领域的研究背景和意义、国内外研究现状以及存在的问题进行阐述。第 2 章介绍基于凸集理论的不确定性量化模型，包括区间模型、椭球模型、平行六面体模型以及椭球可能度模型，进一步介绍两类不确定性传播方法，并介绍智能手表电子封装的不确定性分析与无人机航拍摄像头的可靠性分析两个工程应用。第 3 章介绍全局敏感性分析方法，主要包括多输入单输出全局敏感性分析方法及近似求解、多输入多输出全局敏感性分析方法、基于近似高维模型表达的全局敏感性分析方法，并介绍敏感性分析方法在 B 柱削层结构优化设计、乘员约束系统区间优化设计、复合材料机械连接头设计以及火炮外弹道炮口状态参数的重要性评估等工程问题中的应用。第 4 章分别在概率和非概率的框架下介绍两类不同的不确定性计算反求方法(点估计和逆 Nataf 转换结合法、区间降维法)，并分别用车辆事故重建和复杂系统模型参数识别两个工程应用对所提方法进行验证。第 5 章简述几种不确定性分析软件平台，主要介绍一个不确定性分析综合软件平台，其主要模块包括代理模型、全局敏感性分析平台、不确定性分析等。第 6 章介绍不确定性条件下人体下肢运动分析与外骨骼机器人系统的开发，主要包括构建人体最优移动成本等值线、人体下肢肌肉群肌力与激活程度的差异性分析以及外骨骼机器人样机试验验证。

本书内容主要基于作者在博士后在站期间关于不确定性、敏感性、反问题及其工程应用等方面的研究，涉及的研究项目包括国家自然科学基金青年科学基金项目“多源不确定条件下移乘护理机器人多椭球传播分析方法与可靠性研究”(项目编号：11902110)，中国博士后科学基金特别资助项目“康复助力复合型外骨骼人机耦合系统关键问题研究”(项目编号：2020T130167)，中国博士后科学基金面上资助项目“多源不确定条件下柔性助行外骨骼机器人关键技术研究”(项目编号：2019M660963)，也涉及对一些经典理论、方法、模型以及软件平台的概述。

特别感谢导师韩旭教授在作者科研工作中给予的辛勤指导和谆谆教诲，感谢郭士杰教授在作者开发外骨骼机器人系统过程中的指导和帮助，也感谢唐嘉昌博士在作者研究区间反求计算过程中的支持和帮助，感谢吴兴富对书稿提出的宝贵意见并协助完成软件平台的开发，感谢课题组佟妮宸、代玉星、郭新丹等协助完成全书图表加工和文字整理等工作。

尽管慎之又慎，限于作者水平，书中难免存在不足之处，敬请读者批评指正。

刘启明

2021 年 5 月

# 目　录

"博士后文库"序言
前言
第 1 章　绪论 …… 1
1.1　研究背景和意义 …… 1
1.2　国内外研究现状 …… 3
1.2.1　不确定性分析理论与方法研究现状 …… 3
1.2.2　敏感性分析理论与方法研究现状 …… 10
1.2.3　不确定性反问题理论与方法研究现状 …… 15
1.2.4　不确定性分析软件平台开发研究现状 …… 17
1.3　关键科学问题与技术难点 …… 19
1.4　本书结构与内容安排 …… 22
参考文献 …… 24
第 2 章　复杂机械系统不确定性量化与传播分析方法 …… 40
2.1　引言 …… 40
2.2　不确定性凸集度量模型 …… 41
2.3　基于椭球可能度模型的不确定性量化方法 …… 43
2.4　基于椭球可能度模型的不确定性传播分析方法 …… 47
2.4.1　基于拉格朗日乘子法和 EPM 结合的不确定性传播分析 …… 47
2.4.2　基于椭球体积比的不确定性传播分析 …… 48
2.5　数值算例 …… 52
2.5.1　算例 Ⅰ …… 52
2.5.2　算例 Ⅱ …… 55
2.5.3　算例 Ⅲ …… 57
2.6　工程应用 …… 58
2.6.1　工程应用 1：智能手表电子封装设计的不确定性分析 …… 59
2.6.2　工程应用 2：无人机航拍相机热固耦合系统的可靠性分析 …… 63
参考文献 …… 66
第 3 章　复杂机械系统全局敏感性分析方法 …… 68
3.1　引言 …… 68

3.2 多输入单输出系统的全局敏感性分析方法 ······ 69
3.2.1 基于方差分解和偏导积分的全局敏感性分析方法 ······ 69
3.2.2 基于蒙特卡罗模拟的全局敏感性近似求解 ······ 80
3.3 多输入多输出系统的全局敏感性分析方法 ······ 84
3.3.1 基于和函数方差与协方差分解的全局敏感性分析方法 ······ 84
3.3.2 基于近似高维模型表示的全局敏感性快速求解 ······ 99
3.4 工程应用 ······ 104
3.4.1 工程应用 1：基于敏感性分析的 B 柱削层结构优化设计 ······ 104
3.4.2 工程应用 2：基于敏感性分析的乘员约束系统区间优化设计 ······ 108
3.4.3 工程应用 3：基于敏感性分析的复合材料机械连接头设计 ······ 116
3.4.4 工程应用 4：火炮外弹道敏感性分析 ······ 118
参考文献 ······ 123
**第 4 章 复杂机械系统不确定性计算反求方法** ······ 127
4.1 引言 ······ 127
4.2 基于点估计和逆 Nataf 转换的不确定性计算反求方法 ······ 128
4.2.1 随机不确定性反问题的数学描述 ······ 128
4.2.2 基于 Nataf 算法的变量相关性转换 ······ 129
4.2.3 基于点估计的不确定性反问题快速求解方法 ······ 129
4.2.4 INT-PEM 不确定性计算反求方法的基本流程 ······ 131
4.2.5 基于最大熵原理估计不确定性反求参量的概率密度函数 ······ 133
4.2.6 数值算例 ······ 134
4.3 基于区间分析的不确定性计算反求方法 ······ 134
4.3.1 区间不确定性反问题的数学描述 ······ 134
4.3.2 反求函数降维模型 ······ 135
4.3.3 基于自适应配置方法的快速反求计算策略 ······ 138
4.3.4 确定性反问题求解 ······ 140
4.3.5 区间不确定性计算反求方法的基本流程 ······ 141
4.3.6 数值算例 ······ 142
4.4 工程应用 ······ 144
4.4.1 工程应用 1：车-车碰撞事故重建 ······ 144
4.4.2 工程应用 2：乘员约束系统模型参数识别 ······ 155
参考文献 ······ 156
**第 5 章 复杂机械系统不确定性分析软件平台** ······ 159
5.1 引言 ······ 159
5.2 不确定性量化软件平台 UQLab ······ 159

5.2.1 不确定性量化软件的基本框架 …… 159
5.2.2 基于混沌多项式展开的代理模型 …… 160
5.3 基于蒙特卡罗模拟的敏感性分析与不确定性分析软件 …… 165
5.3.1 统计预处理模块 …… 166
5.3.2 模型执行模块和统计后处理模块 …… 168
5.4 基于高维模型表示的全局敏感性分析平台 …… 168
5.4.1 高维模型表示构建平台 …… 170
5.4.2 HDMR 敏感性指标计算 …… 171
5.5 不确定性分析综合软件平台开发 …… 172
5.5.1 不确定性分析综合软件平台介绍 …… 172
5.5.2 采样技术 …… 173
5.5.3 代理模型构建平台 …… 174
5.5.4 全局敏感性分析平台 …… 176
5.5.5 不确定性量化与传播分析基本流程 …… 178
参考文献 …… 180
**第 6 章 不确定性条件下人体下肢运动分析与外骨骼机器人系统开发** …… 181
6.1 引言 …… 181
6.2 考虑个体差异的人体最优移动成本研究 …… 182
6.2.1 考虑特征差异的人体步态分析实验 …… 182
6.2.2 人体最优移动成本与步行指标 …… 185
6.3 基于运动学实验和生物力学仿真的人体下肢肌肉特性分析 …… 190
6.3.1 动作捕捉实验与人体运动学仿真分析 …… 190
6.3.2 不同运动模式下下肢肌肉的差异性分析 …… 195
6.4 助力外骨骼机器人系统开发与试验验证 …… 214
6.4.1 助力外骨骼机器人结构设计 …… 214
6.4.2 助力外骨骼机器人试验验证 …… 216
参考文献 …… 217
**附录 A 多目标优化解集表** …… 220
**附录 B 伪代码** …… 222
**附录 C 受试者生理信息表** …… 225
**编后记** …… 227

# 第1章 绪　论

## 1.1 研究背景和意义

不确定性是客观世界的本质属性[1]，也是基础科学研究和工程应用研究不可忽视的客观存在。人类对不确定性的认知经历了漫长的过程。大约 2300 多年前，我国著名的哲学家庄子在《齐物论》中提到“物无非彼，物无非是。自彼则不见，自知则知之……是亦彼也，彼亦是也……”，从认知层面给出了世界具有不确定性的重要论述[2]。8 世纪，西方著名哲学家大卫·休谟指出“对不确定性的认知是人类知识的起点”。然而在后期的发展中不确定性并没有引起学者的关注，直到 1927 年德国物理学家海森伯首次提出不确定性原理，并采用科学的手段论证了粒子的不确定性[3]，才使得不确定性概念被广泛接受。在这之前，以牛顿经典力学为基础的确定性理论统治一切，其认为整个宇宙是一个确定性的动力学系统[4]，只要知道世界某一时刻的状态便可预测未来发生的任意事件。19 世纪后期，玻尔兹曼、吉布斯等人把随机性引入物理学，建立了以牛顿定律对群体行为进行确定性描述和以“概率”对个体行为进行不确定性描述的统计力学[4]。20 世纪初，量子力学的出现，揭示了不确定性是自然界的本质属性，进而建立了不确定性理论。在哲学发展中对确定性和不确定性的关系认识也逐渐统一，认为不确定性是绝对的，而确定性是相对的，二者是既对立又统一的辩证关系[5]。

近年来，随着计算机性能的飞速发展和人类认知水平的快速提升，无论是基础科学研究还是工程应用研究，世界各国对不确定性研究的重视程度越来越高，美国国家科学院、美国国家航空航天局、劳伦斯-伯克利国家实验室、美国机械工程师协会、圣地亚国家实验室、欧洲核子研究小组等都组织了高水平研究团队进行重点攻关。2006 年，美国国家科学基金会明确将不确定性量化与优化列为未来工程与科学仍具有“挑战、困难和机遇”的核心问题[6]。2013 年，美国国家研究委员会在出版的《2025 年的数学科学》中强调：“不确定性量化是一门新兴交叉性极强的综合性学科”[7]。2020 年，美国国家科学院关于科学可重复性和可复现性的报告中提到“不确定性是科学固有的一部分，科学家认识、描述研究和结果中的不确定性是他们义不容辞的责任”[8]。过去十年，我国高等院校、科研院所等机构持续加强了对不确定性领域的研究，根据国家自然科学基金统计数据，以“不确定性”为检索词，获批的研究项目翻了一倍多，从 331 个增加到 670 个，资助金额增长近两倍，从10694万增加到30479万。

随着现代化工业进程加速发展，机械装备也正在向高度复杂化、精细化、智能化方向发展，其可靠性与安全性问题日益凸显。然而，由于技术条件、认知水平的局限性并考虑经济性，在实际工程问题中不可避免地会存在大量不确定性因素，这导致复杂机械装备在设计和分析过程中会面临巨大的挑战。这些不确定性因素主要来自以下几个方面：

(1) 载荷不确定性。机械装备在运行或工作过程中会受到外部激励作用，服役环境通常会对外部激励产生影响，如飞机在飞行过程中受到的风载荷、舰艇在海面上受到的浪载荷、车辆在行驶中受到的路面载荷、堤坝受到的水流冲击载荷及光伏设备受到的太阳辐射等。这些外部激励通常是不固定的，在空间或时间上存在一定的不确定性[9-13]。

(2) 几何不确定性。零部件在生产加工过程中因加工精度、生产工艺等技术条件限制及其组装调试过程中人为因素影响会产生诸多误差，如加工误差、测量误差、装配误差等，导致机械装备存在几何不确定性[14-17]。

(3) 材料不确定性。材料在制备合成过程中不论是宏观结构还是微观组织都不是一成不变的，受材料设计、制备环境、制备工艺等影响，其结构和组织都是不同的，宏观层面上如排列方式、成分配比等，微观层面上如孔径尺寸、气泡数量、杂质含量等[18-20]。尤其是一些对光、热等比较敏感的材料，不同批次材料的性能必定会存在差异性，即便是同批次材料，也很难保证其特性完全相同。此外，材料在服役过程中的性能也会不断发生变化，如氧化、老化、硬化等[21-23]。

(4) 边界条件不确定性。工程实际问题往往是非常复杂的，结构件之间的接触、流固耦合之间的相互作用等边界条件很难准确设定，导致其存在较大的不确定性，如冲压过程中凸凹模与板料之间的动摩擦系数、流场分析中有无黏性及雷诺数确定等[24-27]。

(5) 控制不确定性。高端装备通常是一种高度非线性强耦合的复杂系统，控制系统就如同人的“大脑”，通过若干个传感器实时反馈的信息来对复杂系统进行有效调控，然而，在服役环境中由外界扰动、传感器分辨率不同等导致的反馈信息会存在一定偏差，很难对系统进行准确控制，这使得复杂机械装备存在控制不确定性[28-30]。

(6) 模型不确定性。数值模拟是一种重要的分析手段，可以大大减少物理实验次数、降低研发成本、缩短设计周期等，有效克服传统设计中面临的设计质量差、设计效率低、开发成本高等困难。然而，工程实际问题非常复杂，在现有技术和认知水平下，很难建立与真实情况完全相同的数值模型，只能对实际问题进行简化或等效，数值模拟从本质上而言是对真实问题的一个近似，其模型本身存在一定的不确定性[31-33]。

(7) 环境不确定性。机械装备的服役环境并不是固定不变的，服役环境的改变势必会影响装备的性能，如南北温差会影响电动汽车电池性能，风速快慢会影响弹丸落点的精度，振动环境会影响机床加工精度和寿命等[34-36]。因此，机械装备的服役环境也具有不确定性。

通常情况下不确定性对系统的影响较小，但来自不同阶段、不同模块的多源不确定性发生相互耦合并进行放大传播，会导致不确定性参量即便只发生微小变化也会使产品或系统产生较大的偏差、抑或失效甚至引发重大事故。例如，1986 年，美国发射的“挑战者号”航天飞机失事和苏联发生的“切尔诺贝利核电站事故”，都是因为在设计中忽视了不确定性因素的影响，导致系统发生了无法预知的变化，最终造成了毁灭性的灾难。在机械装备设计、生产及服役中如果不考虑多源不确定性因素的影响，就会大大降低系统或产品的可靠性及安全性。因此，发展不确定性理论与方法，科学系统地对不确定性进行度量、评估及控制，对提高机械装备系统可靠性和安全性具有重要作用，同时也对提升我国装备制造业自主创新能力、应对行业重大需求及保障国家战略安全等方面具有重要意义和工程价值。

## 1.2　国内外研究现状

不确定性是一门新兴交叉学科，涉及领域非常广泛，如高端装备设计、新材料合成、精密加工、人工智能、新能源汽车等。不确定性领域的研究已成为当前全球研究热点，受到了学者的高度重视。Oberkampf 等[37]在 2004 年围绕不确定性提出了著名的两个挑战问题：认知不确定性的表达与传播和认知不确定性与随机不确定性的混合。2011 年，国际顶级期刊 *Reliability Engineering & System Safety* 采用专题的形式出版了一期有关不确定性量化的最新研究[38-40]。不确定性量化也成为国际学术界最为活跃的前沿交叉学科之一。为了进一步促进不确定性相关研究的学术交流，美国 Begell 集团、美国工业与应用数学协会和美国统计学会于 2011 年、2014 年分别创建了不确定性领域的专业学术期刊 *International Journal for Uncertainty Quantification* 和 *SIAM-ASA Journal on Uncertainty Quantification*，并于 2012 年创办了两年一届的国际学术会议“SIAM Conference on Uncertainty Quantification”[41]。不确定性研究正/反问题分析基本框架如图 1-1 所示，其涉及的主要内容包括：不确定性量化与传播分析、敏感性分析、不确定性反问题、可靠性评估、不确定性优化设计、模型构建、系统集成与软件开发以及工程应用等。

### 1.2.1　不确定性分析理论与方法研究现状

从认知的角度来看，通常不确定性分为两类[42-46]，即随机不确定性(aleatory

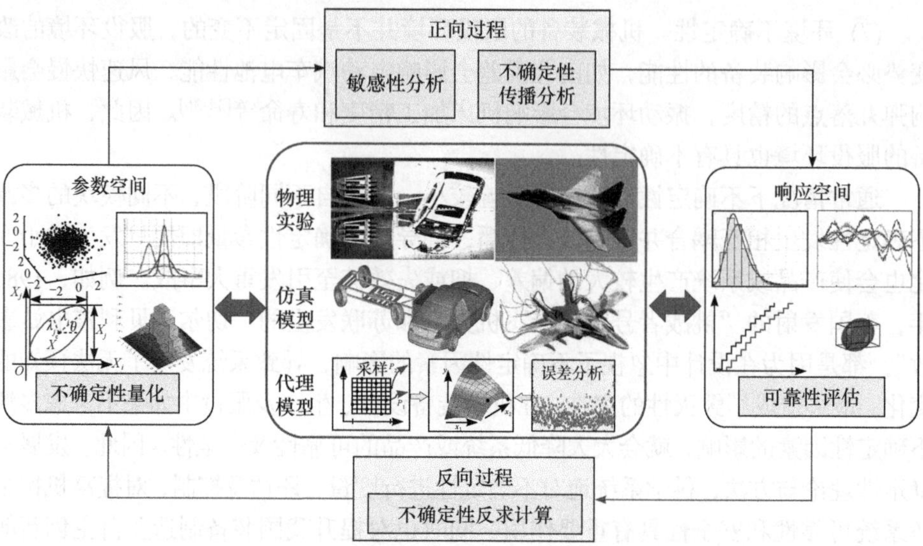


图 1-1 不确定性研究正/反问题分析基本框架

uncertainty)和认知不确定性(epistemic uncertainty)。随机不确定性，也称为客观不确定性或统计不确定性，是由系统本身固有的物理属性或环境因素所引起的，不能通过提高认知水平或增加数据来消除[47-51]。随机不确定性在表现形式上具有统计特性，通常采用概率的手段来描述，用概率密度函数来表征设计变量的不确定性。认知不确定性，又称为主观不确定性，是由对所研究对象描述不准确或数据不足而造成的[52-54]。随着认识水平的提高和样本数据的增多，认知不确定性会逐渐减少，甚至会被消除。围绕这两类不确定性的理论、方法及工程应用，学者开展了大量的研究工作，并取得了一系列研究成果，建立了多种不确定性分析理论，主要包括概率理论、模糊集理论、可能性理论、区间分析理论、P-box理论、证据理论、凸集理论、聚类多边形理论等。图 1-2 为不确定性理论发展时间历程图。

1. 随机不确定性理论研究

随机不确定性理论是统计学的重要组成部分，其研究对象是自然界中的随机性，具体指的是在基本条件不发生变化的情况下，观察或测试结果都具有偶然性。对于单个事件，其随机不确定性是杂乱无章的，而对于大量事件，其总体行为又呈现一定的统计学规律。虽然人类对随机现象的认识无从考证，但有一点可以确定：人的诞生(主要指性别)本身就具有随机性。概率论是量化随机不确定性的重要手段，其起源与博弈问题相关。16 世纪，意大利一些学者关注掷骰子等赌博中的随机问题，即判断出现某些点数的可能性。17 世纪初，伯努利建立了概率论中

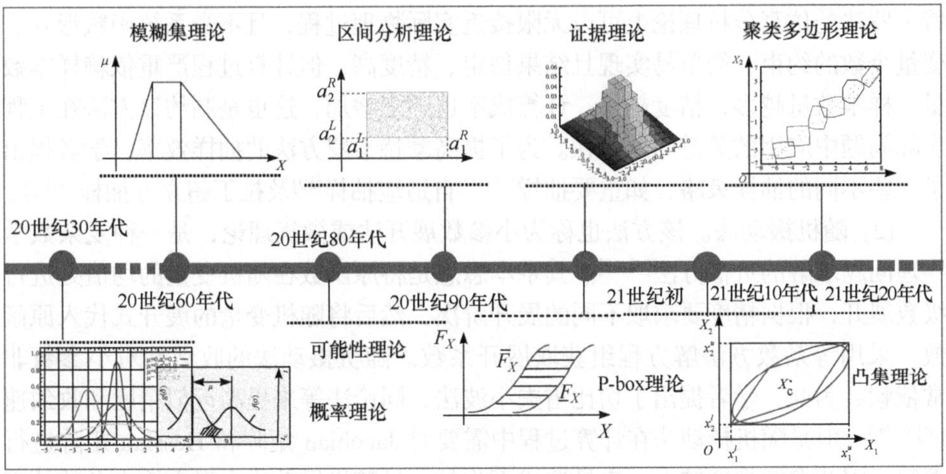


图 1-2 不确定性理论发展时间历程

第一个极限定理，即伯努利大数定律，他撰写了概率论史上第一部里程碑性质的专著《推测术》，对推动概率论成为数学分支做出了巨大贡献；同时期，棣莫弗也对概率论展开了广泛而深入的研究，完成了概率论史上第二部里程碑性质的著作《机遇论》。17 世纪中叶，针对一些复杂的赌博问题，数学家帕斯卡、费马和惠更斯基于排列组合的方法解决了合理分配赌注、输光等问题，此方法并不是直接计算赌徒赢局的概率，而是计算期望的赢值，这也是统计学中期望的由来。18 世纪，拉普拉斯在总结前人工作的基础上写出了概率论史上第三部里程碑性质的专著《概率的分析理论》，在这部著作中，他首次明确规定了概率论的古典定义。19 世纪，数学家马尔可夫、李雅普诺夫以及切比雪夫等人，相继引入了随机变量、概率密度函数、分布函数等，使得数学分析开辟了概率论这一新的领域。1933 年，柯尔莫哥洛夫率先使用测度论作为概率严格表述的工具，建立了概率论公理化体系，在他出版的著作《概率论基础》中第一次定义了概率测度论，以及首次提出了严密的公理体系，从客观实际出发，概括了概率的古典定义、几何定义以及频率定义，这也是概率论发展史上的里程碑著作。20 世纪初，根据实际问题需要以及受到物理学刺激，人们开始研究随机过程。1905 年，爱因斯坦和斯莫卢霍夫斯基分别从不同的概率模型求得了布朗运动质点的转移密度。1907 年，马尔可夫在研究随机变量序列时，提出了马尔可夫链的概念，为后续随机过程的研究奠定了重要基础。1923 年，维纳第一次提出了将三角级数做布朗运动的严格数学定义。随着概率论理论体系和数学分析方法的完善，随机不确定性的研究日趋成熟，其常用分析方法主要包括如下几种。

(1) 蒙特卡罗法。该方法是一种随机抽样或统计实验方法，根据大数定律和中心极限定理，通过大量的随机实验来获取某系统的不确定性输出[55-57]。基于蒙特卡罗法的仿真分析理论上可以无限接近实际物理过程，且不受系统函数形式、变量个数的约束，简单易实现且结果稳定、精度高，但计算过程严重依赖样本数量，样本数量越多，精度越好，计算成本也随之增加，这也是制约该方法在工程实际问题中应用的关键问题所在。为了提高蒙特卡罗方法的抽样效率，学者提出了一些不同的抽样策略，如重要抽样[58]、自适应抽样[59]及拉丁超立方抽样[60]等。

(2) 随机摄动法。该方法也称为小参数展开法或微扰理论，是一种复杂数学物理问题求解的近似方法[61-63]。其基本思想是将原函数在随机变量的均值处进行级数展开，根据精度要求取不同的展开阶次，然后将随机变量的展开式代入原函数，采用等系数方法解方程组获取展开系数。随机摄动法的收敛性对小参数非常依赖，为此，学者提出了切比雪夫小波法、同伦法等来提高近似精度和收敛速度[64-66]。但是随机摄动法在计算过程中需要对 Jacobian 矩阵和 Hessian 矩阵进行求解，因此求解难度较大，容易造成不收敛，且随机摄动法会引入输入参数的不确定性，尤其是对高非线性函数的适用性较差。

(3) 矩方法。该方法的基本思想是利用矩的求解公式直接计算样本信息的统计矩，避免了方程组求解[67,68]。在不确定性传播分析过程中，利用该方法只需运行若干次元模型计算，即将原不确定性问题的求解转化成确定性问题的求解，便于实现计算。基于统计矩的不确定性传播方法，其求解精度由配置样本点决定，样本点数量增加，计算精度提高，但样本点数量的增加会使得计算成本也随之增加。学者针对此方法开展了诸多工作，Xiu 等[69]将混沌多项式方法进行推广，处理了具有任意分布特性的不确定性问题；Blatman 等[70]提出了一种自适应多项式选择法，通过计算将正交多项式中的重要项进行保留，避免了因项数过多而影响计算效率。为了进一步解决不确定性问题中的维数灾难瓶颈，Xu 等[71]提出了降维积分方法，使用该方法可以将原系统函数分解成多个单维或低维的子系统，利用配置点信息求解子系统的统计矩。学者针对降维积分方法受制于函数交叉项的影响，又引入了稀疏网格的积分方法[72,73]。

(4) 概率密度演化法。李杰等[74,75]在概率守恒原理的基础上，通过引入增广状态向量，得到了随机结构响应的状态方程，进而提出了随机结构响应的概率密度演化法。为了进一步提高概率密度演化方程的计算效率，学者又发展了切比雪夫配置点法[76]、数论选点法[77]、再生核质点法[78]等来选取不确定性空间中具有代表性的点集，以减小概率密度演化方程求解的计算规模。目前，该方法已成功地应用于各种复杂结构的非线性随机动力学分析中[79,80]。

除了上述几类常用的方法，随机不确定性理论在工程设计领域还滋生了两个重要的研究热点。一个研究热点是随机振动理论。1958 年，随着麻省理工学院主办的随机振动研讨班顺利召开以及研讨成果集结成论文集出版，随机振动作为一门新学科诞生了，而后其理论不断拓展形成了完善的理论体系，其中不乏一些经典的方法，如用于解决线性随机振动问题的时域分析法、功率谱法、完全二次结合法等，以及用于解决非线性随机振动问题的矩函数截断法、等效线性化法等[81-84]。另一个研究热点是随机有限元法，主要探究不确定输入与输出响应变异性之间的传播规律。1972 年，Shinozuka 等[85]提出将蒙特卡罗法用于有限元分析中。随后，一系列随机有限元法被提出，如摄动随机有限元法、谱随机有限元法、变分随机有限元法等[86-88]，使得随机有限元理论进一步得到完善，一些方法已经成功地应用到工程实际问题中，如汽车平顺性分析、海洋平台强度分析等。随机不确定性理论经过半个世纪的发展已取得了巨大成果，从静态到动态，从线性到非线性，从一般问题到特殊问题等，形成了一套完整的理论体系和分析方法。然而，随机不确定性理论在处理不确定性问题时要求物理参数明晰、分布规律确定、样本数量充足，这严重制约了其在复杂工程实际问题中的应用。为了弥补随机不确定性理论的缺陷，有必要发展一种具有互补性的理论方法，即认知不确定性理论。

2. 认知不确定性理论研究

认知不确定性是由知识水平有限导致对复杂系统的认识不足或因样本信息匮乏造成的，但认知水平的提高、知识的完善、经验的不断累积以及信息的不断搜集等，可以减少或消除认知不确定性[89,90]。随着不确定性研究在工程应用中的重视程度不断提高和发展，暴露出了不少问题或困难，如随机概率法对于一些数据样本充足、计算成本低且可控的情况是受欢迎的，而对于大多数工程实际问题，系统信息获取技术要求高、获取成本大、获取时间长等会导致数据样本匮乏，所以不足以开展基于概率的不确定性传播问题研究。为此，近年来，学者围绕认知不确定性分析展开了诸多研究并发展了认知不确定性分析理论和方法，完善了非概率不确定性分析的理论体系，常见的理论主要包括以下方面。

(1) 模糊集理论(fuzzy set theory)。模糊概念是指人类在认知过程中把事物的共同特点抽象成概念并外延，具有不确定性。模糊性的特点是对事物的认识亦此亦彼、亦是亦非，界定不清，呈现出模棱两可的现象，模糊性与精确性是对立关系，不可将模糊性与随机性混淆，二者有本质的区别，随机性是由于发生的条件不充分导致条件与事件之间没有确切的因果关系，用概率的手段描述其可能性，而模糊性是研究的事物概念本身是模糊不清的[91]。模糊集理论是不确定性理论的一个分支，以现实世界的模糊性为研究对象，与人类思维过程关系密切。大多数用于建模、推理和计算的传统工具都是清晰、确定的，例如，在传统的双重逻辑中，一个陈述可以是真或假，两者之间没有任何关系。在集合论中，一个元素要么属于一个集合，要么不属于，两者之间没有任何交集。模型精确地表示真实系统时，也就是说，它是明确的，不包含歧义，并且它的参数是准确的、已知的，对于它们的值或它们的出现没有任何疑问。早期模糊集理论发展阻力较大，一些学者认为“模糊化”与基本科学原则相违背，因此其前期发展一直处于争论中，这一理论被认为是对偶逻辑和经典集合理论的延伸，但是，经过几十年的发展，它已经朝着“模糊”数学的方向推进[92,93]，直到1965年美国加利福尼亚大学伯克利分校 Zadeh[94]首次提出了模糊集合概念后，才步入科学正轨，后来他又提出了多个概念，如模糊算法、模糊排序等。Bellman 等[95]提出了模糊决策，之后许多学者针对工程实际问题，提出了许多不同的解决方法，主要分为三类基本问题：带有容差的模糊规划、带有不确定目标和约束的模糊规划以及带有容差及不确定性的模糊规划[96-100]。随后，模糊集理论迅速发展起来并在工程实践中得到广泛应用。针对模糊集理论及其相关领域，学者开展了一系列研究并取得了诸多成果。模糊集理论已经在多个领域得以应用，如人工智能、计算机科学、医学、控制工程、决策理论、专家系统、逻辑学、管理科学、运筹学、模式识别和机器人技术等。

(2) 凸集理论(conex set theory)。凸集理论又称为非概率集合理论或凸模型理论，是一种典型的认知不确定性量化分析理论，该理论通过凸域来对不确定性变量进行定量化描述，其强调不确定变量未知而有界的属性[101]。20世纪90年代，凸集理论由 Ben-Haim 等[102]在应用力学领域提出，用于处理工程问题中样本信息匮乏的情形。凸模型是概率模型的一种有效替代，仅需少量样本信息便可得到不确定变量的边界，大大降低了对样本信息量的依赖，在工程实际中具有高效易实施的优势，因而受到了学者的广泛关注和持续研究，许多凸模型方法已经成功应用于工程实际中。凸集理论应用最广泛的两类模型是区间模型和椭球模型。区间模型因建模简便、所需样本数量少，在工程实际中广受青睐。邱志平等[103,104]以区间数学为基础发展了区间参数摄动法和区间矩阵摄动法，可有效获取结构响应的上下边界，并采用泰勒级数展开提出了一种基于区间分析的非线性振动系统动力学响应边界估计法。随后，邱志平团队又围绕区间模型进一步对其理论和方法进行了完善和拓展，在非概率框架下提出了一系列不确定性分析方法，如一阶区间参数摄动法、改进的区间参数摄动法、区间拓扑优化法[105,106]。郭书祥等[107]将区间分析方法与有限元法相结合，发展了区间有限元法用于控制方法的迭代求解。Chen 等[108]也提出了一种区间有限元法，用于梁单元结构强度分析。杨晓伟等[109]将矩阵摄动理论和区间分析方法相结合，提出了一种基于扩充单元的静力区间有限元法。Degrauwe 等[110]为了解决区间有限元计算耗时问题，提出了一种基于仿射变换的区间分析方法。黄康等[111]和孙剑萍等[112]采用非概率区间分析方法对机器人定位精度进行了不确定性建模。Gouttefarde 等[113]采用区间分析方法确定了并联绳驱机器人扳手工作空间。区间模型通常假设变量之间不存在耦合关系，是独立的。针对具有相关性的不确定变量，Zhu 等[114]以区间模型为基础对实验数据进行包络，进而发展了多维椭球凸集模型。Kumar 等[115]尝试采用最小体积直接对实验数据进行包络，进而发展了一种基于最小体积的椭球模型。姜潮等定义了不确定而有界参数的中心、方差、协方差等数字特征，提出了一种基于相关性的椭球模型构建方法[116]，并在此模型基础上，将椭球模型进一步拓展并成功应用于结构可靠性设计和不确定性传播领域[117-121]。为了进一步对凸集理论进行拓展，姜潮等又提出了平行六面体模型，可同时对相关参量和不相关参量进行不确定性量化[122-124]。针对具有聚类特性的不确定性参量，刘杰等提出了基于多边形的凸集模型和基于高斯聚类多椭球的凸集模型[125-128]。上述所提凸集模型只能处理静态问题，针对具有空间或时变特性的不确定性参数，倪冰雨[129]发展了一种非概率凸集模型过程并将其应用于结构动态可靠性问题，同时发展了区间过程和区间场模型用于处理结构时变或空间不确定性问题。经过学者的持续研究和拓展，凸集理论发展迅速并已被成功应用于工程实际问题中，例如，曹鸿钧等[130]利用凸集模型进行了电子仪器多学科耦合系统的不确定性分析；Kang 等[131]和 Luo 等[132]基于概率和多椭球凸集混合模型研究了机翼箱体结构的可靠性。非概率凸集模型在复杂工程问题的不确定性量化和可靠性分析中展现出了强大的能力，应用广泛。

(3) 证据理论(evidence theory)。该理论于 1967 年由 Dempster 等[133]首次提出，后由其学生 Shafer[134]进一步改进和完善，因此又称为 Dempster-Shafer 理论。证据理论是对概率理论的进一步推广，其基本思想是通过构建命题与集合之间的对应关系，将命题不确定性转化为集合不确定性。基于基本可信度分配函数得到可信度和似真度，即为概率的上下边界，将其用来描述命题的不确定性[135-138]。相比其他不确定性理论模型，证据理论的基本概率分配不满足可加性和单调性，因而具有更加灵活的建模框架，在处理认知不确定性时能表现出更大的优势。此外，证据理论的另一个优势是在不同条件下可等效成其他不确定性模型，例如，随着不确定性参量的样本信息增加，可信度分配函数的子区间数目增多，进而可得到参量的近似概率密度函数，即实现向概率模型的等效；随着不确定性参量的样本信息减少并只能获取其区间上下界，证据理论模型可退化成区间模型。证据理论是一个更弱、更灵活的公理体系，其信度之和不一定等于一，对各类不完全、不精确、不可靠信息能够更合理地描述和处理[139,140]。

近年来，学者针对证据理论及其应用领域展开了诸多研究并取得了一系列研究成果，在工程实际问题中也得以成功应用。Oberkampf 等[141,142]为了评价数值仿真的准确性和实用性，研究了证据理论在不确定性分析中的优、劣势。Yang 等[143]采用改进的证据理论方法，分别考虑多个专家的评价意见、失效模式和三个风险因素，对不同的评价信息进行了综合。Guo 等[144]提出了一种利用信息融合技术和遗传算法(genetic algorithm，GA)确定结构损伤位置和程度的两阶段方法。Chen 等[145]采用证据理论融合不同信号特征来预测焊接过程的熔透状态。Bae 等[146]以机翼结构设计为例，评价了证据理论与机身结构初步设计不确定性量化问题的相关性。焦元是证据理论的基本元素，但焦元离散属性使得证据理论在不确定性量化和传播分析中存在计算成本大、效率低的缺陷，且随着维数增加会出现“维数爆炸”，从而制约了证据理论在工程实际中的应用。为了拓展证据理论的适用性，学者在理论方法上对证据理论也进行了完善和改进。Riley[147]结合证据理论和贝叶斯模型来量化仿真建模问题中所有形式的不确定性。Rao 等[148]发展了一套综合的证据理论方法，用于有效处理系统建模、设计以及分析中的不确定性。曹立雄[5]对证据理论展开了深入研究，提出了基于不确定域分析的证据理论不确定性传播方法、基于降维分解的证据理论不确定性传播方法以及考虑相关性的证据理论模型，提高了证据理论的求解精度和计算效率，并拓展了其应用范围。当前，围绕证据理论开展可靠性分析工作是研究热点。姜潮等[149]发展了基于证据理论的非概率可靠性指标，并提出了一种焦元缩减技术，有效减少了对焦元数量的需求。黄志亮[150]在认知不确定性框架下针对结构不确定性优化问题发展了一种证据理论可靠性优化设计方法，将双层嵌套优化求解转化成由优化设计和可靠性分析构成的求解问题。将证据可靠性优化设计问题中的嵌套优化转换成设计优化与约束可靠性分析的序列迭代过程，有效提高了计算收敛性和经济性。Yao 等[151]提出了一种序列优化方法用于处理同时考虑了随机变量和证据变量的多学科可靠性设计问题。Srivastava 等[152]将证据理论可靠性分析方法应用到多目标可靠性设计问题中，并采用并行计算提升其计算能力。张哲[137]针对证据理论开展了诸多研究，建立了证据理论可靠性分析的基本流程并详细介绍了多项证据理论可靠性分析方法，例如，基于响应面技术的证据理论可靠性分析方法、基于最大可能失效焦元的高效证据理论可靠性分析方法，使得证据理论在结构可靠性领域得以拓展和推广。除了上述三类典型的认知不确定性理论，其还包括可能性理论[153]、P-box 理论[154,155]等，这使得认知不确定性理论体系得以完善，在针对不同类型的工程实际问题时具有更多的选择性，认知不确定性理论与方法的应用领域也将越来越广。

### 1.2.2　敏感性分析理论与方法研究现状

在工程实际问题中，不确定性分析旨在研究如何准确、高效地度量输入不确定性以及不确定输入如何传递得到不确定输出，而敏感性分析旨在研究输入不确定性如何影响输出不确定性，量化输入不确定性对输出响应的贡献度或重要性，因此，敏感性分析常被看作不确定性分析的重要部分[156,157]。敏感性分析是有效量化输入变量对输出响应影响程度的重要手段，可以帮助设计者识别关键问题所在，也是提高设计效率和降低设计成本的实用工具[158,159]，已成功应用于许多工程领域，如结构优化[160-162]、参数识别[163,164]、可靠性设计[165,166]等。为了处理不同类型的工程问题，近几十年来学者提出了若干敏感性分析理论并发展了许多敏感性分析方法，围绕敏感性分析取得了系列研究成果。总体而言，敏感性分析分为两大类：局部敏感性分析和全局敏感性分析(global sensitivity analysis，GSA)。

1. 局部敏感性分析

局部敏感性分析先于全局敏感性分析被提出，通常是指输出响应函数对输入变量在名义点处的导数或偏导数，当不确定输入变量在名义值附近发生微小扰动时，采用局部敏感性分析方法可以有效评估其对输出响应的局部影响[167-170]。很明显，局部敏感性分析方法以导数、偏导数为敏感性度量指标，常用方法主要包括格林函数法、有限差分法、直接求导法、摄动法等[171-174]。该类方法数学表达式简单，通俗易懂，计算效率高，与其他方法兼容性好且易编程实现，当系统模型是线性的或非线性程度较低时，敏感性分析结果精度高，可以反映不确定输入变量的全局敏感性程度。因此，局部敏感性分析方法在需要计算效率高或大规模计算的工程领域被广泛拓展和应用。在可靠性设计领域，Wu[175]基于自适应重要抽样的失效点提出了几种可直接计算可靠性敏感性系数的方法。吕震宙等[176]结合团队多年的研究工作和国际公开发表的文章，深入系统地探讨和总结了可靠性敏感性的理论体系。Guo 等[177]提出了针对同时包含随机变量和区间变量问题的可靠性敏感性分析方法。Xiao 等[178]同时考虑认知不确定性和随机不确定性并采用 P-box 建模来处理可靠性、敏感性问题。在拓扑优化领域，Novotny 等[179]提出了一种基于形状敏感性分析概念的拓扑导数计算方法。Cho 等[180]针对具有非齐次边界条件的几何非线性系统，提出了一种基于连续体的敏感性分析方法，并对非线性结构在位移加载条件下进行拓扑优化。Paris 等[181]发展了一种在连续体结构拓扑优化中应力约束敏感性分析的完整有效方法。商林源[182]系统研究了不确定性激励作用下声结构耦合系统的双材料拓扑优化设计及其敏感性分析方法，并针对拓扑设计变量分别推导了伴随法和直接法敏感性求解公式。郑静[183]考虑了随机认知混合不确定性分析的结构拓扑优化，对敏感性分析展开了深入的公式推导和探究。局部敏感性分析虽因具有计算优势在工程领域广泛应用，但对于高非线性模型，其仅能评估响应函数在某一点附近的局部敏感性，而难以对输入变量在整个参数空间给出准确可行的评价。此外，在进行局部敏感性分析时，无法有效地处理交互变量，从而制约了其发展或应用。

2. 全局敏感性分析

为了克服局部敏感性分析方法(线性、局部变化)的局限性，在统计学的框架下发展了一类新的方法，即全局敏感性分析方法[184,185]。全局敏感性分析方法旨在研究各个输入参量对输出响应的全局影响，不单单是某个点处的扰动，而是各个参量在整个定义域空间内同时发生变化，使用该类方法可以有效处理非线性、非单调、变量耦合等复杂模型的敏感性分析问题，能够提供一个比较全面综合的评价结果，因而得到了学者的持续关注和广泛应用。相比局部敏感性分析，全局敏感性分析的研究更受欢迎，内容更丰富多元，工程适用性更强，已建立了独立完善的理论体系。目前，围绕全局敏感性分析理论与方法已开展了大量的研究工作并取得了诸多研究成果，一系列方法被提出和改进，主要包括方差分析法、矩独立分析法、回归分析法、代理模型法等。

1) 基于方差分解的全局敏感性分析

基于方差分解的全局敏感性分析方法中，首先对高维模型表示(high-dimensional model representation，HDMR)进行方差分析(analysis of variance，ANOVA)，得到各个不确定输入变量的主要贡献、交叉贡献以及总贡献，进而将其定义成一阶敏感性指标、高阶敏感性指标及总敏感性指标，基于所定义敏感性指标便可量化不确定输入对输出响应的影响程度[186-189]。这一理论由俄罗斯科学院 Sobol[190,191]在1990 年以俄文形式首先提出并在 1993 年又以英语形式发表，其主要思想是：第一步，将包含 $n$ 维不确定输入变量的原响应函数通过积分求解得到 HDMR，其总共包含 $2^n-1$ 个函数子项，所有函数子项满足两个条件，即任意函数子项对所包含变量的积分为 0，任意两个函数子项之间相互正交；第二步，根据上述条件，对 HDMR 等式两边进行平方积分，易得方差分解，即响应函数总方差等于所有函数子项的偏方差之和；第三步，所有偏方差与总方差的比值定义为敏感性指标，一阶函数子项对应一阶敏感性指标，高阶函数子项对应高阶敏感性指标，其中一阶敏感性指标又称为主敏感性指标，每个变量的一阶敏感性指标与所有包含该变量的高阶敏感性指标之和表示为总敏感性指标。很明显，基于方差分解的敏感性分析涉及大量的积分运算，对于一些积分困难的高维高非线性函数，尤其是涉及高维交叉项的函数，其会导致基于方差分解的全局敏感性分析方法因积分困难而难以得到敏感性指标，为此，Homma 等[192]针对非线性函数提出了一种基于蒙特卡罗模拟(Monte-Carlo simulation，MCS)的近似计算方法，随后，又有多种敏感性近似计算方法被提出[193-195]。蒙特卡罗模拟计算方法可以同时计算主敏感性指标和总敏感性指标，通常只要样本数量越大，估计值就会越精确，但是随着维度的增加，计算量也会大幅增加，该方法并不适合包含高维变量的系统。针对方差分析法的计算效率问题，Cukier 等[196]提出了一种傅里叶幅值敏感性检验法，随后许多学者对其进行了改进和扩展[197-199]。上述研究是针对方差分析法的计算效率展开的，而针对方差分析法的计算精度却鲜有人提及。基于方差分解的全局敏感性分析方法有一个明显的不足之处,即响应的总方差等于所有函数子项的偏方差之和，其中高阶函数子项涉及变量间的交互作用，在计算总敏感性指标时，这些交互作用项的贡献没有被进一步分解，导致各个变量的敏感性指标计算结果存在偏差，基于此结果甚至会得到错误的结论，针对此问题，Liu 等[200]提出了一种基于方差分解和偏导积分的全局敏感性分析方法，后续章节会详细阐述其推导过程。近年来，基于方差分解的全局敏感性分析方法已经从单位空间到任意空间、从均匀分布到高斯分布、从独立变量到相关变量、从线性函数到非线性函数、从低维问题到高维问题等方向发展[201-206]，使得方差敏感性分析方法的理论体系趋于完善、适用性更广。

2) 基于代理模型的全局敏感性分析

方差敏感性分析方法因物理意义明确、理论方法成熟而受到各个领域学者的广泛关注和持续研究，然而，在工程实际应用中，因计算效率易受影响，其应用推广受限。上述文献中提到的学者都仅从理论方法角度对方差敏感性指标的求解策略进行了改进。下面综述一种基于代理模型的敏感性分析方法。代理模型是指计算高效，计算结果与实验结果或高精度模型的计算结果非常近似的分析模型，其本质是利用已知样本信息预测未知点响应，以拟合精度检验模型的近似程度。在优化设计领域，代理模型因计算量小且精度在可接受范围之内而被广泛用于替代实际模型[207]。代理模型的基本思想是：第一，选用合适的采样方法进行实验设计，并获取样本的响应值；第二，选用合适的拟合或插值方法构建近似模型；第三，对近似模型的精度和误差进行评价，若精度不满足要求，则增加样本信息或选择高精度近似方法，直至精度满足要求[208]。常用的代理模型主要包括多项式模型、克里金模型、径向基模型、支持向量机模型、神经网络模型等[209-214]。代理模型敏感性分析方法包括两种：一种是采用代理模型直接定义敏感性指标的方法，如回归分析法，该方法被用于研究输入与输出之间的关系，通过回归系数评价变量的敏感程度，早期发展的标准化回归系数仅适用于线性模型，随后发展的标准化秩回归系数可用于单调的非线性函数[215]；另一种是将全局敏感性分析方法和代理模型技术相结合的方法。Sudret 团队[216-219]基于混沌多项式展开(polynomial chaos expansions，PCE)的全局敏感性分析开展了大量研究工作并取得一系列研究成果，如通过计算广义 PCE 系数便可得到 Sobol 敏感性指标、使用稀疏 PCE 有效地计算全局敏感性指标、基于 PCE 的协方差敏感性指标、混合仿真的全局敏感性分析框架等。Zhu 等[220]研究了 Sobol 敏感性指标三种扩展性质和关注点，并提出了用广义 $\lambda$ 代理模型作为随机仿真器来估计敏感性指标。刘启明[221]将克里金模型与 Sobol 敏感性分析方法相结合应用到乘员约束系统的区间多目标优化设计中，提高了优化设计的计算效率和收敛精度，此外，还采用二次响应面模型结合敏感性分析方法对复合材料 B 柱削层结构进行了优化设计[222]。张扬等[223]将动态代理模型技术与全局敏感性分析方法相结合对复杂非线性系统进行了优化设计。Wu 等[224]通过引入高斯径向基函数将高维积分转化成一维积分，提高了全局敏感性指标的计算效率。敏感性分析与优化设计关系密切，而代理模型是优化设计的重要手段，因此基于代理模型的全局敏感性分析方法在设计领域得到了广泛重视，学者在精度与效率的矛盾中不断探究，继续拓展其应用范围。

3) 全局敏感性分析其他理论与方法

除了上述两类全局敏感性分析方法，还有几种经典的全局敏感性分析方法。1991 年，Morris[225]提出了一种筛选法，即通过计算增量比的均值和方差来筛选关键变量，忽略非重要因素，该方法适合多输入变量的模型，可进行初步筛选。2007 年，Campolongo 等[226]对该筛选法进行了改进。Borgonovo[227]提出了基于矩独立的全局敏感性分析指标，可用该指标综合评价输入变量对响应函数的重要性，该方法可准确高效地计算输出响应的条件概率密度函数和无条件概率密度函数。目前，国内外学者针对矩独立敏感性指标也开展了很多研究，例如，Xu 等[228]为了缓解精度与效率之间的矛盾发展了渐进空间积分法，Zhang 等[229]基于最大熵方法计算了输出响应的概率密度函数等。2009 年，Kucherenko 等[230]提出了一种基于偏导的全局敏感性度量方法，该方法的数值计算时间远低于 Sobol 敏感性指标的估计时间，也低于筛选法，由于该方法计算便捷效率高，随后被持续推进并建立了与 Sobol 敏感性指标的关系[231-233]。区域敏感性介于局部敏感性与全局敏感性之间，与上述二者不同，可以在不同区域量化输入变量对输出响应的重要程度，比全局敏感性更精细，比局部敏感性更稳健。常见的区域敏感性分析方法主要包括样本均值贡献图、样本方差贡献图、区域均值比函数、区域方差比函数、区域方差敏感性函数等[234-237]。

上述所提方法只能有效地处理多输入单输出系统的敏感性分析，对于多输入多输出系统的输入变量敏感性无法进行综合的评价。在工程实际问题中，多输入多输出系统是普遍存在的，而针对这一领域的研究，学者尚处于探索阶段。Xu 等[238]提出了一种新的全局敏感性分析方法，利用向量投影的关系来综合评估多输入对多输出的影响。Lamboni[239]基于一阶协方差矩阵和总协方差矩阵的谱范数定义了新的广义敏感性指标，并发展了最小方差无偏估计来解决多输出求解问题。此外，在早期也进行了其他关于多输出系统敏感性分析的初步研究[240-242]。特别是，Gamboa 等[241]提出了协方差矩阵迹方法，并用于多输入多输出系统敏感性分析，该方法在近期发表的文献[238]、[239]中被引用。Garcia-Cabrejo 等[243]提出了两种利用多项式混沌展开估计多元敏感性指数的方法。Cheng 等[244]利用多输出支持向量回归策略发展了一种多元输出全局敏感性分析方法。Xu 等[245,246]提出了一种基于映射的层次化方法来计算具有多维相关性的多级系统敏感性指标，并开发了基于敏感性的自适应序列采样策略来提高系统响应的预测精度。近年来，为了进一步对时变动态模型开展敏感性分析，Xiao 等[247]构造了一种基于小波分析的敏感性指标，Li 等[248]针对随机及随机过程问题提出了一种基于主成分分析的多元敏感性分析方法。

### 1.2.3 不确定性反问题理论与方法研究现状

Tarantola[249]在《模型参数估计的反问题理论与方法》一书的引言中提出：给定一个物理系统的完整描述，可以预测一些测量的结果，这种预测测量结果的问题称为建模问题、仿真问题或正演问题；反问题是指利用一些测量的实际结果来推断表征系统的参数值。反问题概念最早源于地球物理学方面的研究，在1968年，Backus等[250]提出了反问题的数学模型并对一些概念和理论进行了阐述。然而定义反问题却很难，迄今没有一个统一的概念来描述反问题。学者尝试从不同角度对反问题进行描述，例如，Keller[251]表示在两个问题中，如果一个问题的描述涉及或包含了另一个问题的全部或部分信息，其中一个是正问题，另外一个则为反问题；Liu等[252]从数学角度对正反问题给出了一个较为直观的描述，即正问题是用积分过程来描述的，反问题是用微分过程来描述的。为了便于理解，可通过客观世界的发展规律对其进行描述，按照自然顺序来研究事物的演化过程和发展规律，起着由因推果的作用，这类问题一般是已知输入和模型来预测输出，被认为是正问题；根据事物的观测结果探求事物的内部规律或所受的外部影响，起着由果索因的作用，这类问题一般是由测量响应来识别输入或模型参数，被认为是反问题。从系统论的角度通常将反问题分成三类：已知输入输出反求模型是第一类系统辨识反问题，已知模型和输出反求输入是第二类输入识别反问题，已知输出反求模型和输入是第三类混合型反问题(已知输入和模型求输出是正问题)。在工程实际中，反问题广泛存在，涉及领域非常广，如地球物理、遥感科学、CT成像、事故勘测、噪声识别、考古探究等。反问题求解的基本思路是[253]：首先，通过物理实验获取若干组有效的测试数据并对其进行处理；然后，基于正问题模型建立反问题模型，明确待识别参数与测试数据之间的映射关系；最后，采用反求策略识别未知参数并对反求结果进行验证和评价。如上所述，尽管反问题是建立在正问题的基础上，但并不是建立了正问题模型，反问题就迎刃而解了，反问题在求解过程中会面临一些困难，如解的存在性、解的唯一性、解的稳定性、模型的构建、结果的评价、计算效率等，并且不确定性的引入使得不确定性反问题的发展也面临巨大的挑战。目前，不确定性反问题分析方法同不确定性正问题一样，主要包括两类：概率法和非概率法。

1. 基于概率的不确定性反问题理论与方法

近年来，针对不确定性反问题开展了诸多工作，采用概率法处理不确定性反问题的研究也已经取得了一些成果。贝叶斯理论在处理不确定性反问题时能获得待识别参数的概率密度函数[254]，是一种非常有效的方法。在20世纪80年代，Tarantola[249]系统深入地将贝叶斯理论应用于不确定性反问题。基于贝叶斯计算反求方法主要是先给定假设的先验概率和假设条件下观测数据的概率以及样本信息的假设概率，将待识别参数的先验信息和样本信息进行综合，根据贝叶斯公式获得后验信息[255]。基于贝叶斯理论的计算反求技术已在工程问题中得到广泛应用，例如，Cividini 等[256]利用贝叶斯方法识别具有线弹性平面应变特征的岩土材料本构模型参数，Sohn 等[257]基于贝叶斯方法识别多层框架结果的损伤位置并采用简化模型降低了计算成本，Zhang 等[258]将贝叶斯方法与近似模型相结合用于处理交会条件的识别问题并用弹靶系统验证了其可行性。除此之外，还涉及很多基于贝叶斯理论开展损伤识别的应用研究。关于贝叶斯理论的后验信息，其计算方法有数值积分法、蒙特卡罗法和马尔可夫链-蒙特卡罗法等[259-261]，然而这类计算方法的效率都很低。目前，开展的工作主要是致力于提高贝叶斯计算反求方法的计算效率，如降低正问题模型计算成本、改进采样策略、采用近似模型法等。采用概率手段处理不确定性反问题的另一种方法是基于最大似然法，例如，Ledesma 等[262]基于最大似然法识别围岩弹性模量和侧压力系数，Turco[263]将最大似然法与正则化方法相结合识别线性结构静态载荷。最大似然法作为优化算法，因忽略识别参数的高阶矩特性，从而限制了识别参数的分布形式，影响参数的识别精度。为了提高不确定性反问题的计算效率并弥补上述方法的不足，Liu 等[264,265]围绕基于概率法的不确定性反问题开展了大量的研究工作并取得了一定的研究成果，例如，将点估计法和最大熵原理相结合识别不确定性结构参数的概率分布，基于降维法和 $\lambda$ 概率密度函数的正、反结构不确定性传播的一般框架，用以处理任意概率分布的问题等。尽管这类概率不确定性计算反求方法从精度和效率上相比传统方法都有很大的优势，但其工程适用性尚处于研究起步阶段。

2. 基于非概率的不确定性反问题理论与方法

目前，针对非概率不确定性反问题的研究，主要包括两类：区间不确定性反问题和证据理论不确定性反问题。随机概率法采用概率密度函数作为不确定性参数的识别特征量，区间反求方法采用区间中点半径作为识别特征量，证据理论反求方法采用可信度和似真度作为识别特征量。近年来，在非概率不确定性反问题领域已开展了大量研究，许多方法已经成功应用于工程实际问题中。例如，在区间不确定性反问题领域，Jiang 等[266]采用区间法提出了一种不确定性计算反求方法，并用于复合材料的参数识别；Liu 等[267]提出了一种基于高维模型表示和仿射算法的区间反演方法，并有效地解决了不确定性反问题求解效率问题；Zhang 等[268]提出了一种基于贝叶斯方法和区间分析混合的参数识别技术，该技术既能处理测量噪声，又能处理模型不确定性；蔡恒[269]系统深入地对区间不确定性计算反求方法展开了研究，针对性地提出了包括基于分割矩形(dividing rectangles，DIRECT)算法的不确定性计算反求方法在内的若干方法，重点解决了区间反求方法的精度问题和双层嵌套求解问题。在证据理论的不确定性反问题领域，张伟[270]采用证据理论提出了一种基于高低冲突证据加权和聚焦的多源证据融合方法，能够有效评价多源不精确概率条件下的反求结果，使可信程度大大增加；曹立雄[5]系统全面地研究了基于证据理论的不确定性正、反问题，提出了一种基于系统相似原理的证据理论不确定性计算反求方法，以实现认知不确定性下待反求参数的不确定性传播分析，该计算反求方法通过降维分解将不确定性反问题转化为若干个确定性反问题，从而有效避免了计算反求过程中的多层嵌套问题。此外，刘浩[255]首次将椭球凸集模型引入不确定性反问题中，有效解决了不确定性反问题中双层嵌套求解的困难。总体而言，非概率不确定性计算反求方法的计算效率要远高于概率不确定性计算反求方法(但所识别参数的信息却远不如概率法)，同时兼顾不确定性反问题的效率和精度，因此其仍然是不确定性反问题领域的研究重点和难点。

### 1.2.4 不确定性分析软件平台开发研究现状

经过几十年的发展，不确定性理论体系日臻完善并逐渐成熟，为了尽可能地解决工程实际中涉及的不确定性问题，大量不确定性分析方法被提出并改进，其可行性和工程适用性被逐一论证。不确定性在科学研究和工程应用中越来越被重视，尤其在工程领域，几乎涵盖了包括设计、制造、分析、评估、预测等在内的所有领域。当前，在数字化、信息化、智能化快速发展的趋势下，基于模拟的工程科学在复杂机械装备设计、制造等领域占据核心地位。韩旭教授[271]在2015年出版的《基于数值模拟的设计理论与方法》一书中明确指出，数值模拟是与理论分析、实验测试并重的研究方法，是复杂物理问题和工程问题的有力分析工具，先进设计的模拟技术是当前及未来实现装备创新设计及自主研发的重要手段。随着科技水平的快速发展和计算机性能的大幅提升，先进的工程软件平台成为支撑整个工业体系发展的一大重要支柱，在设计、工程分析、过程规划、制造等方面发挥的作用越来越大，极大地节省了研发成本，缩短了新产品的开发周期，提升了产品的质量，如在工业界耳熟能详的计算机辅助4C系统，即计算机辅助设计(computer aided design，CAD)、计算机辅助工程(computer aided engineering，CAE)、计算机辅助制造(computer aided manufacturing，CAM)和计算机辅助工艺设计(computer aided process planning，CAPP)，其涉及的大型主流软件主要包括AutoCAD、Catia、Solidworks、Abaqus、Altair、Ansys、Mastercam、THCAPP等，此外，还有先进的数值计算平台，如MATLAB、Python等。近年来，数字孪生技术[272]的快速崛起，将有望实现真实物理系统与数字化系统的互通协调，也将推动数值模拟技术实现升级与变革。

不论是真实的物理系统还是虚拟的数字模型，不确定性在当前及未来的发展中都将是重要的一环。尽管不确定性理论逐渐趋于成熟，但是针对不确定性分析软件的开发还很滞后，从事其相关研究的学者也很少，尤其是国内关于不确定性分析软件的研究还鲜有提及。这直接制约了不确定性理论及方法在工程实际问题中的应用与普及，也必然会导致只有真正从事不确定性理论与方法研究的学者才能在实际问题中考虑不确定性的影响，此外，对工程师或设计师的不确定性理论水平也提出了挑战，势必增加了不确定性理论与方法在工程应用中推广的难度。有限元理论在工程应用中的成功推广就是一个很好的借鉴，凡是工科毕业生或多或少都使用过或接触过有限元软件，虽然大部分人对有限元理论的理解还很浅显，但这并不限制其通过有限元软件解决工程实际问题，因为几乎所有的有限元软件都采用了模块化、可视化设计，操作简便且容易掌握。

目前，国外部分学者围绕不确定性分析软件开展了诸多工作并取得了一些成果。Hoare 等[273]开发了一个用户友好的软件包(SASAT)，用于任意复杂计算模型的不确定性和敏感性分析。Schmidt 等[274]在 MATLAB 平台上提供了一个基于系统生物学标记语言的敏感性分析工具(SBML-SAT)，该工具箱的环境是开放和可扩展的，为生物和生化系统的分析与模拟构建了应用程序。Ziehn 等[275]开发了一个包含 HDMR 和基于随机采样的高维模型表示(random sampling-HDMR，RS-HDMR)工具的图形用户界面，并将其集成在 MATLAB 软件包中，以便于所有感兴趣的用户都可以轻松地使用 HDMR 方法。Pianosi 等[276]发展了一个模块化、灵活开源全局敏感性分析工具箱(SAFE)，其集成了多种全局敏感性分析方法并验证其鲁棒性。Tarantola 等[277]开发了一个全面的独立软件包(SIMLAB 4.0)，用于全局敏感性分析，包括基于方差分析的一阶和总敏感性指标。Razavi 等[278]开发了一个敏感性分析和不确定性分析的软件工具箱(VARS-TOOL)，该软件主要围绕“响应面变异函数分析”框架开发，采用了多种方法，能够从单个样本生成一系列敏感性指标，包括了基于导数、方差等指标。Marelli 等[279]成功地实现了一个基于全局不确定性量化的软件框架(UQLab)[280]，凭借其创新和简单的设计理念及协作开发模式，可进一步开发先进的不确定性量化算法，非常适合学术或工业研发团队使用。

上述关于敏感性分析或不确定性分析的软件平台，大部分都是在 MATLAB 的平台上开发工具包，很多软件包功能单一并且没有持续更新，目前，只有 UQLab 软件的功能模块在不断地拓展和更新，其涉及功能包括高性能计算、不确定性量化、敏感性分析、可靠性设计优化、代理模型等。由此可见，在国外关于不确定性分析软件平台的开发尚处于起步阶段，开展具有自主知识产权的不确定性分析软件平台，对开发具有高性能、高可靠性的机械装备具有重要作用，同时对不确定性理论与方法在工程应用中的拓展具有重要意义。

## 1.3 关键科学问题与技术难点

现代机械装备结构日趋复杂、环境工况极端、智能化程度高、安全性及节能环保指标要求严，在“2030年碳达峰、2060年碳中和”目标指引下，对于机械装备应首当其冲开展绿色设计，不仅要求机械装备动力低能耗，还要求采用绿色设计理念，包括全生命周期设计、模块化设计以及可拆卸设计等，以降低碳排放、合理利用资源、防止对环境造成污染等。因此，现代机械装备设计将面临空前的挑战，在数值建模、优化设计、分析评价等方面都存在一系列技术难题。机械装备在全生命周期中的行为或性能很难准确预测和调控，其原因在于机械装备在服役过程中存在大量的多源不确定性因素，如载荷不确定、几何不确定、材料不确定、环境不确定等，这些多源不确定性因素的广泛存在势必会对机械装备的行为和性能产生较大的影响。传统设计通常采用安全系数或者增加余量来防止产品失效或发生事故，往往是花费数倍、数十倍甚至更高的代价以防止千分之一抑或更低的失效情况发生。通常，这些系数的确定更多根据实践经验所得，很难精确获取，基于这些安全系数所设计的产品因过度冗余而非常笨重，不仅增加了系统动力输出，也影响了动作的灵活性。这种设计理念已不适用于高端装备的研发，系统不确定性是客观存在的，若采用概率的手段进行不确定性分析，则需要进行大量的物理实验，这既不可取也不现实，大批量物理实验代价极其高，且验证机械装备真实服役状态的实验平台往往很难搭建。随着科技水平的快速发展和计算机性能的大幅提升，数值模拟技术在科学研究和工程应用中广受青睐，其综合了机械、力学、材料、计算机等多个学科的知识并将其数字化，数值模拟技术与理论分析、实验测试三者并重的研究方法，是当前及未来实现装备创新设计的重要手段，也是当前解决复杂物理问题和工程实际问题最行之有效的分析工具之一，其在装备模型表达的可重复性、装备开发过程的可控性、装备服役工况的可变性、装备性能的可预测性等方面具有重要的优势，目前已广泛应用于各个学科和工程领域。然而，在当前科技水平下，精确地模拟装备在全生命周期的服役状态仍然困难重重，针对复杂物理问题或工程问题，在建模时通常需要进行假设或简化处理，另外，数学表达上的近似处理、知识和信息的不完善、新材料数据库不健全等，表明数值模拟本身也存在较大的不确定性。物理实验的不可取和数值模拟的不准确，使得开发高性能高可靠性的机械装备面临着巨大的困难。

以作者参与完成的若干工程实例来说明当前不确定性分析所面临的主要问题，如图1-3所示，智能手环设计过程涉及热力耦合分析，是典型的多输入多输出系统，设计变量多达10个，约束也多达6个，高维设计变量不仅增加了优化设计的计算成本，也因部分设计参量的不敏感容易导致计算不收敛；乘员约束系统建模过程中，由于缺乏亚洲人体数据库和精确的人体模型，基于欧美人体体型开发的标准假人用于乘员约束系统优化设计时存在较大偏差；设计平衡车底盘时，其多源不确定性因素分布特性各异，且部分参数之间存在耦合作用，如何对其进行准确有效的不确定性量化非常关键；人体头部仿真分析，有助于对创伤性颅脑损伤进行有效防护，然而，在数值建模过程中，未建立颅脑材料数据库，尤其是脑组织，其属于超黏弹性材料，易受摩擦力、应变率等因素的影响，如何在有限实验次数下获取颅脑材料本构模型参数对构建高逼真度颅脑仿真模型至关重要。因此，在现有计算水平以及多约束条件下，发展不确定性分析理论与方法来处理复杂机械系统多源不确定性因素及耦合作用影响并提高产品的综合性能和系统可靠性是当前装备制造业面临的重要问题。

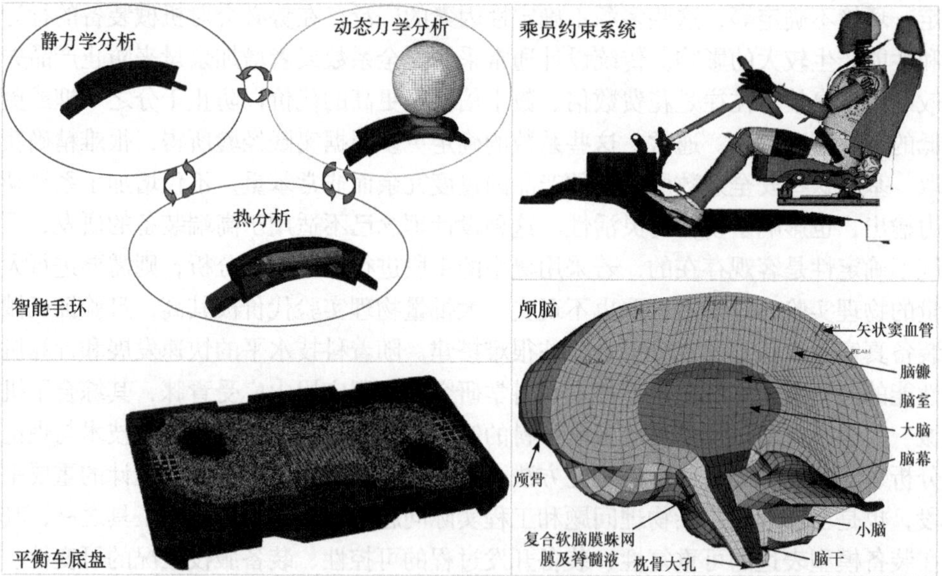


图 1-3 工程实例中的数值模拟

不确定性理论与方法的研究已近百年，国内外学者做出了大量的贡献并取得了一系列研究成果，然而，真正用于解决复杂工程问题中不确定性理论和方法的研究只有二十余年，工程问题的不确定性分析研究仍处于发展阶段，其理论、方法及其应用还需进一步完善和拓展。目前，针对复杂机械系统的不确定性分析研究存在的技术难点和问题主要包括：

(1) 小样本条件下不确定性的准确量化与传播。机械装备服役环境或工况非常复杂或极端，大量搜集机械装备在服役运行中的样本信息时困难重重，机械装备物理实验费时、费力且价格高，少批次实验是可行的，但大批量物理实验很难实施，时间也难以保障。尽管数值模拟技术是一种有效的分析手段，但全系统的数值仿真模型很难构建且计算极其耗时，通常其只用于子系统、子模块或单一工况的分析。因此，通过物理实验和数值模拟都难以获取大量的样本信息，导致传统的概率方法在解决复杂机械装备不确定性时并不实用。在小样本条件下发展适用于复杂工程问题的不确定性量化方法是非常有必要的，但是，复杂机械系统设计变量多且分布特征多样，部分变量之间存在耦合作用，这使得传统基于非概率方法被用于不确定性量化时其模型精度会受到影响，并且基于非概率模型的不确定性传播方法仅适用于小不确定性问题且在不确定性传播分析时仅能得到响应的上下边界，与传统概率法能得到响应所有取值的概率分布相比，这类传播方法获取的响应信息较少。为此，在有限样本条件下，发展适用于具有不同分布特性的设计变量的不确定性量化方法，并在其基础上开展不确定性传播分析以得到更多的响应信息，对复杂机械系统而言至关重要。

(2) 高维强非线性系统的敏感性分析。机械装备通常是一个高维强非线性的复杂系统，涉及大量的不确定性因素，然而这些多源不确定性因素对系统响应并非都是敏感的，在优化设计前，对复杂机械系统的不确定性因素进行敏感性分析，量化所有变量的重要性排名，筛选出影响系统响应的关键变量，将没有影响或影响较小的设计变量忽略不计，可以大大提升优化设计的计算效率，且有助于快速收敛。然而，复杂机械系统是一个多输入多输出系统，传统基于方差的全局敏感性分析方法适用于多输入单输出系统，针对这类复杂工程问题，有必要发展一种适用于多输入多输出系统的全局敏感性分析方法。此外，在全局敏感性指标计算过程中，涉及高维积分运算，会导致“维度灾难”发生，这将严重影响敏感性指标的获取，进而影响不确定变量的重要性评估。构建代理模型是一种很好的选择，但是针对强非线性问题，常规的响应面模型拟合精度较低，而隐式代理模型在涉及高维积分计算时也会面临效率低下的问题，因此发展高效的多输入多输出全局敏感性分析方法及求解策略是高维强非线性系统敏感性分析的关键。

(3) 不确定性反问题嵌套求解。常规反问题求解计算是一个迭代寻优的过程，不确定性反问题的求解则是一个双侧嵌套求解的过程，除了迭代寻优，还需要进行不确定性传播计算，其计算效率极其低下，通过物理实验手段几乎不可能开展计算反求工作，而采用数值模拟技术也很难实现，因为复杂工程问题的数值仿真模型的运行非常耗时，单次运行通常都会运行数小时、数十小时甚至几天，而且与模型仿真精度直接相关，精度越高，计算时间越久，若干次仿真计算尚在接受范围之内，对于成千上万次的仿真计算则根本无法接受，常常因计算溢出而终止计算。即便采用代理模型，针对一些用于模拟实际问题的黑箱或高非线性模型，其计算效率也很低。因此，针对不同类型反问题的特点，仍需要在求解策略和参数不确定建模方面进行深入探讨，发展有效的不确定性反求方法，并进一步提高其在工程实际问题中的适用性。

(4) 不确定性分析软件平台开发。不确定性是一个典型的新兴交叉学科，涉及统计学、力学、机械、计算机等学科，其涉及研究领域也非常广泛，包括不确定性量化、不确定性传播、敏感性分析、可靠性分析、反求计算、优化设计、代理模型等，每一个研究领域都取得了一系列研究成果并持续推进，然而，针对不确定性研究，缺乏一个通用的多功能型商业软件或平台，尤其是具有自主知识产权的不确定性分析软件平台更是非常少见，这既不利于不确定性理论与方法的实用化和推广普及，也不利于工程实际问题中不确定性的有效处理，理论方法和工程实际之间缺乏连接的纽带。为此，有必要发展一种集不确定性量化与传播、敏感性分析、代理模型构建、反求计算、可靠性分析等为一体的通用型多功能不确定性分析软件平台,以便有效地解决工程中各类不确定性问题的分析与计算求解。

## 1.4　本书结构与内容安排

综上所述，不确定性分析理论和方法的研究虽然已经取得了一系列成果，但是还存在若干技术难点和问题需要进一步解决。本书针对上述提到的技术难点和问题，主要围绕复杂机械系统不确定性分析理论、方法及应用展开系统研究，力求在不确定性量化与传播、全局敏感性分析、不确定性反求计算、软件平台开发及工程应用等几个方面开展具有实用价值的研究。本书主要研究内容和研究思路如下：首先，针对具有分布特性的设计变量，在凸集模型框架下，提出一种椭球可能度模型的不确定性量化方法，并发展基于此椭球可能度模型的不确定性传播分析方法；其次，针对高维变量间交互作用对系统响应的影响，发展高精度全局敏感性分析方法和近似求解，针对多输入多输出系统，提出一种更加综合的敏感性分析方法，并发展更为高效的敏感性近似估计法；再次，针对不确定性反求计算效率问题，提出两种高效的不确定性计算反求方法；接着，开发一个不确定性分析软件平台；最后，在不确定性条件下开展外骨骼机器人开发研究。本书共 6 章，其结构如图 1-4 所示，主要研究内容具体如下。

第 1 章为绪论，主要介绍机械装备不确定性分析的研究背景和意义，分析不确定性分析、敏感性分析、不确定性反问题以及不确定性分析软件平台开发的研究现状，指出复杂机械系统不确定性分析研究存在的技术难点和问题，最后介绍本书的总体结构与内容安排。

第 2 章为复杂机械系统的不确定性量化与传播分析方法，介绍非概率框架的几种凸集不确定性量化模型，以及一种新的基于椭球可能度模型的不确定性量化方法，用于处理具有聚心特点的设计变量，并在此模型基础上，发展两种不确

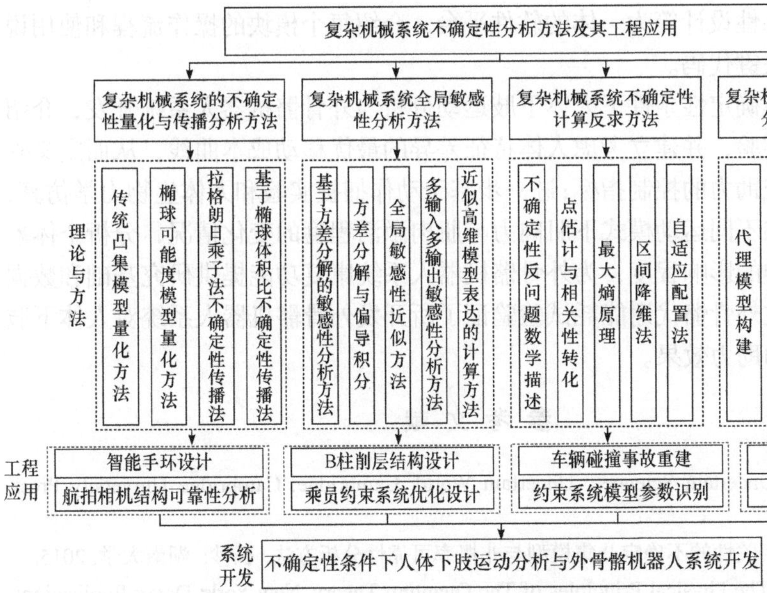

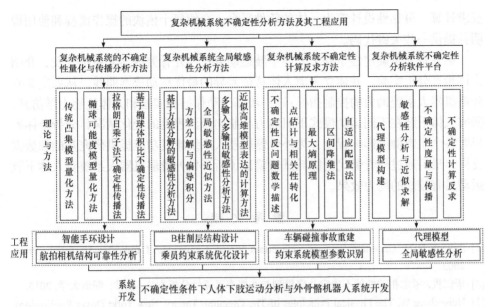

图 1-4 本书结构和主要内容

定性量化方法，指出即使在小样本条件下也可获取系统响应的概率分布，最后通过两个工程算例验证所提不确定性量化模型和不确定性传播分析方法的准确性和有效性。

第 3 章为复杂机械系统全局敏感性分析方法，介绍传统基于方差分解的全局敏感性分析方法，并提出基于方差分解和偏导积分结合的全局敏感性分析方法，用于进一步分解变量间的交互作用，进而提高敏感性分析的准确度，针对复杂工程问题，提出基于蒙特卡罗模拟方法的全局敏感性近似求解方法；这类方法仅适用于多输入单输出系统，针对多输入多输出系统，提出一种基于和函数方差和协方差分解的全局敏感性分析方法，并发展基于近似高维模型表示的全局敏感性求解策略，以处理具有不同分布类型的敏感性分析问题，通过数值算例和工程应用有效地证明了所提敏感性分析方法的有效性和实用性。

第 4 章为复杂机械系统不确定性计算反求方法，介绍不确定性反问题的数学描述，提出基于点估计和逆 Nataf 转换的不确定性计算反求方法，并采用最大熵原理估计不确定性参数的统计矩，该方法适用于已知变量间具有相关性的情况；针对区间响应问题，提出一种基于区间分析的不确定计算反求方法，用于高效地识别不确定变量的上下界，通过将所提方法用于车辆碰撞事故重建和复杂系统的模型参数识别，证明了其实用性和有效性。

第 5 章为复杂机械系统不确定性分析软件平台，介绍几种常用的仅具有单一功能的不确定性分析软件平台，开发集代理模型、敏感性分析、不确定性量化、反求计算、可靠性设计等为一体的软件平台，介绍每个模块的操作流程和使用说明并提供一些关键代码。

第 6 章为不确定性条件下人体下肢运动分析与外骨骼机器人系统开发，介绍人体步态分析实验，并建立考虑人体特征差异的最优移动成本曲线，从而定义外骨骼机器人系统助力的控制指标；进一步基于动作捕捉实验和人体生物力学仿真，研究人体下肢在不同运动模式下肌肉力与肌肉激活程度的变化情况，分析个体差异对各个肌肉群的影响程度，为外骨骼机器人系统康复功能提供研究基础和数据支撑；最后通过外骨骼代谢能耗试验验证了所开发外骨骼机器人系统对人体下肢运动具有较好的助力效果。

## 参 考 文 献


[1] Pollack H N. Uncertain Science... Uncertain World. Cambridge: Cambridge University Press, 2003.

[2] 毕仁贵. 考虑相关性的不确定凸集模型与非概率可靠性分析方法. 长沙: 湖南大学, 2015.

[3] Heisenberg W. The Physical Principles of The Quantum Theory. New York: Dover Publications, 1950.

[4] 李德毅, 杜鹢. 不确定性人工智能. 2 版. 北京: 国防工业出版社, 2014.

[5] 曹立雄. 基于证据理论的结构不确定性传播与反求方法研究. 长沙: 湖南大学, 2019.

[6] Oden J T, Belytschko T, Fish J, et al. Simulation-Based Engineering Science: Revolutionizing Engineering Science Through Simulation. Arlington: National Science Foundation, 2006.

[7] National Research Council. The Mathematical Sciences in 2025. New York: National Academies Press, 2013.

[8] Fineberg H, Stodden V, Meng X L. Highlights of the US national academies report on "reproducibility and replicability in science". Harvard Data Science Review, 2020, 2(4): 1-10.

[9] Yan R J, Wang J J, Lu S K, et al. Multi-objective two-stage adaptive robust planning method for an integrated energy system considering load uncertainty. Energy and Buildings, 2021, 235: 110741.

[10] Guo Q, Yin J, Yu T, et al. Saturated adaptive control of an electrohydraulic actuator with parametric uncertainty and load disturbance. IEEE Transactions on Industrial Electronics, 2017, 64(10): 7930-7941.

[11] Wang D, Gao W E. Robust topology optimization under load position uncertainty. International Journal for Numerical Methods in Engineering, 2019, 120(11): 1249-1272.

[12] 孙燕伟. 不确定性系统随机动载荷识别及实验验证. 南京: 东南大学, 2019.

[13] 段民封. 不确定移动载荷激励下弹性梁的非随机振动分析及应用. 长沙: 湖南大学, 2018.

[14] Campobasso M S, Minisci E, Caboni M. Aerodynamic design optimization of wind turbine rotors under geometric uncertainty. Wind Energy, 2016, 19(1): 51-65.

[15] 时强. 基于不确定性的纤维增强复材构件翘曲预报与优化技术. 哈尔滨: 哈尔滨工业大学, 2020.

[16] 马雅丽, 李阳阳. 基于几何误差不确定性的滚动导轨运动误差研究. 机械工程学报, 2019, 55(5): 11-18.
[17] Nguyen H T, Kosheleva O, Kreinovich V, et al. Trade-off between sample size and accuracy: Case of measurements under interval uncertainty. International Journal of Approximate Reasoning, 2009, 50(8): 1164-1176.
[18] 王军, 邱志平, 金延伟. 含损伤复合材料剩余弹性模量预测的不确定分析. 复合材料学报, 2012, 29(5): 146-150.
[19] Wu Y, Li E, He Z C, et al. Robust concurrent topology optimization of structure and its composite material considering uncertainty with imprecise probability. Computer Methods in Applied Mechanics and Engineering, 2020, 364: 112927.
[20] Sun X, Kirchdoerfer T, Ortiz M. Rigorous uncertainty quantification and design with uncertain material models. International Journal of Impact Engineering, 2020, 136: 103418.
[21] Zhang H. Durability reliability analysis for corroding concrete structures under uncertainty. Mechanical Systems and Signal Processing, 2018, 101: 26-37.
[22] Hu Z, Mahadevan S, Ao D. Uncertainty aggregation and reduction in structure-material performance prediction. Computational Mechanics, 2018, 61(1-2): 237-257.
[23] Turchi A, Congedo P M, Magin T E. Thermochemical ablation modeling forward uncertainty analysis—Part I: Numerical methods and effect of model parameters. International Journal of Thermal Sciences, 2017, 118: 497-509.
[24] 孙光永, 李光耀, 陈涛, 等. 6σ 的稳健优化设计在薄板冲压成形中的应用. 机械工程学报, 2008, 44(11): 248-254.
[25] Feng S, Wu H N. Robust adaptive fuzzy control for a class of nonlinear coupled ODE-beam systems with boundary uncertainty. Fuzzy Sets and Systems, 2018, 344: 27-50.
[26] 姜东, 吴邵庆, 史勤丰, 等. 基于薄层单元的螺栓连接结构接触面不确定性参数识别. 工程力学, 2015, 32(4): 220-227.
[27] Wang Q, Mu M. A new application of conditional nonlinear optimal perturbation approach to boundary condition uncertainty. Journal of Geophysical Research: Oceans, 2015, 120(12): 7979-7996.
[28] Roy S, Roy S B, Kar I N. Adaptive-robust control of Euler-Lagrange systems with linearly parametrizable uncertainty bound. IEEE Transactions on Control Systems Technology, 2018, 26(5): 1842-1850.
[29] Cao L, Xiao B, Golestani M. Robust fixed-time attitude stabilization control of flexible spacecraft with actuator uncertainty. Nonlinear Dynamics, 2020, 100(3): 2505-2519.
[30] González-Arribas D, Soler M, Sanjurjo-Rivo M. Robust aircraft trajectory planning under wind uncertainty using optimal control. Journal of Guidance, Control, and Dynamics, 2017, 41(3): 673-688.
[31] Hu Z, Ao D, Mahadevan S. Calibration experimental design considering field response and model uncertainty. Computer Methods in Applied Mechanics and Engineering, 2017, 318: 92-119.
[32] Li M Y, Wang Z Q. Surrogate model uncertainty quantification for reliability-based design

optimization. Reliability Engineering & System Safety, 2019, 192: 106432.
[33] Astroza R, Alessandri A. Effects of model uncertainty in nonlinear structural finite element model updating by numerical simulation of building structures. Structural Control and Health Monitoring, 2019, 26(3): e2297.
[34] Niroui F, Sprenger B, Nejat G. Robot exploration in unknown cluttered environments when dealing with uncertainty. IEEE International Symposium on Robotics and Intelligent Sensors (IRIS), Ottawa, 2017.
[35] 郭淑霞, 王亚锋, 单雄军, 等. 复杂电磁环境下雷达探测效能的探索性分析. 西北工业大学学报, 2015, 33(5): 837-842.
[36] 王祎. 不确定环境下任意外形航天器安全接近控制. 长沙: 国防科技大学, 2019.
[37] Oberkampf W L, Helton J C, Joslyn C A, et al. Challenge problems: Uncertainty in system response given uncertain parameters. Reliability Engineering & System Safety, 2004, 85(1-3): 11-19.
[38] Helton J C, Johnson J D, Sallaberry C J. Quantification of margins and uncertainties: Example analyses from reactor safety and radioactive waste disposal involving the separation of aleatory and epistemic uncertainty. Reliability Engineering & System Safety, 2011, 96(9): 1014-1033.
[39] Helton J C, Johnson J D. Quantification of margins and uncertainties: Alternative representations of epistemic uncertainty. Reliability Engineering & System Safety, 2011, 96(9): 1034-1052.
[40] Cheung S H, Oliver T A, Prudencio E E, et al. Bayesian uncertainty analysis with applications to turbulence modeling. Reliability Engineering & System Safety, 2011, 96(9): 1137-1149.
[41] 王鹏, 修东滨. 不确定性量化导论. 北京: 科学出版社, 2019.
[42] Kiureghian A D, Ditlevsen O. Aleatory or epistemic? Does it matter? Structural Safety, 2009, 31(2): 105-112.
[43] Hoffman F O, Hammonds J S. Propagation of uncertainty in risk assessments: The need to distinguish between uncertainty due to lack of knowledge and uncertainty due to variability. Risk Analysis An Official Publication of the Society for Risk Analysis, 1994, 14(5): 707-712.
[44] Zaman K, Mahadevan S. Reliability-based design optimization of multidisciplinary system under aleatory and epistemic uncertainty. Structuval and Multiolisciplinary Optimization, 2017, 55(2): 681-699.
[45] 肖宁聪. 随机和认知不确定性下的结构可靠性方法研究. 成都: 电子科技大学, 2012.
[46] Guo J, Du X P. Sensitivity analysis with mixture of epistemic and aleatory uncertainties. ALAA Journal, 2007, 45(9): 2337-2349.
[47] Sun Z J, Luo Y Z, di Lizia P, et al. Nonlinear orbital uncertainty propagation with differential algebra and Gaussian mixture model. Science China: Physics, Mechanics & Astronomy, 2019, 62(3): 034511.
[48] Wang C, Qiu Z P, Yang Y W. Uncertainty propagation of heat conduction problem with multiple random inputs. International Journal of Heat and Mass Transfer, 2016, 99: 95-101.
[49] Helton J C. Uncertainty and sensitivity analysis in the presence of stochastic and subjective uncertainty. Journal of Statistical Computation and Simulation, 1997, 57(1-4): 3-76.

[50] Marti K. Stochastic optimization methods in optimal engineering design under stochastic uncertainty. ZAMM, 2003, 83(12): 795-811.

[51] Janouchová E, Kučerová A, Sýkora J. Bayesian updating of aleatory uncertainties in heterogeneous materials. Advanced Materials Research, 2017, 1144: 136-141.

[52] Ayyub B M, Klir G J. Uncertainty Modeling and Analysis in Engineering and the Sciences. London: Taylor & Francis Group, 2010.

[53] Helton J C, Oberkampf W L. Alternative representations of epistemic uncertainty. Reliability Engineering & System Safety, 2004, 85(1-3): 1-10.

[54] Jiang C, Zhang Z, Han X, et al. A novel evidence-theory-based reliability analysis method for structures with epistemic uncertainty. Computers & Structures, 2013, 129: 1-12.

[55] Mclullough B D. Random number generation and Monte Carlo methods. Technometrics, 2004, 46(2): 252-253.

[56] Lemieux C. Monte Carlo and Quasi-Monte Carlo Sampling. New York: Springer Science & Business Media, 2009.

[57] Cho W K T, Liu Y Y. Sampling from complicated and unknown distributions: Monte Carlo and Markov Chain Monte Carlo methods for redistricting. Physica A: Statistical Mechanics and Its Applications, 2018, 506: 170-178.

[58] Tokdar S T, Kass R E. Importance sampling: A review. WIREs: Computational Statistics, 2010, 2(1): 54-60.

[59] Bucher C G. Adaptive sampling — An iterative fast Monte Carlo procedure. Structural Safety, 1988, 5(2): 119-126.

[60] Olsson A, Sandberg G, Dahlblom O. On Latin hypercube sampling for structural reliability analysis. Structural Safety, 2003, 25(1): 47-68.

[61] Zhang Y M, Chen S H, Zhou Z P, et al. Generalized probabilistic perturbation method for static analysis. Applied Mathematics and Mechanics, 1995, 16(8): 759-764.

[62] Xu W W, Ching W K, Zhang S Q, et al. A matrix perturbation method for computing the steady-state probability distributions of probabilistic Boolean networks with gene perturbations. Journal of Computational and Applied Mathematics, 2011, 235(8): 2242-2251.

[63] 孙兴盛，刘杰，丁飞，等. 基于矩阵摄动的随机结构动态载荷识别技术. 机械工程学报, 2014, 50(13): 148-156.

[64] 王凤阳，赵岩，林家浩. 参数不确定结构平稳随机响应虚拟激励摄动方法. 大连理工大学学报, 2011, 51(3): 320-325.

[65] Selvi M S M, Rajendran L. Application of modified wavelet and homotopy perturbation methods to nonlinear oscillation problems. Applied Mathematics and Nonlinear Sciences, 2019, 4(2): 351-364.

[66] 张衡，王鑫，陈辉，等. 同伦分析方法的随机结构静力响应求解. 工程力学, 2019, 36(11): 27-33, 61.

[67] Husein Malkawi A I, Hassan W F, Abdulla F A. Uncertainty and reliability analysis applied to slope stability. Structural Safety, 2000, 22(2): 161-187.

[68] Liu Q, Homma T. A new computational method of a moment-independent uncertainty

importance measure. Reliability Engineering & System Safety, 2009, 94(7): 1205-1211.
[69] Xiu D B, Karniadakis G E. The Wiener: Askey polynomial chaos for stochastic differential equations. SIAM Journal on Scientific Computing, 2002, 24(2): 619-644.
[70] Blatman G, Sudret B. Sparse polynomial chaos expansions and adaptive stochastic finite elements using a regression approach. Comptes Rendus Mécanique, 2008, 336(6): 518-523.
[71] Xu H, Rahman S. A generalized dimension-reduction method for multidimensional integration in stochastic mechanics. International Journal for Numerical Methods in Engineering, 2004, 61(12): 1992-2019.
[72] Zhang G N, Gunzburger M, Zhao W. A sparse-grid method for multi-dimensional backward stochastic differential equations. Journal of Computational Mathematics, 2018, 31(3): 221-248.
[73] Jia X Y, Jiang C, Fu C M, et al. Uncertainty propagation analysis by an extended sparse grid technique. Frontiers of Mechanical Engineering, 2019, 14(1): 33-46.
[74] 李杰, 陈建兵. 随机结构非线性动力响应的概率密度演化分析. 力学学报, 2003, 35(6): 716-722.
[75] 李杰, 陈建兵. 随机动力系统中的广义密度演化方程. 自然科学进展, 2006, 16(6): 712-719.
[76] Zhang H, Xu Y Z. A Chebyshev collocation based sequential matrix exponential method for the generalized density evolution equation. Probabilistic Engineering Mechanics, 2021, 63: 103118.
[77] Li J, Chen J B. The number theoretical method in response analysis of nonlinear stochastic structures. Computational Mechanics, 2007, 39(6): 693-708.
[78] Wang D, Li J. A reproducing kernel particle method for solving generalized probability density evolution equation in stochastic dynamic analysis. Computational Mechanics, 2020, 65(3): 597-607.
[79] Ren M F, Zhang J H, Wang H. Minimized tracking error randomness control for nonlinear multivariate and non-Gaussian systems using the generalized density evolution equation. IEEE Transactions on Automatic Control, 2014, 59(9): 2486-2490.
[80] Lyu M Z, Chen J B. First-passage reliability of high-dimensional nonlinear systems under additive excitation by the ensemble-evolving-based generalized density evolution equation. Probabilistic Engineering Mechanics, 2021, 63: 103119.
[81] Tootkaboni M, Graham-Brady L. Stochastic direct integration schemes for dynamic systems subjected to random excitations. Probabilistic Engineering Mechanics, 2010, 25(2): 163-171.
[82] Wilson E L, der Kiureghian A, Bayo E P. A replacement for the SRSS method in seismic analysis. Earthquake Engineering & Structural Dynamics, 1981, 9(2): 187-192.
[83] Wilcox R M, Bellman R. Truncation and preservation of moment properties for Fokker-Planck moment equations. Journal of Mathematical Analysis and Applications, 1970, 32(3): 532-542.
[84] Fujimura K, der Kiureghian A. Tail-equivalent linearization method for nonlinear random vibration. Probabilistic Engineering Mechanics, 2007, 22(1): 63-76.
[85] Shinozuka M, Astill C J. Random eigenvalue problems in structural analysis. AIAA Journal, 1972, 10(4): 456-462.
[86] Kamiński M. Generalized perturbation-based stochastic finite element method in elastostatics. Computers & Structures, 2007, 85(10): 586-594.

[87] Ghanem R G, Spanos P D. Spectral stochastic finite-element formulation for reliability analysis. Journal of Engineering Mechanics, 1991, 117(10): 2351-2372.
[88] Elishakoff I, Ren Y J, Shinozuka M. New formulation of FEM for deterministic and stochastic beams through generalization of Fuchs' approach. Computer Methods in Applied Mechanics and Engineering, 1997, 144(3/4): 235-243.
[89] Xiao N C, Huang H Z, Wang Z, et al. Reliability analysis of series systems with multiple failure modes under epistemic and aleatory uncertainties. Proceedings of the Institution of Mechanical Engineers, Part O: Journal of Risk and Reliability, 2012, 226(3): 295-304.
[90] Curcurù G, Galante G M, a Fata C M, et al. Epistemic uncertainty in fault tree analysis approached by the evidence theory. Journal of Loss Prevention in the Process Industries, 2012, 25(4): 667-676.
[91] 胡宝清. 模糊理论基础. 武汉: 武汉大学出版社, 2010.
[92] Zimmermann H J. Fuzzy set theory. Wiley Interdisciplinary Reviews: Computational Statistics, 2010, 2(3): 317-332.
[93] Salicone S, Prioli, M. A Short Review of the Fuzzy Set Theory. Berlin: Springer Nature, 2018.
[94] Zadeh L A. Fuzzy sets. Information and Control, 1965, 8(3): 338-353.
[95] Bellman R E, Zadeh L A. Decision-making in a fuzzy environment. Management Science, 1970, 17(4): 141-164.
[96] Inuiguchi M, Ramık J. Possibilistic linear programming: A brief review of fuzzy mathematical programming and a comparison with stochastic programming in portfolio selection problem. Fuzzy Sets and Systems, 2000, 111(1): 3-28.
[97] Zimmermann H J. Applications of fuzzy set theory to mathematical programming. Information Sciences, 1985, 36(1-2): 29-58.
[98] Zwick R, Zimmermann H J. Fuzzy set theory and its applications. The American Journal of Psychology, 1993, 106(2): 304.
[99] Dubois D, Prade H. Rough fuzzy sets and fuzzy rough sets. International Journal of General Systems, 1990, 17(2-3): 191-209.
[100] Luhandjula M K, Ichihashi H, Inuiguchi M. Fuzzy and semi-infinite mathematical programming. Information Sciences, 1992, 61(3): 233-250.
[101] 邱志平. 非概率集合理论凸方法及其应用. 北京: 国防工业出版社, 2005.
[102] Ben-Haim Y, Elishakoff I. Convex Models of Uncertainty in Applied Mechanics. Amsterdam: Elsevier, 1990.
[103] 邱志平, 顾元宪. 有界不确定参数结构位移范围的区间摄动法. 应用力学学报, 1999, 16(1): 1-10.
[104] 邱志平, 马丽红, 王晓军. 不确定非线性结构动力响应的区间分析方法. 力学学报, 2006, 38(5): 645-651.
[105] Wang C, Qiu Z P. An interval perturbation method for exterior acoustic field prediction with uncertain-but-bounded parameters. Journal of Fluids and Structures, 2014, 49: 441-449.
[106] Wang L, Liu D L, Yang Y W, et al. A novel method of non-probabilistic reliability-based topology optimization corresponding to continuum structures with unknown but bounded

uncertainties. Computer Methods in Applied Mechanics and Engineering, 2017, 326: 573-595.

[107] 郭书祥, 吕震宙. 区间有限元静力控制方程的一种迭代解法. 西北工业大学学报, 2002, 20(1): 20-23.

[108] Chen S H, Yang X W. Interval finite element method for beam structures. Finite Elements in Analysis and Design, 2000, 34(1): 75-88.

[109] 杨晓伟, 陈塑寰, 滕绍勇. 基于单元的静力区间有限元法. 计算力学学报, 2002, 19(2): 179-183.

[110] Degrauwe D, Lombaert G, de Roeck G. Improving interval analysis in finite element calculations by means of affine arithmetic. Computers & Structures, 2010, 88(3-4): 247-254.

[111] 黄康, 何春生, 甄圣超, 等. 基于区间分析的机器人绝对定位精度分析方法. 中国机械工程, 2016, 27(11): 1467-1473.

[112] 孙剑萍, Xi J, 汤兆平. 机器人定位精度及标定非概率可靠性方法研究. 仪器仪表学报, 2018, 39(12): 109-120.

[113] Gouttefarde M, Daney D, Merlet J P. Interval-analysis-based determination of the wrench-feasible workspace of parallel cable-driven robots. IEEE Transactions on Robotics, 2011, 27(1): 1-13.

[114] Zhu L P, Elishakoff I, Starnes J H Jr. Derivation of multi-dimensional ellipsoidal convex model for experimental data. Mathematical and Computer Modelling, 1996, 24(2): 103-114.

[115] Kumar P, Yildirim E A. Minimum-volume enclosing ellipsoids and core sets. Journal of Optimization Theory and Applications, 2005, 126(1): 1-21.

[116] Jiang C, Han X, Lu G Y, et al. Correlation analysis of non-probabilistic convex model and corresponding structural reliability technique. Computer Methods in Applied Mechanics and Engineering, 2011, 200(33-36): 2528-2546.

[117] Jiang C, Bi R G, Lu G Y, et al. Structural reliability analysis using non-probabilistic convex model. Computer Methods in Applied Mechanics and Engineering, 2013, 254: 83-98.

[118] Bai Y C, Han X, Jiang C, et al. A response-surface-based structural reliability analysis method by using non-probability convex model. Applied Mathematical Modelling, 2014, 38(15-16): 3834-3847.

[119] Jiang C, Lu G Y, Han X, et al. Some important issues on first-order reliability analysis with non-probabilistic convex models. Journal of Mechanical Design, 2014, 136(3): 034501.

[120] Liu J, Liu H, Jiang C, et al. A new measurement for structural uncertainty propagation based on pseudo-probability distribution. Applied Mathematical Modelling, 2018, 63: 744-760.

[121] Bi R G, Han X, Jiang C, et al. Uncertain buckling and reliability analysis of the piezoelectric functionally graded cylindrical shells based on the nonprobabilistic convex model. International Journal of Computational Methods, 2014, 11(6): 1350080.

[122] Jiang C, Zhang Q F, Han X, et al. A non-probabilistic structural reliability analysis method based on a multidimensional parallelepiped convex model. Acta Mechanica, 2014, 225(2): 383-395.

[123] Jiang C, Zhang Q F, Han X, et al. Multidimensional parallelepiped model—A new type of non-probabilistic convex model for structural uncertainty analysis. International Journal for

Numerical Methods in Engineering, 2015, 103(1): 31-59.
[124] Ni B Y, Jiang C, Han X. An improved multidimensional parallelepiped non-probabilistic model for structural uncertainty analysis. Applied Mathematical Modelling, 2016, 40(7-8): 4727-4745.
[125] 谢凌. 基于多边凸集模型的结构不确定性分析方法研究. 长沙: 湖南大学, 2018.
[126] 刘杰, 谢凌, 卿宏军, 等. 基于主成分分析的结构不确定性建模与传播研究. 计算力学学报, 2017, 34(4): 411-416.
[127] Cao L X, Liu, J, Xie L, et al. Non-probabilistic polygonal convex set model for structural uncertainty quantification. Applied Mathematical Modelling, 2021, 89: 504-518.
[128] Jiang C, Ni B Y, Han X, et al. Non-probabilistic convex model process: A new method of time-variant uncertainty analysis and its application to structural dynamic reliability problems. Computer Methods in Applied Mechanics and Engineering, 2014, 268: 656-676.
[129] 倪冰雨. 区间过程与区间场模型及在结构不确定性分析中的应用. 长沙: 湖南大学, 2017.
[130] 曹鸿钧, 段宝岩. 基于凸集模型的多学科耦合系统不确定性分析. 西安电子科技大学学报(自然科学版), 2005, 32(3): 335-338, 382.
[131] Kang Z, Luo Y J. Reliability-based structural optimization with probability and convex set hybrid models. Structural and Multidisciplinary Optimization, 2010, 42(1): 89-102.
[132] Luo Y J, Kang Z, Luo Z, et al. Continuum topology optimization with non-probabilistic reliability constraints based on multi-ellipsoid convex model. Structural and Multidisciplinary Optimization, 2009, 39(3): 297-310.
[133] Dempster A P, Laird N M, Rubin D B. Maximum likelihood from incomplete data via the EM algorithm. Journal of the Royal Statistical Society: Series B(Methodological), 1977, 39(1): 1-22.
[134] Shafer G. A Mathematical Theory of Evidence. Princeton: Princeton University Press, 1976.
[135] Soundappan P, Nikolaidis E, Haftka R T, et al. Comparison of evidence theory and Bayesian theory for uncertainty modeling. Reliability Engineering & System Safety, 2004, 85(1-3): 295-311.
[136] Swiler L, Paez T, Mayes R, et al. Epistemic uncertainty in the calculation of margins. AIAA/ASME/ASCE/AHS/ASC Structures, Structural Dynamics, and Materials Conference, Palm Springs, 2009.
[137] 张哲. 基于证据理论的结构可靠性分析方法. 长沙: 湖南大学, 2016.
[138] Zhang Z, Jiang C. Evidence-theory-based structural reliability analysis with epistemic uncertainty: A review. Structural and Multidisciplinary Optimization, 2021, 63: 2935-2953.
[139] Zio E. Reliability engineering: Old problems and new challenges. Reliability Engineering & System Safety, 2009, 94 (2): 125-141.
[140] Helton J C, Johnson J D, Oberkampf W L, et al. A sampling-based computational strategy for the representation of epistemic uncertainty in model predictions with evidence theory. Computer Methods in Applied Mechanics and Engineering, 2007, 196(37-40): 3980- 3998.
[141] Oberkampf W, Helton J. Investigation of evidence theory for engineering applications. The 43rd AIAA/ASME/ASCE/AHS/ASC Structures, Structural Dynamics, and Materials Conference, Denver, 2002.

[142] Oberkampf W, Helton J. Evidence Theory for Engineering Applications. Los Angeles: CRC Press, 2004.
[143] Yang J P, Huang H Z, He L P, et al. Risk evaluation in failure mode and effects analysis of aircraft turbine rotor blades using Dempster-Shafer evidence theory under uncertainty. Engineering Failure Analysis, 2011, 18(8): 2084-2092.
[144] Guo H Y, Li Z L. A two-stage method to identify structural damage sites and extents by using evidence theory and micro-search genetic algorithm. Mechanical Systems and Signal Processing, 2009, 23(3): 769-782.
[145] Chen B, Wang J P, Chen S B. Prediction of pulsed GTAW penetration status based on BP neural network and D-S evidence theory information fusion. The International Journal of Advanced Manufacturing Technology, 2010, 48(1-4): 83-94.
[146] Bae H R, Grandhi R V, Canfield R A. Uncertainty quantification of structural response using evidence theory. AIAA Journal, 2003, 41(10): 2062-2068.
[147] Riley M E. Evidence-based quantification of uncertainties induced via simulation-based modeling. Reliability Engineering & System Safety, 2015, 133: 79-86.
[148] Rao S S, Annamdas K K. A comparative study of evidence theories in the modeling, analysis, and design of engineering systems. Journal of Mechanical Design, 2013, 135(6): 061006.
[149] 姜潮, 张哲, 韩旭, 等. 一种基于证据理论的结构可靠性分析方法. 力学学报, 2013, 45(1): 103-115.
[150] 黄志亮. 基于可靠性的设计优化及在电子产品结构设计中的应用. 长沙: 湖南大学, 2017.
[151] Yao W, Chen X Q, Ouyang Q, et al. A reliability-based multidisciplinary design optimization procedure based on combined probability and evidence theory. Structural and Multidisciplinary Optimization, 2013, 48(2): 339-354.
[152] Srivastava R K, Deb K. An EA-based approach to design optimization using evidence theory. Proceedings of the 13th Annual Conference on Genetic and Evolutionary Computation ACM, Dublin, 2011.
[153] Tzvieli A. Possibility theory: An approach to computerized processing of uncertainty. Journal of the American Society for Information Science, 1990, 41(2): 153-154.
[154] Karanki D R, Kushwaha H S, Verma A K, et al. Uncertainty analysis based on probability bounds (P-box) approach in probabilistic safety assessment. Risk Analysis: An International Journal, 2009, 29(5): 662-675.
[155] Crespo L G, Kenny S P, Giesy D P. Reliability analysis of polynomial systems subject to P-box uncertainties. Mechanical Systems and Signal Processing, 2013, 37(1-2): 121-136.
[156] 吕震宙, 李璐祎, 宋述芳, 等. 不确定性结构系统的重要性分析理论与求解方法. 北京: 科学出版社, 2015.
[157] 闫英, 锁斌. 基于证据理论的不确定性量化方法与应用. 北京: 科学出版社, 2018.
[158] Rabitz H, Aliş Ö F, Shorter J, et al. Efficient input-output model representations. Computer Physics Communications, 1999, 117(1-2): 11-20.
[159] Saltelli A. Making best use of model evaluations to compute sensitivity indices. Computer Physics Communications, 2002, 145(2): 280-297.

[160] Christopher H, Patil S R. Identification and review of sensitivity analysis methods. Risk Analysis, 2002, 22(3): 553-578.
[161] Huang X Y, Wang J M. Lightweight vehicle control-oriented modeling and payload parameter sensitivity analysis. IEEE Transactions on Vehicular Technology, 2011, 60(5): 1999-2011.
[162] Castillo E, Conejo A J, Mínguez R, et al. A closed formula for local sensitivity analysis in mathematical programming. Engineering Optimization, 2006, 38(1): 93-112.
[163] bar Massada A, Carmel Y. Incorporating output variance in local sensitivity analysis for stochastic models. Ecological Modelling, 2008, 213(3-4): 463-467.
[164] Wang P, Lu Z Z, Tang Z C. An application of the Kriging method in global sensitivity analysis with parameter uncertainty. Applied Mathematical Modelling, 2013, 37(9): 6543-6555.
[165] Haaker M P R, Verheijen P J T. Local and global sensitivity analysis for a reactor design with parameter uncertainty. Chemical Engineering Research and Design, 2004, 82(5): 591-598.
[166] Wei P F, Lu Z Z, Song J W. A new variance-based global sensitivity analysis technique. Computer Physics Communications, 2013, 184(11): 2540-2551.
[167] Yan W J, Wan H P, Ren W X. Analytical local and global sensitivity of power spectrum density functions for structures subject to stochastic excitation. Computers & Structures, 2017, 182: 325-336.
[168] Chen W, Jin R C, Sudjianto A. Analytical variance-based global sensitivity analysis in simulation-based design under uncertainty. Journal of Mechanical Design, 2005, 127(5): 875.
[169] Iooss B, Lemaître P. A review on global sensitivity analysis methods. Operations Research Computer Science Interfaces, 2015, 59: 101-122.
[170] Michiels W, Roose D. Sensitivity to perturbations in variable structure systems. Journal of Computational and Applied Mathematics, 2001, 132(1): 127-140.
[171] Holtzmann J M. On using perturbation analysis to do sensitivity analysis: Derivatives vs. differences. IEEE Transactions on Automatic Control, 1992, 37(2): 343-247.
[172] Saltelli A, Annoni P. How to avoid a perfunctory sensitivity analysis. Environmental Modelling & Software, 2010, 25(12): 1508-1517.
[173] da Silva P P, Sutulo S, Soares C G. Local Sensitivity Analysis of a Non-Linear Mathematical Manoeuvring Model. London: CRC Press, 2021.
[174] Proppe C. Local reliability based sensitivity analysis with the moving particles method. Reliability Engineering & System Safety, 2021, 207: 107269.
[175] Wu Y T. Computational methods for efficient structural reliability and reliability sensitivity analysis. AIAA Journal, 1994, 32(8): 1717-1723.
[176] 吕震宙, 宋述芳, 李洪双, 等. 结构机构可靠性及可靠性灵敏度分析. 北京: 科学出版社, 2009.
[177] Guo J, Du X P. Reliability sensitivity analysis with random and interval variables. International Journal for Numerical Methods in Engineering, 2009, 78(13): 1585-1617.
[178] Xiao N C, Huang H Z, Wang Z L, et al. Reliability sensitivity analysis for structural systems in interval probability form. Structural and Multidisciplinary Optimization, 2011, 44(5): 691-705.
[179] Novotny A A, Feijóo R A, Taroco E, et al. Topological sensitivity analysis. Computer Methods

in Applied Mechanics and Engineering, 2003, 192(7-8): 803-829.

[180] Cho S, Jung H S. Design sensitivity analysis and topology optimization of displacement-loaded non-linear structures. Computer Methods in Applied Mechanics and Engineering, 2003, 192(22-24): 2539-2553.

[181] Paris J, Navarrina F, Colominas I, et al. Stress constraints sensitivity analysis in structural topology optimization. Computer Methods in Applied Mechanics and Engineering, 2010, 199(33-36): 2110-2122.

[182] 商林源. 声结构耦合系统的敏感性分析与拓扑优化设计. 大连: 大连理工大学, 2018.

[183] 郑静. 随机认知混合不确定分析及在拓扑优化中的应用. 长沙: 湖南大学, 2019.

[184] Saltelli A, Tarantola S, Campolongo F, et al. Sensitivity Analysis in Practice: A Guide to Assessing Scientific Models. New York: Wiley & Sons, 2004.

[185] Borgonovo E, Plischke E. Sensitivity analysis: A review of recent advances. European Journal of Operational Research, 2016, 248(3): 869-887.

[186] 魏鹏飞, 吕震宙, 宋静文. 不确定性量化及敏感性分析研究进展. 上海: 同济大学出版社, 2018.

[187] 涂龙威. 考虑相关性与多维输出的结构全局敏感性分析方法研究. 长沙: 湖南大学, 2018.

[188] Douglas-Smith D, Iwanaga T, Croke B F W, et al. Certain trends in uncertainty and sensitivity analysis: An overview of software tools and techniques. Environmental Modelling & Software, 2020, 124: 104588.

[189] McKay M D. Nonparametric variance-based methods of assessing uncertainty importance. Reliability Engineering & System Safety, 1997, 57(3): 267-279.

[190] Sobol I M. On sensitivity estimation for nonlinear mathematical models. Matematicheskoe modelirovanie, 1990, 2(1): 112-118.

[191] Sobol I M. Sensitivity estimates for nonlinear mathematical models. Mathematical Modeling and Computational Experiment, 1993, 1(4): 407-414.

[192] Homma T, Saltelli A. Importance measures in global sensitivity analysis of nonlinear models. Reliability Engineering & System Safety, 1996, 52(1): 1-17.

[193] Sobol' I M, Tarantola S, Gatelli D, et al. Estimating the approximation error when fixing unessential factors in global sensitivity analysis. Reliability Engineering & System Safety, 2007, 92(7): 957-960.

[194] Saltelli A, Annoni P, Azzini I, et al. Variance based sensitivity analysis of model output. Design and estimator for the total sensitivity index. Computer Physics Communications, 2010, 181(2): 259-270.

[195] Wu Q L, Cournède P H, Mathieu A. An efficient computational method for global sensitivity analysis and its application to tree growth modelling. Reliability Engineering & System Safety, 2012, 107: 35-43.

[196] Cukier R I, Fortuin C M, Shuler K E, et al. Study of the sensitivity of coupled reaction systems to uncertainties in rate coefficients. I Theory. The Journal of Chemical Physics, 1973, 59(8): 3873-3878.

[197] Saltelli A, Tarantola S, Chan K P S. A quantitative model-independent method for global

sensitivity analysis of model output. Technometrics, 1999, 41(1): 39-56.
[198] McRae G J, Tilden J W, Seinfeld J H. Global sensitivity analysis—A computational implementation of the Fourier amplitude sensitivity test (FAST). Computers & Chemical Engineering, 1982, 6(1): 15-25.
[199] Xu C G, Gertner G. Understanding and comparisons of different sampling approaches for the Fourier amplitudes sensitivity test (FAST). Computational Statistics & Data Analysis, 2011, 55(1): 184-198.
[200] Liu J, Liu Q M, Han X, et al. A new global sensitivity measure based on derivative-integral and variance decomposition and its application in structural crashworthiness. Structural and Multidisciplinary Optimization, 2019, 60(6): 2249-2264.
[201] Arwade S R, Moradi M, Louhghalam A. Variance decomposition and global sensitivity for structural systems. Engineering Structures, 2010, 32(1): 1-10.
[202] Saltelli A. Sensitivity analysis for importance assessment. Risk Analysis, 2002, 22(3): 579-590.
[203] Jacques J, Lavergne C, Devictor N. Sensitivity analysis in presence of model uncertainty and correlated inputs. Reliability Engineering & System Safety, 2006, 91(10-11): 1126-1134.
[204] Li G Y, Rabitz H, Yelvington P E, et al. Global sensitivity analysis for systems with independent and/or correlated inputs. The Journal of Physical Chemistry A, 2010, 114(19): 6022-6032.
[205] Chan K R, Saltelli A, Tarantola S. Sensitivity analysis of model output: Variance-based methods make the difference. Proceedings of the 29th conference on Winter simulation, Atlanta, 1997.
[206] Sheikholeslami R, Razavi S, Gupta H V, et al. Global sensitivity analysis for high-dimensional problems: How to objectively group factors and measure robustness and convergence while reducing computational cost. Environmental Modelling & Software, 2019, 111: 282-299.
[207] Jiang P, Zhou Q, Shao X Y. Surrogate-model-based Engineering Design and Optimization. Singapore: Springer, 2020.
[208] Bhosekar A, Ierapetritou M. Advances in surrogate based modeling, feasibility analysis, and optimization: A review. Computers & Chemical Engineering, 2018, 108: 250-267.
[209] Bucher C G, Bourgund U. A fast and efficient response surface approach for structural reliability problems. Structural Safety, 1990, 7(1): 57-66.
[210] Zhou Z Z, Ong Y S, Nguyen M H, et al. A study on polynomial regression and Gaussian process global surrogate model in hierarchical surrogate-assisted evolutionary algorithm. IEEE Congress on Evolutionary Computation, Edinburgh, 2005.
[211] Kleijnen J P C. Kriging metamodeling in simulation: A review. European Journal of Operational Research, 2009, 192(3): 707-716.
[212] Park J, Sandberg I W. Universal approximation using radial-basis-function networks. Neural Computation, 1991, 3(2): 246-257.
[213] Raghavendra N S, Deka P C. Support vector machine applications in the field of hydrology: A review. Applied Soft Computing, 2014, 19: 372-386.
[214] Marugán A P, Márquez F P G, Perez J M P, et al. A survey of artificial neural network in wind energy systems. Applied Energy, 2018, 228: 1822-1836.

[215] Tian W. A review of sensitivity analysis methods in building energy analysis. Renewable and Sustainable Energy Reviews, 2013, 20: 411-419.

[216] Sudret B. Global sensitivity analysis using polynomial chaos expansions. Reliability Engineering & System Safety, 2008, 93(7): 964-979.

[217] Blatman G, Sudret B. Efficient computation of global sensitivity indices using sparse polynomial chaos expansions. Reliability Engineering & System Safety, 2010, 95(11): 1216-1229.

[218] Sudret B, Caniou Y. Analysis of covariance (ANCOVA) using polynomial chaos expansions. Proceedings of the 11th international conference on structural safety and reliability, New York, 2013.

[219] Abbiati G, Marelli S, Tsokanas N, et al. A global sensitivity analysis framework for hybrid simulation. Mechanical Systems and Signal Processing, 2021, 146: 106997.

[220] Zhu X J, Sudret B. Global sensitivity analysis for stochastic simulators based on generalized lambda surrogate models. Reliability Engineering & System Safety, 2021, 214: 107815.

[221] 刘启明. 基于车辆碰撞事故反求的脑损伤评价研究. 长沙: 湖南大学, 2018.

[222] Liu Q M, Li Y J, Cao L X, et al. Structural design and global sensitivity analysis of the composite B-pillar with ply drop-off. Structural and Multidisciplinary Optimization, 2018, 57(3): 965-975.

[223] 张扬, 张维刚, 马桃, 等. 基于全局敏感性分析和动态代理模型的复杂非线性系统优化设计方法. 机械工程学报, 2015, 51(4): 126-131.

[224] Wu Z P, Wang D H, Okolo N P, et al. Global sensitivity analysis using a Gaussian radial basis function metamodel. Reliability Engineering & System Safety, 2016, 154: 171-179.

[225] Morris M D. Factorial sampling plans for preliminary computational experiments. Technometrics, 1991, 33(2): 161-174.

[226] Campolongo F, Cariboni J, Saltelli A. An effective screening design for sensitivity analysis of large models. Environmental Modelling & Software, 2007, 22(10): 1509-1518.

[227] Borgonovo E. A new uncertainty importance measure. Reliability Engineering & System Safety, 2007, 92(6): 771-784.

[228] Xu X, Lu Z Z, Luo X P. A stable approach based on asymptotic space integration for moment-independent uncertainty importance measure. Risk Analysis, 2014, 34(2): 235-251.

[229] Zhang L G, Lu Z Z, Cheng L, et al. A new method for evaluating Borgonovo moment-independent importance measure with its application in an aircraft structure. Reliability Engineering & System Safety, 2014, 132: 163-175.

[230] Kucherenko S, Rodriguez-Fernandez M, Pantelides C, et al. Monte Carlo evaluation of derivative-based global sensitivity measures. Reliability Engineering & System Safety, 2009, 94(7): 1135-1148.

[231] Kucherenko S, Song S. Derivative-based global sensitivity measures and their link with Sobol sensitivity indices//Cools R, Nuyens D. Monte Carlo and Quasi-Monte Carlo Methods. New York: Springer, 2016.

[232] Lamboni M, Iooss B, Popelin A L, et al. Derivative-based global sensitivity measures: General

links with Sobol'indices and numerical tests. Mathematics and Computers in Simulation, 2013, 87: 45-54.
[233] Sudret B, Mai C V. Computing derivative-based global sensitivity measures using polynomial chaos expansions. Reliability Engineering & System Safety, 2015, 134: 241-250.
[234] Bolado-Lavin R, Castaings W, Tarantola S. Contribution to the sample mean plot for graphical and numerical sensitivity analysis. Reliability Engineering & System Safety, 2009, 94(6): 1041-1049.
[235] Tarantola S, Kopustinskas V, Bolado-Lavin R, et al. Sensitivity analysis using contribution to sample variance plot: Application to a water hammer model. Reliability Engineering & System Safety, 2012, 99: 62-73.
[236] Wei P F, Lu Z Z, Ruan W B, et al. Regional sensitivity analysis using revised mean and variance ratio functions. Reliability Engineering & System Safety, 2014, 121: 121-135.
[237] Wei P F, Lu Z Z, Song J W. Regional and parametric sensitivity analysis of Sobol, indices. Reliability Engineering & System Safety, 2015, 137: 87-100.
[238] Xu L Y, Lu Z Z, Xiao S N. Generalized sensitivity indices based on vector projection for multivariate output. Applied Mathematical Modelling, 2019, 66: 592-610.
[239] Lamboni M. Multivariate sensitivity analysis: Minimum variance unbiased estimators of the first-order and total-effect covariance matrices. Reliability Engineering & System Safety, 2019, 187: 67-92.
[240] Li L Y, Lu Z Z, Wu D Q. A new kind of sensitivity index for multivariate output. Reliability Engineering & System Safety, 2016, 147: 123-131.
[241] Gamboa F, Janon A, Klein T, et al. Sensitivity indices for multivariate outputs. Comptes Rendus Mathematique, 2013, 351(7-8): 307-310.
[242] Lamboni M, Monod H, Makowski D. Multivariate sensitivity analysis to measure global contribution of input factors in dynamic models. Reliability Engineering & System Safety, 2011, 96(4): 450-459.
[243] Garcia-Cabrejo O, Valocchi A. Global sensitivity analysis for multivariate output using polynomial chaos expansion. Reliability Engineering & System Safety, 2014, 126: 25-36.
[244] Cheng K, Lu Z Z, Zhang K C. Multivariate output global sensitivity analysis using multi-output support vector regression. Structural and Multidisciplinary Optimization, 2019, 59(6): 2177-2187.
[245] Xu C, Zhu P, Liu Z, et al. Mapping-based hierarchical sensitivity analysis for multilevel systems with multidimensional correlations. Journal of Mechanical Design, 2021, 143(1): 1-26.
[246] Xu C, Liu Z, Zhu P, et al. Sensitivity-based adaptive sequential sampling for metamodel uncertainty reduction in multilevel systems. Structural and Multidisciplinary Optimization, 2020, 62(3): 1473-1496.
[247] Xiao S N, Lu Z Z, Wang P. Multivariate global sensitivity analysis for dynamic models based on wavelet analysis. Reliability Engineering & System Safety, 2018, 170: 20-30.
[248] Li L Y, Liu Y S, Shi Z Y, et al. Multivariate sensitivity analysis for dynamic models with both random and random process inputs. Applied Mathematical Modelling, 2020, 81: 92-112.

[249] Tarantola A. Inverse Problem Theory and Methods for Model Parameter Estimation. Philadelphia, PA: Society for Industrial and Applied Mathematics, 2005.

[250] Backus G, Gilbert F. The resolving power of gross earth data. Geophysical Journal of the Royal Astronomical Society, 1968, 16(2): 169-205.

[251] Keller J B. Inverse problems. the American Mathematical Monthly, 1976, 83(2): 107-118.

[252] Liu G R, Han X. Computational Inverse Techniques in Nondestructive Evaluation. Boca Raton: CRC Press, 2003.

[253] 许灿. 基于概率的不确定性传播与计算反求方法研究. 长沙: 湖南大学, 2015.

[254] Litvinenko A, Matthies H G. Inverse problems and uncertainty quantification. arXiv:1312.5048, 2013.

[255] 刘浩. 基于聚类椭球模型的结构不确定性传播与计算反求研究. 长沙: 湖南大学, 2017.

[256] Cividini A, Maier G, Nappi A. Parameter estimation of a static geotechnical model using a Bayes' approach. International Journal of Rock Mechanics and Mining Sciences & Geomechanics Abstracts, 1983, 20(5): 215-226.

[257] Sohn H, Law K H. A Bayesian probabilistic approach for structure damage detection. Earthquake Engineering & Structural Dynamics, 1997, 26(12): 1259-1281.

[258] Zhang W, Han X, Liu J, et al. A computational inverse technique for uncertainty quantification in an encounter condition identification problem. Computer Modeling in Engineering & Sciences (CMES), 2012, 86(5): 385-408.

[259] Bui-Thanh T, Ghattas O. An analysis of infinite dimensional Bayesian inverse shape acoustic scattering and its numerical approximation. ASA Journal on Uncertainty Quantification, 2014, 2(1): 203-222.

[260] Bal G, Langmore I, Marzouk Y. Bayesian inverse problems with Monte Carlo forward models. Inverse Problems & Imaging, 2013, 7(1): 81-105.

[261] Malinverno A. Parsimonious Bayesian Markov chain Monte Carlo inversion in a nonlinear geophysical problem. Geophysical Journal International, 2002, 151(3): 675-688.

[262] Ledesma A, Gens A, Alonso E E. Estimation of parameters in geotechnical backanalysis—I. Maximum likelihood approach. Computers and Geotechnics, 1996, 18(1): 1-27.

[263] Turco E. Is the statistical approach suitable for identifying actions on structures? Computers & Structures, 2005, 83(25-26): 2112-2120.

[264] Liu J, Hu Y F, Xu C, et al. Probability assessments of identified parameters for stochastic structures using point estimation method. Reliability Engineering & System Safety, 2016, 156: 51-58.

[265] Liu J, Meng X H, Xu C, et al. Forward and inverse structural uncertainty propagations under stochastic variables with arbitrary probability distributions. Computer Methods in Applied Mechanics and Engineering, 2018, 342: 287-320.

[266] Jiang C, Liu G R, Han X. A novel method for uncertainty inverse problems and application to material characterization of composites. Experimental Mechanics, 2008, 48(4): 539-548.

[267] Liu J, Cai H, Jiang C, et al. An interval inverse method based on high dimensional model representation and affine arithmetic. Applied Mathematical Modelling, 2018, 63: 732-743.

[268] Zhang W, Liu J, Cho C, et al. A hybrid parameter identification method based on Bayesian approach and interval analysis for uncertain structures. Mechanical Systems and Signal Processing, 2015, 60-61: 853-865.
[269] 蔡恒. 基于区间的不确定性计算反求方法研究. 长沙: 湖南大学, 2018.
[270] 张伟. 基于概率和区间的工程不确定性反问题研究. 长沙: 湖南大学, 2013.
[271] 韩旭. 基于数值模拟的设计理论与方法. 北京: 科学出版社, 2015.
[272] Tao F, Cheng J F, Qi Q L, et al. Digital twin-driven product design, manufacturing and service with big data. The International Journal of Advanced Manufacturing Technology, 2018, 94(9-12): 3563-3576.
[273] Hoare A, Regan D G, Wilson D P. Sampling and sensitivity analyses tools (SaSAT) for computational modelling. Theoretical Biology & Medical Modelling, 2008, 5(1): 1-18.
[274] Schmidt H, Jirstrand M. Systems biology toolbox for MATLAB: A computational platform for research in systems biology. Bioinformatics, 2006, 22(4): 514-515.
[275] Ziehn T, Tomlin A S. GUI-HDMR-A software tool for global sensitivity analysis of complex models. Environmental Modelling & Software, 2009, 24(7): 775-785.
[276] Pianosi F, Sarrazin F, Wagener T. A Matlab toolbox for global sensitivity analysis. Environmental Modelling & Software, 2015, 70: 80-85.
[277] Tarantola S, Becker W. SIMLAB Software for Uncertainty and Sensitivity Analysis. Cham: Springer, 2017.
[278] Razavi S, Sheikholeslami R, Gupta H V, et al. VARS-TOOL: A toolbox for comprehensive, efficient, and robust sensitivity and uncertainty analysis. Environmental Modelling & Software, 2019, 112: 95-107.
[279] Marelli S, Sudret B. UQLAB: A framework for uncertainty quantification in Matlab. The 2nd International Conference on Vulnerability, Risk Analysis and Management (ICVRAM2014), Liverpool, 2014.
[280] de Rocquigny E, Devictor N, Tarantola S. Uncertainty in Industrial Practice: A Guide to Quantitative Uncertainty Management. Chichester: John Wiley & Sons, 2008.

# 第2章 复杂机械系统不确定性量化与传播分析方法

## 2.1 引　　言

在工程实际问题中，由于认知水平、测量技术和设计成本等因素的限制，不可避免地存在不确定性，这对系统响应的预测和评价有着重要的影响[1-5]。对于许多不确定性问题，在确定性理论框架下，基于极值和最大值或最小值的分析和设计，很难得到高质量、高精度和高可靠性的结果，即使是输入参数的微小波动，也可能会对输出响应产生很大的影响，导致产品或系统不稳定和不可靠。因此，开展不确定性量化和传播分析对提升系统稳健性、可靠性具有重要意义。

不确定性量化和传播研究已在许多工程领域引起了广泛的关注，如结构设计[6-9]、参数识别[10-12]和可靠性分析[13,14]。区间模型应用最为广泛，理论也比较成熟，但对具有相关性的不确定性参量，其度量精度较低。平行六面体模型的研究还处于起步探索阶段，其应用还很少被提及。椭球模型由于其广泛的应用范围和有效的建模手段，近年来备受关注[15-17]。但是，一些传统的椭球模型建立方法隐含了采样点是均匀分布的假设，并且要求建立的椭球域尽可能地包围所有采样点信息。此外，基于凸集模型(包括椭球模型)的不确定性传播方法通常只能获得系统响应的上下界，不能提供响应区间内部的详细信息[18-20]。因此，椭球模型会极大地影响不确定性量化和传播的准确性，这些不足限制了椭球模型在不确定性问题中的发展和应用。本章提出一种新的非概率凸集不确定性量化模型，即椭球可能度模型(ellipsoid possibility model，EPM)，并基于该模型发展了一种不确定性传播方法，以解决样本点具有聚心特性的不确定性问题。与传统方法相比，所提不确定性量化和传播方法具有以下优点：

(1) 对于许多具有相关性和聚心特征的数据样本，不确定性量化和传播的结果更为准确；

(2) 不需要将所有采样点都包含在内，因此建立不确定性量化模型更加方便和高效；

(3) 它可以得到所有不确定响应的可能性取值；

(4) 它比传统方法提供的响应区间信息更丰富；

(5) 针对不同的样本数量，它具有很好的稳定性，且对异常值的敏感性较低。

基于椭球可能度模型的不确定性量化与传播分析方法的主要思路如下：根据协方差矩阵的特征值和特征向量，将所有样本点转换为一个新的坐标系，对这些样本点的统计特征进行重新估计，并根据 $3\sigma$ 准则对重新估计的协方差矩阵进行更新，基于更新后的协方差矩阵构造椭球域，并使用预定义的缩放规则向内绘制其他椭球域。根据椭球域所在的位置，计算椭球域的权重比，从而得到各个椭球域的可能度。在此基础上，开发两种不确定性传播方法：一种是基于拉格朗日乘子法和椭球可能度模型相结合的区间不确定性传播方法，以获得响应区间；另一种是基于椭球域体积比的不确定性传播方法，以获得系统响应的可能度。对于两种不确定性传播方法，均采用泰勒级数展开法对系统响应进行近似，以便计算拉格朗日函数的极值和多个椭球域的体积比。最后，通过三个数值算例和两个工程应用进行验证，并与几种常用的非概率模型以及蒙特卡罗模拟方法的计算结果进行对比，从而验证了所提不确定性分析方法的准确性和实用性。

## 2.2　不确定性凸集度量模型

凸集模型中被广泛关注和使用的几种模型分别是区间、椭球和平行六面体，它们的建模方法和构型简述如下。

一个简单的不确定性问题通常包括几个输入变量和一个输出响应，本节将参数和响应的映射关系表示为

$$Y = g\left(X_1, X_2, \cdots, X_n\right) \tag{2-1}$$

式中，$X_1, X_2, \cdots, X_n$ 是 $n$ 个不确定变量。利用区间法对这些不相关的不确定变量进行量化，将区间模型[21]表示为

$$\begin{cases} X_i \in X_i^{\mathrm{I}} = \left[X_i^{\mathrm{L}}, X_i^{\mathrm{U}}\right] \\ X_i^{\mathrm{W}} = \dfrac{X_i^{\mathrm{U}} - X_i^{\mathrm{L}}}{2}, \quad X_i^{\mathrm{C}} = \dfrac{X_i^{\mathrm{U}} + X_i^{\mathrm{L}}}{2} \end{cases} \tag{2-2}$$

式中，$X_i^{\mathrm{I}} = \left[X_i^{\mathrm{L}}, X_i^{\mathrm{U}}\right]$ 是变量 $X_i$ 的区间；$X_i^{\mathrm{U}}$ 是变量的上界；$X_i^{\mathrm{L}}$ 是变量的下界；$X_i^{\mathrm{W}}$ 是区间半径；$X_i^{\mathrm{C}}$ 是区间中心。如图 2-1(a)所示，二维问题的区间模型是根据变量 $X_i$ 和 $X_j$ 的样本点构造的矩形模型，三维问题的区间模型是立方体，高维问题的区间模型是超立方体。利用椭球模型[22]可以量化具有相关性的不确定变量，其表达式为

$$E_X = \left\{\boldsymbol{X} \middle| \left(\boldsymbol{X} - \boldsymbol{X}^{\mathrm{C}}\right)^{\mathrm{T}} \boldsymbol{\Omega}_X \left(\boldsymbol{X} - \boldsymbol{X}^{\mathrm{C}}\right) \leqslant 1, \boldsymbol{X} \in \mathbf{R}^n\right\} \tag{2-3}$$

式中，$E_X$ 是变量 $\boldsymbol{X} = \left[X_1, X_2, \cdots, X_n\right]$ 的椭球域；$\boldsymbol{X}^{\mathrm{C}} = \left[X_1^{\mathrm{C}}, X_2^{\mathrm{C}}, \cdots, X_n^{\mathrm{C}}\right]$ 是由每个

区间中心组成的矢量；上标 T 是一个转置算子。特征矩阵 $\boldsymbol{\Omega}_X$ 是对称矩阵，可以通过对协方差矩阵进行逆运算得到

$$\begin{cases}\boldsymbol{\Omega}_X=\boldsymbol{\Sigma}^{-1}\\ \boldsymbol{\Sigma}=\operatorname{diag}(\boldsymbol{X}^{\mathrm{W}})\cdot\boldsymbol{\rho}_X\cdot\operatorname{diag}(\boldsymbol{X}^{\mathrm{W}})\\ \boldsymbol{\rho}_X=\begin{bmatrix}\rho_{11} & \rho_{12} & \cdots & \rho_{1n}\\ \rho_{21} & \rho_{22} & \cdots & \rho_{2n}\\ \vdots & \vdots & & \vdots\\ \rho_{n1} & \rho_{n2} & \cdots & \rho_{nn}\end{bmatrix}\\ \boldsymbol{X}^{\mathrm{W}}=\left[X_1^{\mathrm{W}},X_2^{\mathrm{W}},\cdots,X_n^{\mathrm{W}}\right]\end{cases} \tag{2-4}$$

式中，$\boldsymbol{\rho}_X$ 是任意两个变量之间的已知相关系数矩阵，二维问题的椭球域是一个椭圆，如图 2-1(b)所示。需要指出，基于此法度量三维不确定性问题时，其度量模型是椭球，高维问题是超椭球。采用平行六面体可以量化样本点不规则分布的不确定变量，其模型[23]可表示为

$$P_X=\{\boldsymbol{X}\,|\,\boldsymbol{\rho}^{-1}\boldsymbol{T}^{-1}\boldsymbol{R}^{-1}(\boldsymbol{X}-\boldsymbol{X}^{\mathrm{C}})\leqslant\boldsymbol{e}\} \tag{2-5}$$

其中，

$$\begin{cases}\boldsymbol{T}=\operatorname{diag}\left[w_1,w_2,\cdots,w_n\right],w_i=\dfrac{1}{\sum\limits_{j=1}^{n}\left|\tilde{\rho}(i,j)\right|}, \quad i=1,2,\cdots,n\\ \boldsymbol{R}=\operatorname{diag}\left[X_1^{\mathrm{W}},X_2^{\mathrm{W}},\cdots,X_n^{\mathrm{W}}\right]\\ \boldsymbol{X}=[X_1,X_2,\cdots,X_n]^{\mathrm{T}}\\ \boldsymbol{X}^{\mathrm{C}}=[X_1^{\mathrm{C}},X_2^{\mathrm{C}},\cdots,X_n^{\mathrm{C}}]\\ \boldsymbol{e}=[1,1,\cdots,1]^{\mathrm{T}}\end{cases} \tag{2-6}$$

二维问题的平行六面体区域是一个平行四边形，如图 2-1(c)所示。对于三维问题，是一个平行六面体模型，对于高维问题，是一个超平行六面体模型。

区间模型较为简单，但不适用于一些具有相关性的不确定性问题，考虑变量间相关性的平行六面体模型，建模过程较为复杂，在实际工程问题中应用较少。与区间模型和平行六面体模型相比，椭球模型结构光滑、建模方便，因此其更具有吸引力，但传统椭球模型忽略了样本向中心聚集的特点，如图 2-1 所示，在所有样本均为有界且均匀分布的情况下，三种凸集建模方法的精度是高的，但当样本分布具有聚心特征时，三种凸集建模方法的精度会被影响。为此，需发展一种

新的建模方法来弥补传统凸集建模方法精度不足的问题。

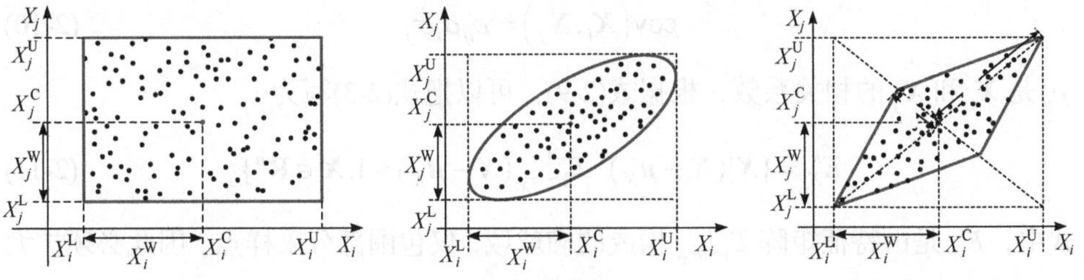

(a) 区间模型　(b) 椭球模型　(c) 平行六面体模型

图 2-1　三种常用凸集模型

## 2.3　基于椭球可能度模型的不确定性量化方法

在工程实际问题中，样本点具有向中心聚集的特征，采样点离中心越近就越密集，传统非概率方法忽略了采样点这一特性，在对不确定性进行量化和传播时存在一定的误差。因此，本节在非概率框架下考虑不确定性量化的准确性和高效性，提出了基于椭球可能度模型的不确定性量化方法。为了便于描述和避免歧义，本书将在后续讨论中采用椭球模型，不再区分椭圆、椭球和超椭球体。

假设 $\boldsymbol{X}=\left[\boldsymbol{X}_1,\boldsymbol{X}_2,\cdots,\boldsymbol{X}_n\right]$ 是输入参数矩阵，每个输入参数都包括 $m$ 个样本点，可表示为

$$\begin{cases}\boldsymbol{X}_1=\left[x_{1,1},x_{1,2},\cdots,x_{1,m}\right]^{\mathrm{T}}\\ \boldsymbol{X}_2=\left[x_{2,1},x_{2,2},\cdots,x_{2,m}\right]^{\mathrm{T}}\\ \qquad\vdots\\ \boldsymbol{X}_n=\left[x_{n,1},x_{n,2},\cdots,x_{n,m}\right]^{\mathrm{T}}\end{cases}\tag{2-7}$$

所有输入参数的中心和半径可以分别用矩阵 $\boldsymbol{\mu}_X$、$\boldsymbol{\sigma}_X$ 表示：

$$\boldsymbol{\mu}_X=\left[\mu_1,\mu_2,\cdots,\mu_n\right],\quad \boldsymbol{\sigma}_X=\left[\sigma_1,\sigma_2,\cdots,\sigma_n\right]\tag{2-8}$$

任意两个输入参数之间的估计协方差构成的矩阵可以表示为

$$\boldsymbol{\Sigma}_{1\sim\sigma_X}=\begin{bmatrix}\operatorname{cov}(\boldsymbol{X}_1,\boldsymbol{X}_1) & \operatorname{cov}(\boldsymbol{X}_1,\boldsymbol{X}_2) & \cdots & \operatorname{cov}(\boldsymbol{X}_1,\boldsymbol{X}_n)\\ \operatorname{cov}(\boldsymbol{X}_2,\boldsymbol{X}_1) & \operatorname{cov}(\boldsymbol{X}_2,\boldsymbol{X}_2) & \cdots & \operatorname{cov}(\boldsymbol{X}_2,\boldsymbol{X}_n)\\ \vdots & \vdots & & \vdots\\ \operatorname{cov}(\boldsymbol{X}_n,\boldsymbol{X}_1) & \operatorname{cov}(\boldsymbol{X}_n,\boldsymbol{X}_2) & \cdots & \operatorname{cov}(\boldsymbol{X}_n,\boldsymbol{X}_n)\end{bmatrix}\tag{2-9}$$

其中，

$$\mathrm{cov}\left(\boldsymbol{X}_i, \boldsymbol{X}_j\right) = \rho_{ij}\sigma_i\sigma_j \tag{2-10}$$

$\rho_{ij}$ 是 $\boldsymbol{X}_i$ 和 $\boldsymbol{X}_j$ 的相关系数，根据式(2-9)，可以把式(2-3)写为

$$E'_X = \{\boldsymbol{X} \big| (\boldsymbol{X} - \boldsymbol{\mu}_X)^{\mathrm{T}} \boldsymbol{\Sigma}_{1\sim\sigma_X}^{-1} (\boldsymbol{X} - \boldsymbol{\mu}_X) \leqslant 1, \boldsymbol{X} \in \mathbf{R}^n\} \tag{2-11}$$

式中，$E'_X$ 是由特征矩阵 $\boldsymbol{\Sigma}_{1\sim\sigma_X}^{-1}$ 构成的椭球域，仅包围部分采样点，因此必须扩大椭球域的包络范围。基于 $3\sigma$ 准则，椭球域可扩展为

$$E''_X = \{\boldsymbol{X} \big| (\boldsymbol{X} - \boldsymbol{\mu}_X)^{\mathrm{T}} \boldsymbol{\Sigma}_{\xi\sim\sigma_X}^{-1} (\boldsymbol{X} - \boldsymbol{\mu}_X) \leqslant 1, \boldsymbol{X} \in \mathbf{R}^n\} \tag{2-12}$$

其中，

$$\boldsymbol{\Sigma}_{\xi\sim\sigma_X} = \xi^2 \cdot \boldsymbol{\Sigma}_{1\sim\sigma_X} \tag{2-13}$$

式中，$\xi$ 是标准矩阵 $\boldsymbol{\sigma}_X$ 的放大系数，可以表示为

$$\tilde{\boldsymbol{\sigma}}_X = \xi \cdot \boldsymbol{\sigma}_X \tag{2-14}$$

式(2-13)可以被证明如下，假设协方差矩阵 $\boldsymbol{\Sigma}_{\xi\sim\sigma_X}$ 中的元素表示为

$$\Sigma_{\xi\sim\sigma_{(X_i,X_j)}} = \tilde{\rho}_{ij}\tilde{\sigma}_i\tilde{\sigma}_j \tag{2-15}$$

由于矩阵缩放不影响其相关系数 $\tilde{\rho}_{ij}$，即

$$\tilde{\rho}_{ij} = \rho_{ij} \tag{2-16}$$

根据式(2-14)和式(2-16)，式(2-15)可以表示为

$$\Sigma_{\xi\sim\sigma_{(X_i,X_j)}} = \tilde{\rho}_{ij}\tilde{\sigma}_i\tilde{\sigma}_j = \xi^2 \cdot \rho_{ij}\sigma_i\sigma_j = \xi^2 \cdot \Sigma_{1\sim\sigma_{(X_i,X_j)}} \tag{2-17}$$

式中，$\Sigma_{\xi\sim\sigma_{(X_i,X_j)}}$ 和 $\Sigma_{1\sim\sigma_{(X_i,X_j)}}$ 分别是协方差矩阵 $\boldsymbol{\Sigma}_{\xi\sim\sigma_X}$ 和 $\boldsymbol{\Sigma}_{1\sim\sigma_X}$ 的元素，由此证明了等式(2-13)的正确性。由于样本点的密集度不同，离中心越近，采样点就越多，仅依赖一个椭圆域 $E''_X$ 对于量化这些不确定性参数是不太精确的。为了使不确定性量化模型更精细，本节尝试建立一个多椭球模型。在已建立的多椭球模型中，每个椭球模型域的不确定性都不同，可通过权重因子进行衡量，不同椭圆域的不确定度的测量描述如下。比例规则由式(2-18)给出：

$$\varepsilon_\lambda = S_\gamma(\lambda) \tag{2-18}$$

式中，$\gamma$ 是要构造的椭球体数目；$\lambda$ 是第 $\lambda$ 个椭球域。使用比例系数 $\varepsilon_\lambda$，多椭球模型可以表示为

$$\begin{cases} E''_{X,\varepsilon_\lambda} = \{\boldsymbol{X} | (\boldsymbol{X}-\boldsymbol{\mu}_X)^{\mathrm{T}} \boldsymbol{\Sigma}_{X,\varepsilon_\lambda}^{-1} (\boldsymbol{X}-\boldsymbol{\mu}_X) \leqslant 1, \boldsymbol{X} \in \mathbf{R}^n\} \\ \boldsymbol{\Sigma}_{X,\varepsilon_\lambda} = \varepsilon_\lambda \cdot \boldsymbol{\Sigma}_{\xi\sim\sigma_X} \end{cases} \tag{2-19}$$

为了计算每个椭球域的不确定性，必须将已建立的多椭球模型转换为以椭球中心为坐标原点且主轴与坐标轴重合的标准多椭球模型。该转换可以消除相关性的影响，并且有利于计算每个椭球域的不确定性。在进行转换之前，通过以下公式计算协方差矩阵 $\boldsymbol{\Sigma}_{X,\varepsilon_\lambda}$ 的特征值：

$$\mathbf{Ev}_\lambda = \mathrm{eig}\left(\boldsymbol{\Sigma}_{X,\varepsilon_\lambda}\right) \tag{2-20}$$

式中，$\mathrm{eig}(\cdot)$是特征值矩阵的运算操作。转换后的标准椭球表示为

$$\mathrm{SE}_\lambda = \left\{\tilde{\boldsymbol{X}} \middle| \tilde{\boldsymbol{X}}^{\mathrm{T}} \mathbf{Ev}_\lambda \tilde{\boldsymbol{X}} \leqslant 1, \tilde{\boldsymbol{X}} \in \mathbf{R}^n\right\} \tag{2-21}$$

式中，$\tilde{\boldsymbol{X}}$ 是原始变量 $\boldsymbol{X}$ 从椭球空间到标准椭球空间的转换。矩阵 $\mathbf{Ev}_\lambda = \mathrm{diag}\left[\mathrm{Ev}_{\lambda,1}, \mathrm{Ev}_{\lambda,2}, \cdots, \mathrm{Ev}_{\lambda,n}\right]$ 中的所有元素都是标准椭球模型的主轴。为了定义每个椭球域的权重，需要推导一些公式。二维高斯分布的概率密度函数(probability density function，PDF)由无数个椭圆组成，如图 2-2 所示。

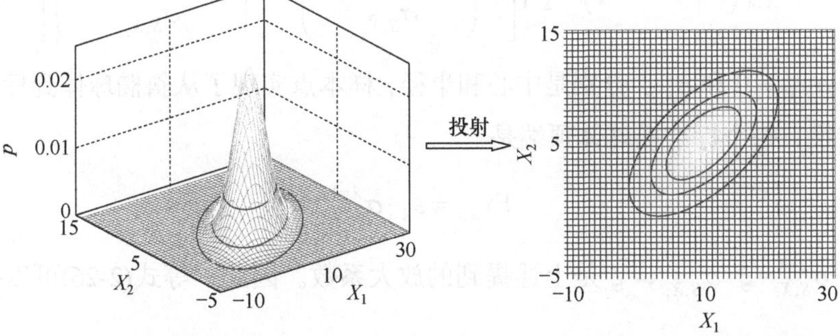


(a) 二维概率密度函数模型　　(b) 在空间$X_{G,1}$-$X_{G,2}$的投影

图 2-2　二维空间中椭圆域的位置关系

概率密度函数模型中的每个椭球域都对应一个概率值，可通过式(2-22)计算：

$$F_{X_E}\left(\boldsymbol{X}_E \middle| \boldsymbol{X}_E \in \mathbf{R}^n\right) = \iint\limits_{X_E \in \mathbf{R}^n} \cdots \int f_{X_E}\left(X_{E,1}, X_{E,2}, \cdots, X_{E,n}\right) \mathrm{d}X_{E,1} \mathrm{d}X_{E,2} \cdots \mathrm{d}X_{E,n} \tag{2-22}$$

式中，$F_{X_E}(\cdot)$是累积分布函数运算；$f_{X_E}\left(X_{E,1}, X_{E,2}, \cdots, X_{E,n}\right)$是输入参数的联合密度函数。

如果所有输入参数是独立的，那么联合密度函数就是它们的边缘密度函数的乘积：

$$f_{X_E}\left(X_{E,1},X_{E,2},\cdots,X_{E,n}\right)=f_{X_{E,1}}\left(X_{E,1}\right)f_{X_{E,2}}\left(X_{E,2}\right)\cdots f_{X_{E,n}}\left(X_{E,n}\right) \tag{2-23}$$

式中，$f_{X_{E,i}}\left(X_{E,i}\right)$是第 $i$ 个输入参数的边缘密度函数。结合等式(2-23)，等式(2-22)的积分可通过式(2-24)计算：

$$F_{X_E}\left(\boldsymbol{X}_E \middle| \boldsymbol{X}_E \in \mathbf{R}^n\right)=\prod_{i=1}^{n}\left[F_{X_{E,i}}\left(X_{E,i}^{\mathrm{U}}\right)-F_{X_{E,i}}\left(X_{E,i}^{\mathrm{L}}\right)\right] \tag{2-24}$$

通过求解式(2-24)，每个椭球域的概率可通过式(2-25)计算：

$$p_{X_E}\left(\boldsymbol{X}_E \middle| \boldsymbol{X}_E^{\mathrm{L}} \leqslant \boldsymbol{X}_E \leqslant \boldsymbol{X}_E^{\mathrm{U}}\right)=\prod_{i=1}^{n}\left[\Phi\left(\frac{X_{E,i}^{\mathrm{U}}-\mu_{E,X_i}}{\sigma_{E,X_i}}\right)-\Phi\left(\frac{X_{E,i}^{\mathrm{U}}-\mu_{E,X_i}}{\sigma_{E,X_i}}\right)\right] \tag{2-25}$$

式中，$\Phi(\cdot)$是标准正态分布空间中的累积分布函数求解器。类似地，参照上述计算过程，可以计算每个建立的椭球域的权重因子。为了消除相关性的影响，将倾斜椭球体转换成标准椭球体。在空间变换过程中，各椭球域的不确定度不变。因此，椭球域$\mathrm{SE}_\lambda$的权重因子$\omega_{\tilde{X},\lambda}$为

$$\omega_{\tilde{X},\lambda}\left(\tilde{\boldsymbol{X}} \middle| \tilde{\boldsymbol{X}} \in \mathrm{SE}_\lambda\right)=\prod_{i=1}^{n}\left[\Phi\left(\frac{\mathrm{Ev}_{\lambda,i}-\mu_{S,\tilde{X}_i}}{\sigma_{S,\tilde{X}_i}}\right)-\Phi\left(\frac{-\mathrm{Ev}_{\lambda,i}-\mu_{S,\tilde{X}_i}}{\sigma_{S,\tilde{X}_i}}\right)\right] \tag{2-26}$$

式中，$\mu_{S,\tilde{X}_i}=0$和$\sigma_{S,\tilde{X}_i}$分别是中心和半径，样本点实现了从斜椭球体到标准椭球体的转换，每个标准椭球体顶端是

$$\mathrm{Ev}_{\lambda,i}=\varepsilon_\lambda \cdot \sigma_{S,\tilde{X}_i}^{\lambda=1} \tag{2-27}$$

式中，$\sigma_{S,\tilde{X}_i}^{\lambda=1}=\xi \cdot \sigma_{S,\tilde{X}_i}$，$\xi$是上述提到的放大系数。因此，等式(2-26)可以被重新写为

$$\omega_{\tilde{X},\lambda}\left(\tilde{\boldsymbol{X}} \middle| \tilde{\boldsymbol{X}} \in \mathrm{SE}_\lambda\right)=\left[\Phi(\varepsilon_\lambda \xi)-\Phi(-\varepsilon_\lambda \xi)\right]^n \tag{2-28}$$

根据以上推导，建立椭球可能度模型为

$$\begin{cases}\mathbf{ME}_X=\left\{E''_{X,\varepsilon_1},E''_{X,\varepsilon_2},\cdots,E''_{X,\varepsilon_\gamma}\right\} \\ \boldsymbol{\omega}_X=\boldsymbol{\omega}_{\tilde{X}}=\left(\omega_{\tilde{X},1},\omega_{\tilde{X},2},\cdots,\omega_{\tilde{X},\gamma}\right)\end{cases} \tag{2-29}$$

本节所提椭球可能度模型弥补了传统方法的一些不足，准确地量化了不确定性参数。为了进一步预测和评估在不确定参数影响下的输出响应，接下来将介绍基于已建椭球可能度模型的不确定性传播分析。

# 2.4 基于椭球可能度模型的不确定性传播分析方法

输入参数的不确定性，必然导致其响应也是不确定的，为了获得输出响应可能的取值，研究不确定性传播对结构可靠性设计具有重要意义。本节将采用两种方法进行不确定性传播分析研究，分别得到输出响应的区间和输出响应所有取值的可能性。

## 2.4.1 基于拉格朗日乘子法和 EPM 结合的不确定性传播分析

如上所述，在式(2-1)中给出了表示输入参数与输出响应关系的系统状态函数，采用中心点处的一阶泰勒级数展开法计算响应函数的近似表达式：

$$\tilde{Y} \approx \tilde{g}(\boldsymbol{X}) = g(\boldsymbol{\mu}_X) + \nabla g^{\mathrm{T}}(\boldsymbol{\mu}_X)(\boldsymbol{X} - \boldsymbol{\mu}_X) \tag{2-30}$$

式中，$\nabla g$ 是关于不确定参数的梯度向量。区间计算可转换为两个最优化问题，分别表示为

$$\begin{cases} g^{\mathrm{L}} = \min \tilde{g}(\boldsymbol{X}) \\ \text{s.t.}(\boldsymbol{X} - \boldsymbol{\mu}_X)^{\mathrm{T}} \boldsymbol{\Sigma}_{\xi\sim\sigma_X}^{-1} (\boldsymbol{X} - \boldsymbol{\mu}_X) \leqslant 1 \end{cases}, \quad \begin{cases} g^{\mathrm{U}} = \max \tilde{g}(\boldsymbol{X}) \\ \text{s.t.}(\boldsymbol{X} - \boldsymbol{\mu}_X)^{\mathrm{T}} \boldsymbol{\Sigma}_{\xi\sim\sigma_X}^{-1} (\boldsymbol{X} - \boldsymbol{\mu}_X) \leqslant 1 \end{cases} \tag{2-31}$$

式中，$g^{\mathrm{L}}$ 和 $g^{\mathrm{U}}$ 分别是区间的下界和上界；$(\boldsymbol{X} - \boldsymbol{\mu}_X)^{\mathrm{T}} \boldsymbol{\Sigma}_{\xi\sim\sigma_X}^{-1} (\boldsymbol{X} - \boldsymbol{\mu}_X) \leqslant 1$ 是 EPM 的最外层椭球域。根据最优化理论，最优值必定在椭球域边界上，为了确定极值的位置，本节构造了一个拉格朗日函数，如下所示：

$$L(\boldsymbol{X}) = g(\boldsymbol{\mu}_X) + \nabla g^{\mathrm{T}}(\boldsymbol{\mu}_X)(\boldsymbol{X} - \boldsymbol{\mu}_X) + \eta \cdot \left[(\boldsymbol{X} - \boldsymbol{\mu}_X)^{\mathrm{T}} \boldsymbol{\Sigma}_{\xi\sim\sigma_X}^{-1} (\boldsymbol{X} - \boldsymbol{\mu}_X) - 1\right] \tag{2-32}$$

式中，$\eta$ 为拉格朗日乘子，极值点可以表示为

$$\frac{\partial L}{\partial \boldsymbol{X}} = \nabla g^{\mathrm{T}}(\boldsymbol{\mu}_X) + 2\eta \cdot \boldsymbol{\Sigma}_{\xi\sim\sigma_X}^{-1} (\boldsymbol{X} - \boldsymbol{\mu}_X) = 0 \tag{2-33}$$

式中，$\dfrac{\partial L}{\partial \boldsymbol{X}}$ 是矩阵 $L(\boldsymbol{X})$ 的偏导。构造一个包含极值条件 $\dfrac{\partial L}{\partial \boldsymbol{X}}=0$ 和约束条件 $(\boldsymbol{X} - \boldsymbol{\mu}_X)^{\mathrm{T}} \boldsymbol{\Sigma}_{\xi\sim\sigma_X}^{-1} (\boldsymbol{X} - \boldsymbol{\mu}_X)=1$ 的方程组如下所示：

$$\begin{cases} \nabla g^{\mathrm{T}}(\boldsymbol{\mu}_X) + 2\eta \cdot \boldsymbol{\Sigma}_{\xi\sim\sigma_X}^{-1} (\boldsymbol{X} - \boldsymbol{\mu}_X) = 0 & \text{(2-34a)} \\ (\boldsymbol{X} - \boldsymbol{\mu}_X)^{\mathrm{T}} \boldsymbol{\Sigma}_{\xi\sim\sigma_X}^{-1} (\boldsymbol{X} - \boldsymbol{\mu}_X)=1 & \text{(2-34b)} \end{cases}$$

通过求解式(2-34)，得到拉格朗日乘子：

$$\eta=\pm\frac{1}{2}\sqrt{\nabla g^{\mathrm{T}}\left(\boldsymbol{\mu}_{X}\right)\boldsymbol{\Sigma}_{\xi\sim\sigma_{X}}\nabla g\left(\boldsymbol{\mu}_{X}\right)} \tag{2-35}$$

将式(2-35)代入式(2-34a)，得到

$$\left(\boldsymbol{X}-\boldsymbol{\mu}_{X}\right)=\mp\frac{\boldsymbol{\Sigma}_{\xi\sim\sigma_{X}}\nabla g\left(\boldsymbol{\mu}_{X}\right)}{\sqrt{\nabla g^{\mathrm{T}}\left(\boldsymbol{\mu}_{X}\right)\boldsymbol{\Sigma}_{\xi\sim\sigma_{X}}\nabla g\left(\boldsymbol{\mu}_{X}\right)}} \tag{2-36}$$

将式(2-35)代入式(2-31)，得到不确定响应的区间 $Y^{\mathrm{I}}=\left(g^{\mathrm{L}},g^{\mathrm{U}}\right)$，其中

$$\begin{cases}g^{\mathrm{L}}=g\left(\boldsymbol{\mu}_{X}\right)-\sqrt{\nabla g^{\mathrm{T}}\left(\boldsymbol{\mu}_{X}\right)\boldsymbol{\Sigma}_{\xi\sim\sigma_{X}}\nabla g\left(\boldsymbol{\mu}_{X}\right)}\\ g^{\mathrm{U}}=g\left(\boldsymbol{\mu}_{X}\right)+\sqrt{\nabla g^{\mathrm{T}}\left(\boldsymbol{\mu}_{X}\right)\boldsymbol{\Sigma}_{\xi\sim\sigma_{X}}\nabla g\left(\boldsymbol{\mu}_{X}\right)}\end{cases} \tag{2-37}$$

### 2.4.2 基于椭球体积比的不确定性传播分析

基于拉格朗日乘子法的不确定性传播只能得到输出响应的上界和下界，而不能提供更多的内部信息[24,25]。Liu 等[2]首先提出了基于伪概率分布的不确定性传播量化法，以获取更多的响应信息。该方法仅适用于样本点均匀分布的不确定性问题，且对于具有聚心特性的样本点，其不确定性分析的准确性会被影响。本节将改进基于椭球模型的不确定性传播理论，并扩大其工程实用性。为了便于推导和描述，以二维不确定性问题为例。取一个响应值 $Y^{*}\in\left[Y^{\mathrm{L}},Y^{\mathrm{U}}\right]$，可以给出极限状态函数 $g\left(X_1,X_2\right)$ 在原始椭球域中的位置，如图 2-3 所示。每个椭球域分为阴影

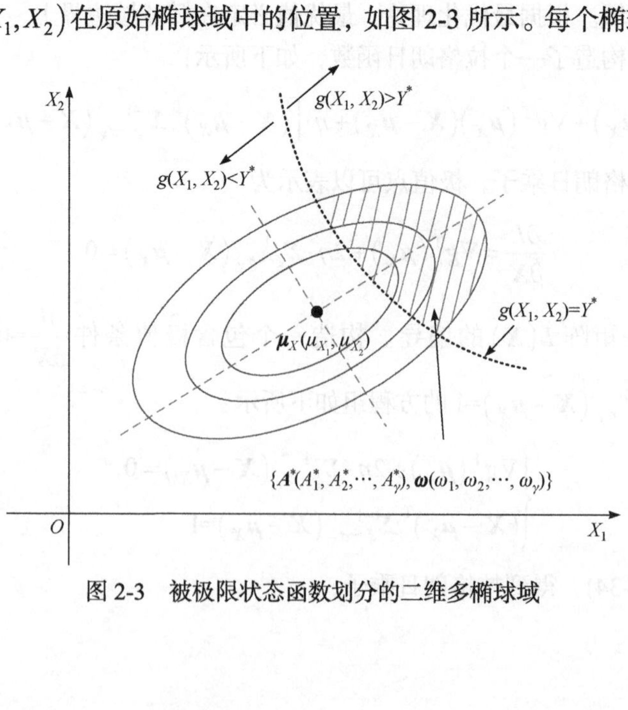


图 2-3　被极限状态函数划分的二维多椭球域

区域和非阴影区域，极限状态函数 $g\left(X_1,X_2\right)$ 将整个空间 $X_1\text{-}X_2$ 分为两部分，一部分为 $g\left(X_1,X_2\right)>Y^*$，包含阴影区域，另一部分为 $g\left(X_1,X_2\right)\leqslant Y^*$，包含非阴影区域。

在多椭球域中，考虑每个椭球域权重因子的影响，采用阴影区域的面积和相应的总椭球面积之间的比值来定义 $g\left(X_1,X_2\right)\leqslant Y^*$ 的概率，如下所示：

$$\begin{cases} F_Y\left(Y^*\right)=P\left(g\left(\boldsymbol{X}\right)\leqslant Y^*\right)=1-\varphi \\ \varphi=\dfrac{\sum\limits_{\lambda=1}^{\gamma+1}\left(A_\lambda^*-A_{\lambda+1}^*\right)\left(\omega_\lambda-\omega_{\lambda+1}\right)}{\sum\limits_{\lambda=1}^{\gamma+1}\left(A_\lambda-A_{\lambda+1}\right)\left(\omega_\lambda-\omega_{\lambda+1}\right)},\quad A_{\gamma+1}^*=0,\quad A_{\gamma+1}=0 \end{cases} \tag{2-38}$$

式中，$\varphi$ 是总阴影区域的权重比；$A_\lambda$ 和 $A_\lambda^*$ 分别是第 $\lambda$ 个椭球域及其阴影区域的面积；$\omega_\lambda$ 是第 $\lambda$ 个椭球域的权重；$F_Y\left(Y^*\right)$ 是极限状态函数在椭球域中小于临界值的可能取值，它与传统的累积分布函数不同，可以在小样本条件下使用椭球域的权重因子来计算。可能值可以通过以下方式进行改进和扩展到整个 $X_1\text{-}X_2$ 空间：

$$F_Y\left(Y^*\right)=P\left(g\left(\boldsymbol{X}\right)\leqslant Y^*\right)=\begin{cases} 0, & Y^*\leqslant Y^{\mathrm{L}} \\ 1-\varphi, & Y^{\mathrm{L}}<Y^*\leqslant Y^{\mathrm{U}} \\ 1, & Y^*>Y^{\mathrm{U}} \end{cases} \tag{2-39}$$

使用等式(2-39)，可以得到整个空间内系统响应所有可能值，与传统的非概率方法相比，它不仅获得了系统响应的上下界限，还可以计算系统响应任意阈值的可能值，其关键是每个阴影区域及其对应椭球域的面积比计算。在多椭球域中，对于一个二维不确定性问题，很难直接计算椭球域阴影区域的面积，为此，必须首先通过以下方法将椭球域转换为圆域：

$$\boldsymbol{E}_S=\left\{\boldsymbol{\zeta}\middle|\boldsymbol{\zeta}^{\mathrm{T}}\boldsymbol{\zeta}\leqslant\boldsymbol{r}_\lambda^2\right\} \tag{2-40}$$

式中，$\boldsymbol{r}_\lambda=\left(r_1,r_2,\cdots,r_\gamma\right)$ 是圆空间 $\boldsymbol{\zeta}$ 的矢量半径，$\boldsymbol{\zeta}$ 可以通过以下方式进行计算：

$$\begin{cases} \boldsymbol{\zeta}=\boldsymbol{\Lambda}\cdot\left(\boldsymbol{X}-\boldsymbol{\mu}_X\right)^{\mathrm{T}} \\ \boldsymbol{\Lambda}=\mathrm{Ch}\left(\boldsymbol{\Sigma}_{X,\varepsilon_{\lambda=1}}^{-1}\right) \end{cases} \tag{2-41}$$

式中，$\mathrm{Ch}(\cdot)$ 表示椭球协方差矩阵的 Cholesky 分解运算。当下标 $\lambda=1$ 时，$r_\lambda=1$，转换后的二维标准圆域如图 2-4 所示。

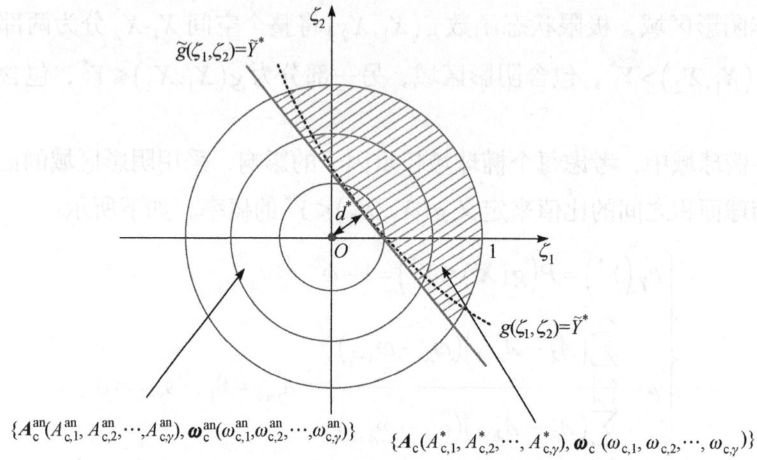


图 2-4　转换后的二维标准圆域

计算极限状态函数与多个圆环包围的阴影区域面积非常困难，因此在许多工程问题中，使用极限状态函数 $\tilde{g}(\zeta_1,\zeta_2)$ 的一阶泰勒级数展开式近似计算包围的阴影区域面积。在图 2-4 中，$\boldsymbol{A}_{\mathrm{c}}^{\mathrm{an}}$ 是环形矢量，$\boldsymbol{A}_{\mathrm{c}}^{*}$ 是每个圆域的阴影区域矢量，$d^*$ 是从圆心到极限状态函数的距离，计算公式为

$$d^*=\frac{g\left(\boldsymbol{\mu}_X\right)-Y_{\mathrm{c}}^*}{\left\|\nabla g^{\mathrm{T}}\left(\boldsymbol{\mu}_X\right)\boldsymbol{\Lambda}^{-1}\right\|_2} \tag{2-42}$$

显然，在本章中 $d^*$ 可能正也可能负，那么这两个向量中的每个元素可以表示为

$$A_{\mathrm{c},\lambda}^{\mathrm{an}}=\pi\left(r_\lambda^2-r_{\lambda+1}^2\right),\quad \lambda=1,2,\cdots,\gamma,\ r_{\gamma+1}=0 \tag{2-43}$$

$$A_{\mathrm{c},\lambda}^{*}=\begin{cases}A_{\mathrm{c},\lambda}^{\mathrm{ar}}-A_{\mathrm{c},\lambda+1}^{\mathrm{ar}}, & d^*\geqslant 0,\left|d^*\right|\leqslant r_1\\ A_{\mathrm{c},\lambda}^{\mathrm{an}}-\left(A_{\mathrm{c},\lambda}^{\mathrm{ar}}-A_{\mathrm{c},\lambda+1}^{\mathrm{ar}}\right), & d^*<0,\left|d^*\right|\leqslant r_1\end{cases},\lambda=1,2,\cdots,\gamma \tag{2-44}$$

式中，$A_{\mathrm{c},\lambda}^{\mathrm{ar}}$ 是第 $\lambda$ 个圆域中的拱形面积，可以通过式(2-45)进行计算：

$$A_{\mathrm{c},\lambda}^{\mathrm{ar}}=r_\lambda^2\cdot\arccos\left(\frac{d^*}{r_\lambda}\right)-d^*\sqrt{r_\lambda^2-\left(d^*\right)^2} \tag{2-45}$$

对于标准圆模型的外部区域，等式(2-43)必须做如下补充：

$$A_{\mathrm{c},\lambda}^{*}=\begin{cases}0, & d^*>0,\left|d^*\right|>r_1\\ A_{\mathrm{c},\lambda}^{\mathrm{an}}, & d^*<0,\left|d^*\right|>r_1\end{cases},\lambda=1,2,\cdots,\gamma \tag{2-46}$$

上述方程是针对二维不确定性问题导出的，对于三维或高维不确定性问题，拱形体区域和超球体的体积必须按如下公式分别计算：

$$V_{n,\lambda}=\frac{\pi^{n/2}r^{n}}{\Gamma\left(\frac{n}{2}+1\right)} \tag{2-47}$$

$$V_n^{\mathrm{ar}}=\begin{cases}\dfrac{\pi^{(n-1)/2}}{\Gamma\left(\dfrac{n-1}{2}\right)}\cdot\dfrac{(n-1)!!}{n!!}\left\{1-\beta\left[1+\displaystyle\sum_{k=1}^{(n-1)/2}\frac{(2k-1)!!}{(2k)!!}\left(1-\beta^2\right)^k\right]\right\} & \text{(2-48a)}\\ \dfrac{\pi^{(n-1)/2}}{\Gamma\left(\dfrac{n-1}{2}\right)}\cdot\dfrac{(n-1)!!}{n!!}\left\{\arcsin\left(1-\beta^2\right)-\beta\left[1+\displaystyle\sum_{k=1}^{n/2}\frac{(2k-1)!!}{(2k)!!}\left(1-\beta^2\right)^{2k-1}\right]\right\} & \text{(2-48b)}\end{cases}$$

式中，$V_{n,\lambda}$ 是 $n$ 维超球体的体积；$\Gamma(\cdot)$ 是伽马函数，满足 $\Gamma(n)=(n-1)!$；$r$ 是超球体的半径；$V_n^{\mathrm{ar}}$ 是拱形体区域的体积，当 $n$ 为奇数时，使用式(2-48a)，当 $n$ 为偶数时，使用式(2-48b)，对于等式(2-43)和式(2-45)，更一般的表示形式如下所示：

$$V_{n,\lambda}^{*}=\begin{cases}V_{n,\lambda}-V_{n,\lambda+1}, & d^{*}<0,\left|d^{*}\right|>r_1\\ V_{n,\lambda}-V_{n,\lambda+1}-\left(V_{n,\lambda}^{\mathrm{ar}}-V_{n,\lambda+1}^{\mathrm{ar}}\right), & d^{*}<0,\left|d^{*}\right|\leqslant r_1\\ V_{n,\lambda}^{\mathrm{ar}}-V_{n,\lambda+1}^{\mathrm{ar}}, & d^{*}\geqslant 0,\left|d^{*}\right|\leqslant r_1\\ 0, & d^{*}>0,\left|d^{*}\right|>r_1\end{cases},\lambda=1,2,\cdots,\gamma \tag{2-49}$$

式中，$V_{n,\lambda}^{*}$ 是第 $\lambda$ 个超球体的阴影区域的体积，当 $\lambda=\gamma$ 时，$r$ 等于 0。因此，$V_{n,\gamma+1}$ 和 $V_{n,\gamma+1}^{\mathrm{ar}}$ 两者都等于 0。最后，对于 $n$ 维不确定性问题，系统响应的可能度可概括为

$$F_Y\left(Y^{*}\right)=P\left(g(\boldsymbol{X})\leqslant Y^{*}\right)=\begin{cases}0, & Y^{*}\leqslant Y^{\mathrm{L}}\\ 1-\dfrac{\displaystyle\sum_{\lambda=1}^{\gamma+1}V_{n,\lambda}^{*}\left(\omega_\lambda-\omega_{\lambda+1}\right)}{\displaystyle\sum_{\lambda=1}^{\gamma+1}V_{n,\lambda}\left(\omega_\lambda-\omega_{\lambda+1}\right)}, & Y^{\mathrm{L}}<Y^{*}\leqslant Y^{\mathrm{U}}\\ 1, & Y^{*}>Y^{\mathrm{U}}\end{cases} \tag{2-50}$$

与基于拉格朗日乘子法相比，基于椭球体积比的传播分析方法包含更多的信息内容,并且可以获得所有可能的输出响应。此外,椭球体积比可以使用等式(2-49)快速计算，因此基于椭球体积比的不确定性传播分析在计算过程中是高效的。

# 2.5 数 值 算 例

## 2.5.1 算例 I

考虑一个包含三个输入参数$\left(\boldsymbol{X}=\left[X_1,X_2,X_3\right]\right)$的不确定性问题，首先根据 100 个采样点的信息，估计其中心向量 $\boldsymbol{\mu}_X=\left[\mu_{X_1},\mu_{X_2},\mu_{X_3}\right]$，半径向量 $\boldsymbol{\sigma}_X=\left[\sigma_{X_1},\sigma_{X_2},\sigma_{X_3}\right]$，协方差矩阵 $\boldsymbol{\Sigma}$ 。根据上述公式推导，可建立其椭球可能度模型如下：

$$\left[\boldsymbol{X}-\boldsymbol{\mu}_X\right]^{\mathrm{T}}\cdot\left(\varepsilon_\lambda\xi^2\boldsymbol{\Sigma}^{-1}\right)\cdot\left[\boldsymbol{X}-\boldsymbol{\mu}_X\right]\leqslant 1 \tag{2-51}$$

式中，$\varepsilon_{\lambda=1,2,\cdots,5}=1-\dfrac{\lambda-1}{5}$是比例系数；$\xi$ 等于 3。因此，根据式(2-26)可以方便地计算出各椭球域的权重比向量$\boldsymbol{\omega}_\lambda=\left[0.992,0.958,0.870,0.723,0.546\right]$。为了验证不确定性量化方法的稳定性,分别建立了包含 100 个和 1000 个样本点的椭球可能度模型，如图 2-5 和图 2-6 所示，并将其与传统椭球体方法(如最小体积模型(minimum volume model，MVM)、相关近似模型(correlation approximation model，CAM)和

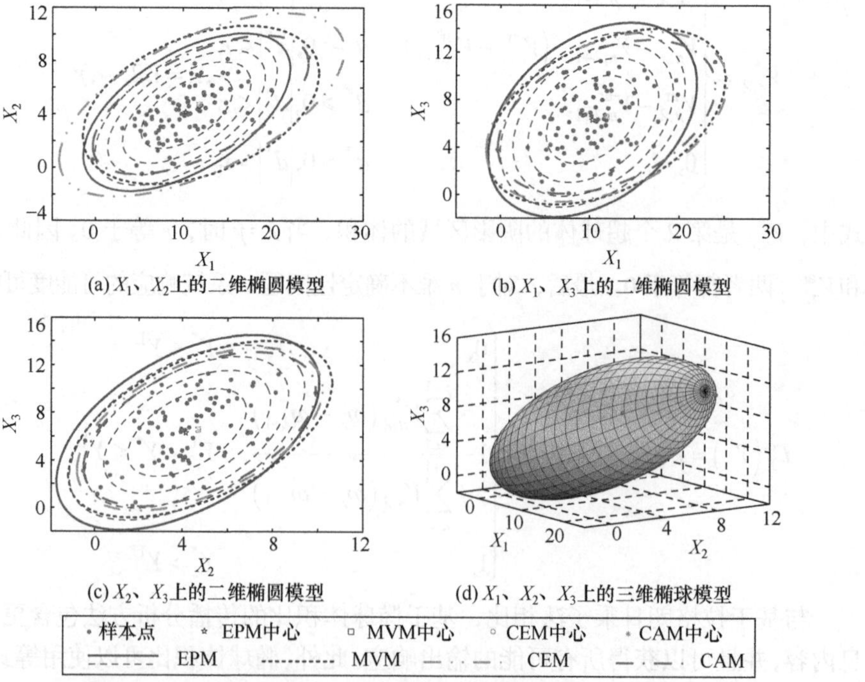


图 2-5　100 个采样点下几种不确定性量化模型对比结果(彩图请扫封底二维码)

聚类椭球体模型(clustering ellipsoid model，CEM))的结果进行比较，五角星是椭球可能度模型的中心，是所有采样点的统计结果，相对稳定；矩形、圆形和星形分别是 MVM、CEM 和 CAM 的中心，这些椭球中心都是根据输入参数的区间中心来确定的，由于边界上某些离群点的影响，这些椭球中心是不稳定的。

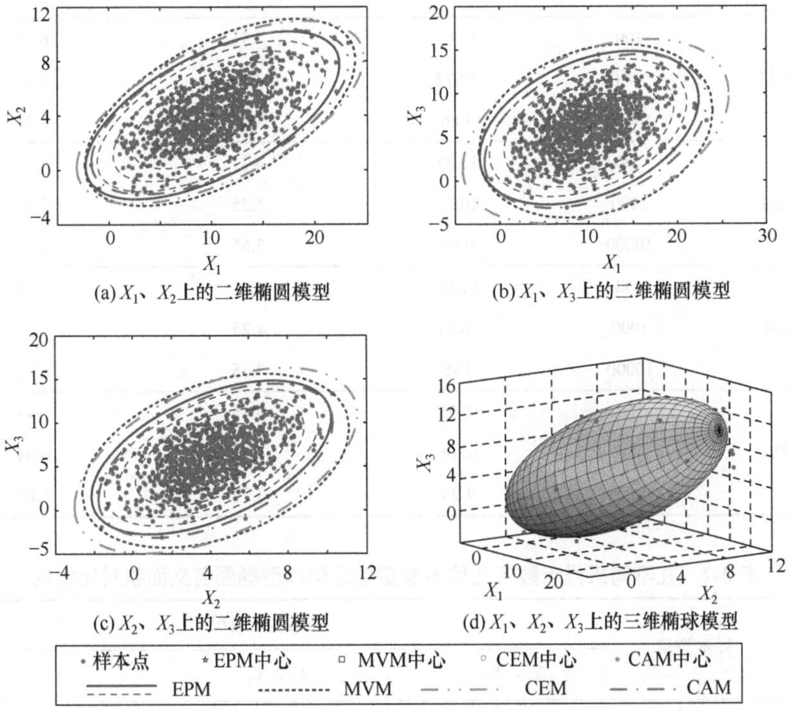


(a) $X_1$、$X_2$上的二维椭圆模型　(b) $X_1$、$X_3$上的二维椭圆模型

(c) $X_2$、$X_3$上的二维椭圆模型　(d) $X_1$、$X_2$、$X_3$上的三维椭球模型

图 2-6　1000 个采样点下几种不确定性量化模型对比结果(彩图请扫封底二维码)

若样本分布具有向中心聚类的特点，则它们的不确定性因椭球域的不同而不同，可以通过权重比 $\boldsymbol{\omega}_\lambda$ 来测量。然而，许多传统的不确定性量化模型没有考虑样本分布的不确定性，并且其要求所建椭球域必须包含所有样本点信息，这使得椭球模型的建模成本很高，尤其对于一个高维问题，迭代优化难以收敛，采用 MVM 算法建模非常耗时。基于椭球可能度模型可以很好地处理样本分布的不均匀性，并且建立的不确定性量化模型不需要包含所有的样本信息。此外，传统模型对边界异常值点比较敏感，但由于正常样本点对异常样本点的稀释作用，所提出的椭球可能度模型受影响较小。表 2-1 和表 2-2 比较了 100 个、1000 个和 10000 个采样点在二维空间中的椭圆中心和名义面积。结果表明，所提椭球可能度模型对不确定性量化更为稳定。在图 2-7 中，很明显，所提出的椭球可能度模型对异常值(红点)不敏感，而其他模型则非常敏感。由此可见，基于椭球可能度模型的不确定性

量化不易受到异常值的影响。

表 2-1 在不同采样点数下几种不确定性量化模型椭圆中心对比情况

| 方法 | 样本数量 | 椭圆中心 | | |
|---|---|---|---|---|
| | | $X_1$、$X_2$ | $X_1$、$X_3$ | $X_2$、$X_3$ |
| MVM | 100 | 11.83 | 4.71 | 6.60 |
| | 1000 | 10.77 | 4.25 | 5.67 |
| | 10000 | 9.86 | 3.65 | 6.22 |
| CAM | 100 | 11.83 | 4.71 | 6.60 |
| | 1000 | 10.77 | 4.25 | 5.67 |
| | 10000 | 9.86 | 3.65 | 6.22 |
| CEM | 100 | 11.83 | 4.71 | 6.60 |
| | 1000 | 10.77 | 4.25 | 5.67 |
| | 10000 | 9.86 | 3.65 | 6.22 |
| EPM | 100 | 10.28 | 4.15 | 6.33 |
| | 1000 | 10.06 | 4.03 | 6.04 |
| | 10000 | 9.98 | 3.99 | 6.03 |

表 2-2 在不同采样点数下几种不确定性量化模型椭圆名义面积对比情况

| 方法 | 样本数量 | 椭圆名义面积 | | |
|---|---|---|---|---|
| | | $X_1$、$X_2$ | $X_1$、$X_3$ | $X_2$、$X_3$ |
| MVM | 100 | 72.44 | 88.99 | 37.50 |
| | 1000 | 74.66 | 126.80 | 63.37 |
| | 10000 | 122.91 | 195.16 | 88.93 |
| CAM | 100 | 50.54 | 72.12 | 29.23 |
| | 1000 | 60.16 | 100.52 | 45.98 |
| | 10000 | 88.77 | 154.33 | 71.34 |
| CEM | 100 | 88.27 | 88.53 | 32.73 |
| | 1000 | 74.70 | 144.57 | 66.74 |
| | 10000 | — | — | — |
| EPM | 100 | 57.35 | 88.95 | 41.96 |
| | 1000 | 60.57 | 99.93 | 46.55 |
| | 10000 | 57.53 | 99.41 | 46.76 |

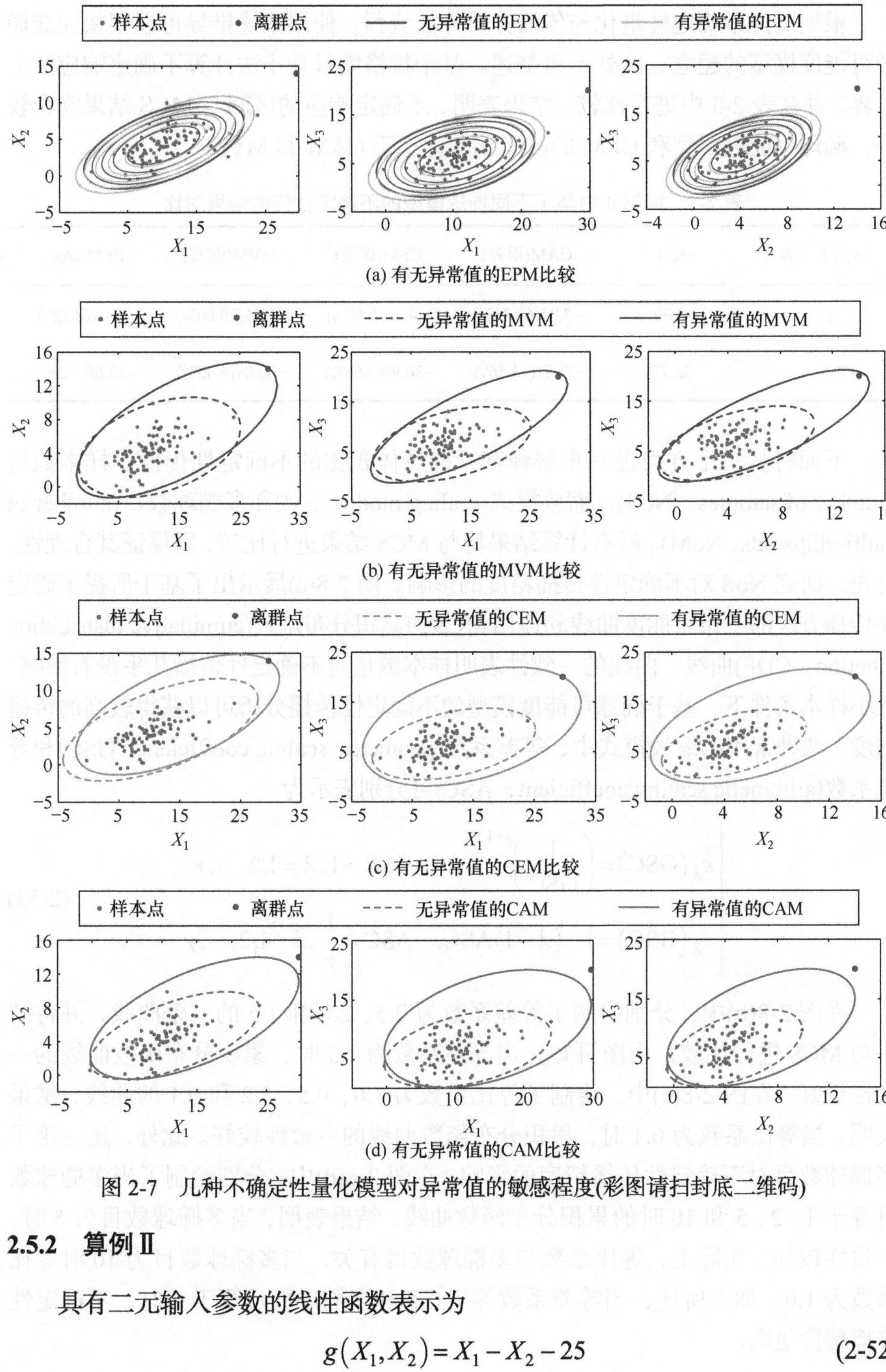


图 2-7　几种不确定性量化模型对异常值的敏感程度(彩图请扫封底二维码)

## 2.5.2　算例Ⅱ

具有二元输入参数的线性函数表示为

$$g(X_1, X_2) = X_1 - X_2 - 25 \tag{2-52}$$

根据所提不确定性量化与传播分析方法流程，使用上述推导可以很快完成椭球可能度模型的建立，此处不再赘述。基于拉格朗日乘子法计算不确定响应的上下界，并在表 2-3 中进行比较。结果表明，不确定响应的区间与 MCS 结果吻合较好，椭球可能度模型和 CEM 的区间误差远小于 CAM 和 MVM。

**表 2-3　算例Ⅱ中基于不同椭球模型的不确定性传播结果对比**

| 区间上下界 | MCS | CAM(误差) | CEM(误差) | MVM(误差) | EPM(误差) |
|---|---|---|---|---|---|
| $g^U$ | –4.69 | –7.95(69.36%) | –4.76(1.48%) | –5.66(20.60%) | –5.07(8.12%) |
| $g^L$ | –32.17 | –27.81(13.56%) | –30.99(3.66%) | –30.09(6.45%) | –32.68(1.58%) |

下面将从三个方面进一步解释基于椭球体积比的不确定性传播：样本数量(number of samples，NoS)、缩放模式(scaling mode，SM)和多椭球数目(number of multi-ellipsoids，NoM)。所有计算结果均与 MCS 结果进行比较，以保证其合理性。首先，研究 NoS 对不确定性传播精度的影响。图 2-8(a)展示出了基于所提不确定性传播方法的三条可能度曲线和使用MCS的累积分布函数(cumulative distribution function，CDF)曲线，曲线的一致性表明样本数量对不确定性传播几乎没有影响，在小样本条件下，基于椭球可能度模型的不确定性传播分析可以获得较高的传播精度。两种常用的缩放模式中，等差系数(geometric scaling coefficient，GSC)和等比系数(arithmetic scaling coefficient，ASC)可分别表示为

$$\begin{cases}\varepsilon_\lambda(\mathrm{GSC})=\left(\dfrac{1}{\mathrm{GSC}}\right)^{\lambda-1}, & \mathrm{GSC}>1,\lambda=1,2,\cdots,\gamma\\ \varepsilon_\lambda(\mathrm{GSC})=1-(\lambda-1)\mathrm{ASC}, & \mathrm{ASC}=\dfrac{1}{\gamma},\lambda=1,2,\cdots,\gamma\end{cases}\tag{2-53}$$

在图 2-8(b)中，分别绘制了等差系数为 2.5、2.0 和 1.5 的三条曲线，并将结果与 MCS 进行比较，由图可知，当等差系数为 1.5 时，累积分布函数曲线的一致性更好。在图 2-8(c)中，绘制了等比系数为 1.0、0.5、0.2 和 0.1 的曲线，结果表明，当等比系数为 0.1 时，累积分布函数曲线的一致性较好。此外，还讨论了多椭球数目对不确定性传播精度的影响，在图 2-8(d)中，分别绘制了当多椭球数目等于 1、2、5 和 10 时的累积分布函数曲线，结果表明，当多椭球数目为 5 时，一致性较好。实际上，等比系数与多椭球数目有关，当多椭球数目为 10 时等比系数为 1.0。如上所述，当等差系数等于 1.5 和多椭球数目等于 5 时，不确定性传播精度更高。

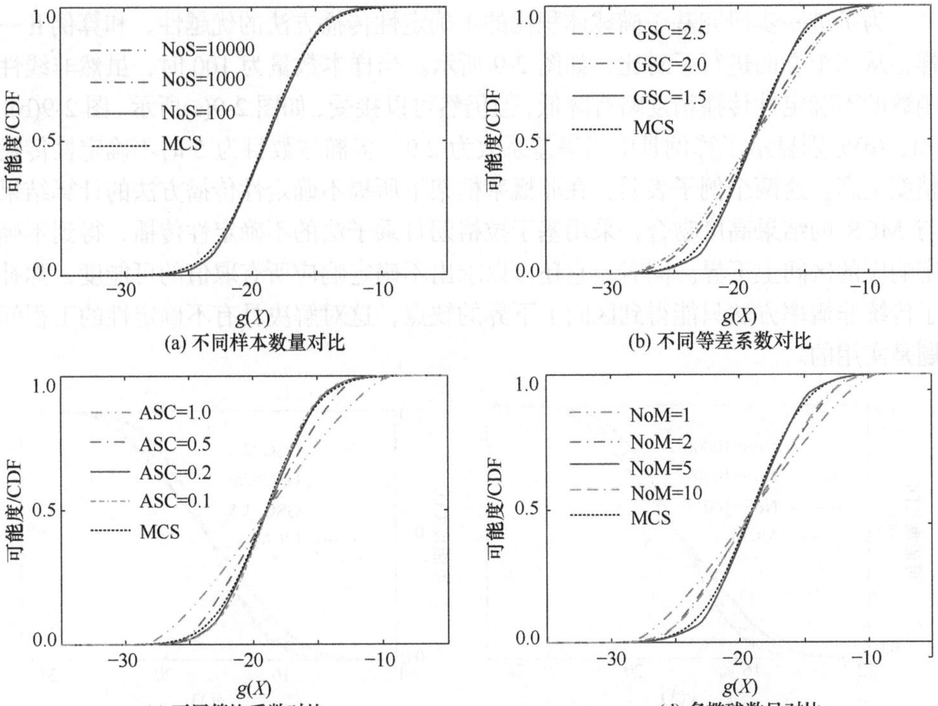


(a) 不同样本数量对比　(b) 不同等差系数对比

(c) 不同等比系数对比　(d) 多椭球数目对比

图 2-8　不同条件下线性系统状态函数不确定性传播结果的比较

### 2.5.3　算例Ⅲ

为了进一步验证所提不确定性传播方法在解决不确定性问题中的可行性，考虑了一个非线性函数：

$$g(X_1, X_2) = 0.1(X_1 - 25)^2 - X_2 \tag{2-54}$$

首先，基于拉格朗日乘子法计算不确定性传播的结果，如表 2-4 所示，表中数据对比结果表明，采用该方法所得响应上下界误差小于 CAM、CEM 和 MVM 的上下界误差。此外，对于非线性函数，使用不同椭球模型的区间误差大于线性函数的区间误差。因此，基于拉格朗日乘子法的不确定性传播方法非常适合不确定度较小或非线性较低的不确定性问题。

**表 2-4　算例Ⅲ中基于不同椭球模型的不确定性传播结果对比**

| 区间上下界 | MCS | CAM(误差) | CEM(误差) | MVM(误差) | EPM(误差) |
|---|---|---|---|---|---|
| $g^U$ | 25.10 | 23.23(8.54%) | 23.55(7.28%) | 23.41(7.85%) | 26.79(5.47%) |
| $g^L$ | 11.60 | 14.12(21.68%) | 13.44(15.88%) | 13.94(20.16%) | 10.20(12.05%) |

为了进一步研究基于椭球体积比的不确定性传播方法的优越性，和算例Ⅱ一样，从三个方面进行了对比，如图 2-9 所示。当样本数量为 100 时，虽然非线性函数的不确定性传播精度略有降低，但仍然可以接受，如图 2-9(a)所示。图 2-9(b)、(c)、(d)分别显示了算例Ⅲ中当等差系数为 2.0、多椭球数目为 5 时不确定性传播精度更高。这两个例子表明，在非概率框架下所提不确定性传播方法的计算结果与 MCS 的结果高度吻合，采用基于拉格朗日乘子法的不确定性传播，得到不确定响应的区间上下界。同时，它还可以求出不确定响应所有取值的可能度，弥补了传统非概率方法只能得到区间上下界的缺点，这对解决具有不确定性的工程问题是实用的。

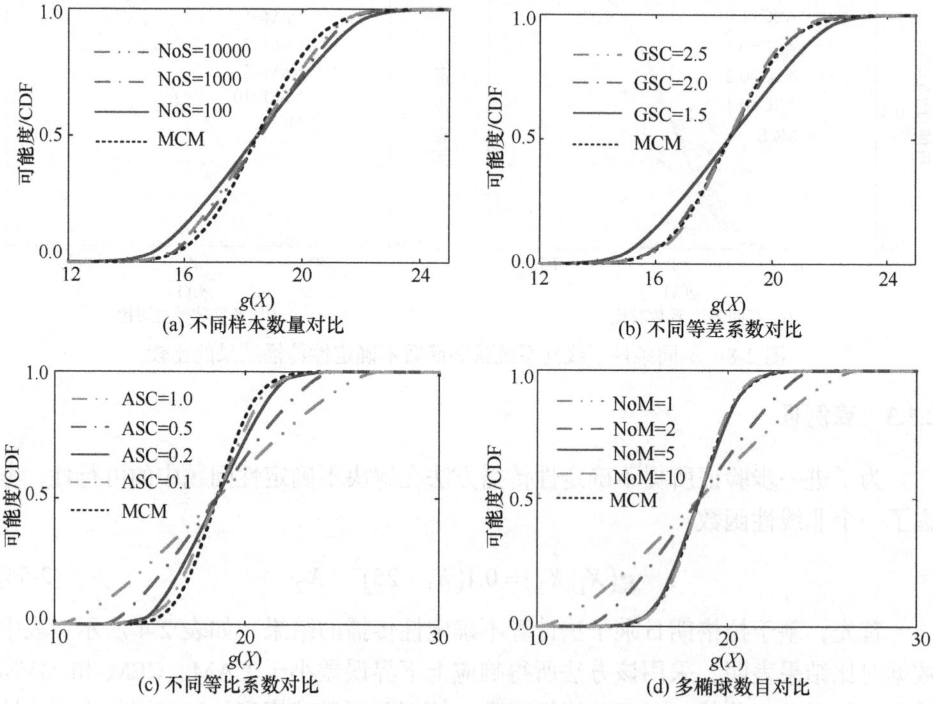


图 2-9　不同条件下非线性系统状态函数不确定性传播结果的比较

## 2.6　工 程 应 用

上述数值算例表明，基于椭球可能度模型的不确定性量化与传播分析方法在小样本条件下处理不确定性是准确可行的。下面两个复杂的工程应用将进一步验证该方法的实用性，一是智能手表电子封装设计的不确定性分析，二是无人机航拍相机热固耦合系统的可靠性分析。

### 2.6.1　工程应用 1：智能手表电子封装设计的不确定性分析

智能手表是一种常见的高度集成的可穿戴电子设备,其主要部件包括显示屏、镜头、支架、主板和设备外壳，如图 2-10 所示。智能手表的结构设计必须综合考虑力、热和电性能的各种要求。为了研究结构的耐撞性，用一个钢球在三个典型位置撞击智能手表。显示屏的应力表示为 $\Gamma_{i=1,2,3}^{\mathrm{D}}$ ，为了防止显示屏损坏，在优化设计中， $\Gamma_{i=1,2,3}^{\mathrm{D}}$ 的最大值必须小于其屈服强度 $\Gamma_0^{\mathrm{D}}$ 。对于智能手表，工作温度对其性能有显著影响，温度过高会损坏电子设备，一个可靠的电子设备要求芯片的最高温度($T_1, T_2$)不能超过温度阈值 $T_0$ ，显示屏与主板之间的焊料应力表示为 $\Gamma^{\mathrm{S}}$ ，其最大值应小于允许值 $\Gamma_0^{\mathrm{S}}$ 。在涉及力、热和电的多场耦合系统中，设计变量主要由几何尺寸组成，包括设备外壳、主板、支架、显示屏和镜头 $X_{j=1,2,\cdots,5}$ ，材料参数包括主板的杨氏模量、显示屏和镜头 $M_{k=1,2,3}$ 、芯片的功耗 $P_1$ 和 $P_2$ ，性能响应是最大应力和工作温度。为了节省测试成本和缩短设计周期，对智能手表进行有限元模拟，以获得最大应力和工作温度，并建立代理模型来表示设计变量($X_{j=1,2,\cdots,5}$ 、 $M_{k=1,2,3}$ 、 $P_{r=1,2}$ )与输出响应( $\Gamma_{i=1,2,3}^{\mathrm{D}}$ 、 $\Gamma^{\mathrm{S}}$ 、 $T_{l=1,2}$ )之间的关系[26]。五种条件下的有限元模拟如图 2-11 所示。

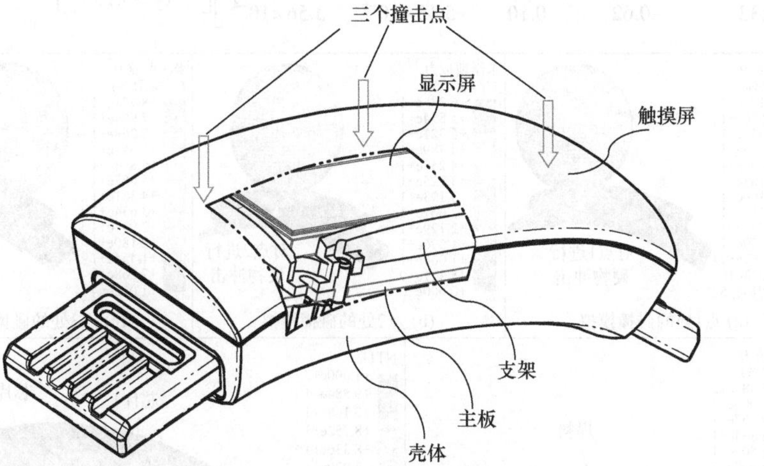


图 2-10　智能手表结构示意图[26]

智能手表的多场耦合系统不可避免地存在不确定性，这对智能手表的设计有着重要的影响。在研究过程中，基于所提不确定性分析方法，结合 100 个样本点对智能手表进行不确定性分析。利用所提不确定性量化模型，建立了多场耦合系统的椭球可能度模型，其表达式为

$$
18.16\left(\frac{2}{3}\right)^{i-1}\begin{bmatrix} X_1-1.00 \\ X_2-0.80 \\ X_3-1.93 \\ X_4-1.20 \\ X_5-1.36 \\ M_1-10954.07 \\ M_2-23002.63 \\ M_3-2477.86 \\ P_1-0.15 \\ P_2-0.15 \end{bmatrix}^{\mathrm{T}}
\begin{bmatrix}
9.55\times10^{-4} & 9.98\times10^{-6} & -4.94\times10^{-5} & -1.48\times10^{-4} & -7.45\times10^{-5} \\
9.98\times10^{-6} & 1.09\times10^{-3} & 1.19\times10^{-4} & 4.93\times10^{-5} & 3.69\times10^{-5} \\
-4.94\times10^{-5} & 1.19\times10^{-4} & 5.44\times10^{-4} & 1.23\times10^{-5} & 5.48\times10^{-5} \\
-1.48\times10^{-4} & 4.93\times10^{-5} & 1.23\times10^{-5} & 1.20\times10^{-3} & -1.82\times10^{-4} \\
-7.45\times10^{-5} & 3.69\times10^{-5} & 5.48\times10^{-5} & -1.82\times10^{-4} & 9.79\times10^{-4} \\
-0.37 & 1.50 & -1.73\times10^{-2} & -1.41 & -0.75 \\
-0.10 & -2.32 & 1.78 & 1.26 & 0.20 \\
-0.22 & -0.35 & -0.10 & 0.28 & -0.52 \\
-5.86\times10^{-5} & -1.63\times10^{-5} & -5.33\times10^{-5} & 1.45\times10^{-5} & -7.71\times10^{-5} \\
-2.23\times10^{-5} & -3.66\times10^{-5} & 4.03\times10^{-5} & 7.71\times10^{-5} & 2.96\times10^{-5}
\end{bmatrix}
$$

$$
\begin{bmatrix}
-0.37 & -0.10 & -0.22 & -5.86\times10^{-5} & -2.23\times10^{-5} \\
1.50 & -2.32 & -0.35 & -1.63\times10^{-5} & -3.66\times10^{-5} \\
-1.73\times10^{-2} & 1.78 & -0.10 & -5.33\times10^{-5} & 4.03\times10^{-5} \\
-1.41 & 1.26 & 0.28 & 1.45\times10^{-5} & 7.71\times10^{-5} \\
-0.75 & 0.20 & -0.52 & -7.71\times10^{-5} & 2.96\times10^{-5} \\
48253.80 & -612.09 & 246.55 & -0.06 & 0.32 \\
-612.09 & 196334.00 & -2697.84 & -1.15 & -0.62 \\
246.55 & -2697.84 & 8419.67 & 0.27 & 0.10 \\
-0.06 & -1.15 & 0.27 & 4.57\times10^{-4} & 5.45\times10^{-6} \\
0.32 & -0.62 & 0.10 & 5.45\times10^{-6} & 3.56\times10^{-4}
\end{bmatrix}
\begin{bmatrix} X_1-1.00 \\ X_2-0.80 \\ X_3-1.93 \\ X_4-1.20 \\ X_5-1.36 \\ M_1-10954.07 \\ M_2-23002.63 \\ M_3-2477.86 \\ P_1-0.15 \\ P_2-0.15 \end{bmatrix} \leqslant 1,\quad i=1,2,\cdots,5
$$

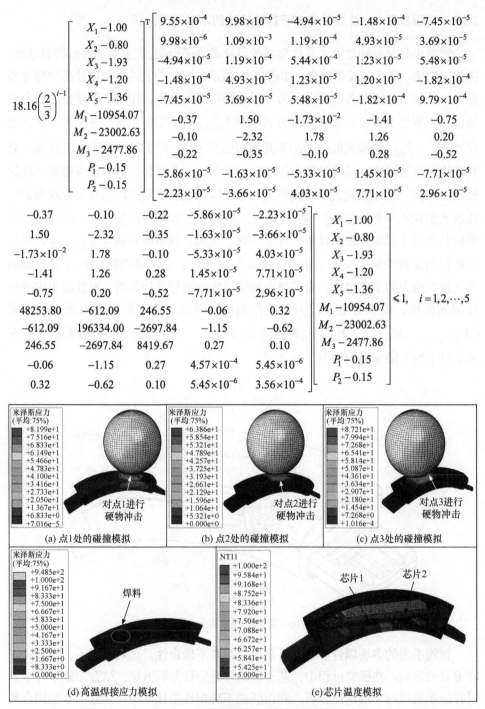

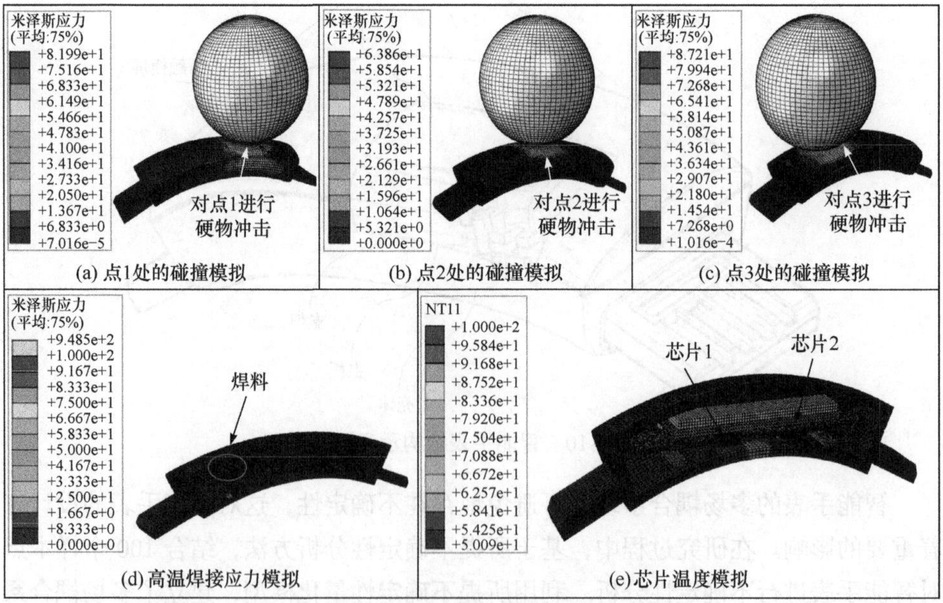


图 2-11　五种条件下的有限元模拟[26]

不同椭球模型的区间和误差结果见表 2-5，部分二维椭圆量化对比如图 2-12 所示。结果表明，基于拉格朗日乘子法的不确定性传播方法计算结果准确，最大误差为 1.9%，椭球可能度模型的计算结果与 MCS 的结果完全一致，虽然 CEM 的部分边界误差优于椭球可能度模型，但它们的区间误差比椭球可能度模型大得多，CAM 的结果略大于 CEM 和椭球可能度模型。由于工程应用中涉及大量优化参数，例如，应力函数 $\Gamma_1^{\mathrm{N}}\left(X_{i=1,3,4,5}, M_{2,3}\right)$ 由 6 个设计变量组成，涉及 21 个不确定性优化参数，用 MVM 法很难得到收敛解，只能得到一组包含四个设计变量的应力函数 $\Gamma^{\mathrm{S}}\left(X_{i=1,2,3}, M_1\right)$ 解。

**表 2-5　智能手表基于不同椭球模型的不确定性传播结果对比**

| 函数 | 界限 | MCS | CAM(误差) | CEM(误差) | MVM(误差) | EPM(误差) |
|---|---|---|---|---|---|---|
| $\Gamma_1^{\mathrm{N}}\left(X_{i=1,3,4,5}, M_{2,3}\right)$ | $g^{\mathrm{U}}$ | 79.65 | 77.94(2.16%) | 79.62(0.04%) | — | 80.26(0.76%) |
| | $g^{\mathrm{L}}$ | 60.94 | 65.90(8.15%) | 64.21(5.35%) | — | 61.39(0.75%) |
| $\Gamma_2^{\mathrm{N}}\left(X_{i=1,3,4,5}, M_{2,3}\right)$ | $g^{\mathrm{U}}$ | 83.96 | 81.96(2.38%) | 83.70(0.30%) | — | 84.33(0.44%) |
| | $g^{\mathrm{L}}$ | 64.36 | 69.60(8.14%) | 67.85(5.43%) | — | 65.07(1.10%) |
| $\Gamma_3^{\mathrm{N}}\left(X_{i=1,3,4,5}, M_{2,3}\right)$ | $g^{\mathrm{U}}$ | 79.69 | 78.30(1.74%) | 79.60(0.12%) | — | 80.03(0.43%) |
| | $g^{\mathrm{L}}$ | 65.14 | 68.89(5.75%) | 67.59(3.76%) | — | 65.31(0.26%) |
| $\Gamma^{\mathrm{S}}\left(X_{i=1,2,3}, M_1\right)$ | $g^{\mathrm{U}}$ | 65.83 | 62.79(4.63%) | 62.91(4.44%) | 64.18(2.51%) | 65.30(0.81%) |
| | $g^{\mathrm{L}}$ | 55.68 | 56.50(1.46%) | 56.37(1.24%) | 55.10(1.04%) | 54.62(1.90%) |
| $T_1\left(X_{i=1,2,3}, P_{1,2}\right)$ | $g^{\mathrm{U}}$ | 98.71 | 92.14(6.66%) | 95.23(4.88%) | — | 97.00(1.73%) |
| | $g^{\mathrm{L}}$ | 69.28 | 75.75(9.34%) | 72.66(3.53%) | — | 68.21(1.54%) |
| $T_2\left(X_{i=1,2,3}, P_{1,2}\right)$ | $g^{\mathrm{U}}$ | 98.48 | 92.27(6.31%) | 95.39(4.66%) | — | 96.95(1.38%) |
| | $g^{\mathrm{L}}$ | 69.35 | 75.71(9.16%) | 72.58(3.14%) | — | 68.39(1.56%) |

随后，采用基于椭球体积比的不确定性传播方法对智能手表进行不确定性传递分析，图 2-13 显示了六种函数的可能度曲线和区间，虚线和第一行区间是使用所提出两种不确定性分析方法得到的计算结果，直线和第二行区间都是使用 MCS 得到的计算结果。结果表明，基于拉格朗日乘子法和基于椭球体积比的不确定性分析结果，都与 MCS 的不确定性分析结果吻合较好。使用所提不确定分析方法不仅得到了不确定响应的区间，而且为不确定响应的所有可能值提供了一组详细的可能度曲线，该分析结果将有助于开展智能手表的可靠性优化设计。工程应用表明，基于拉格朗日乘子法的不确定性传播是高效的，基于椭球体积比的不确定性传播可以获得更充足的信息，两种不确定性分析方法在小不确定性和有限样本条件下是准确实用的。

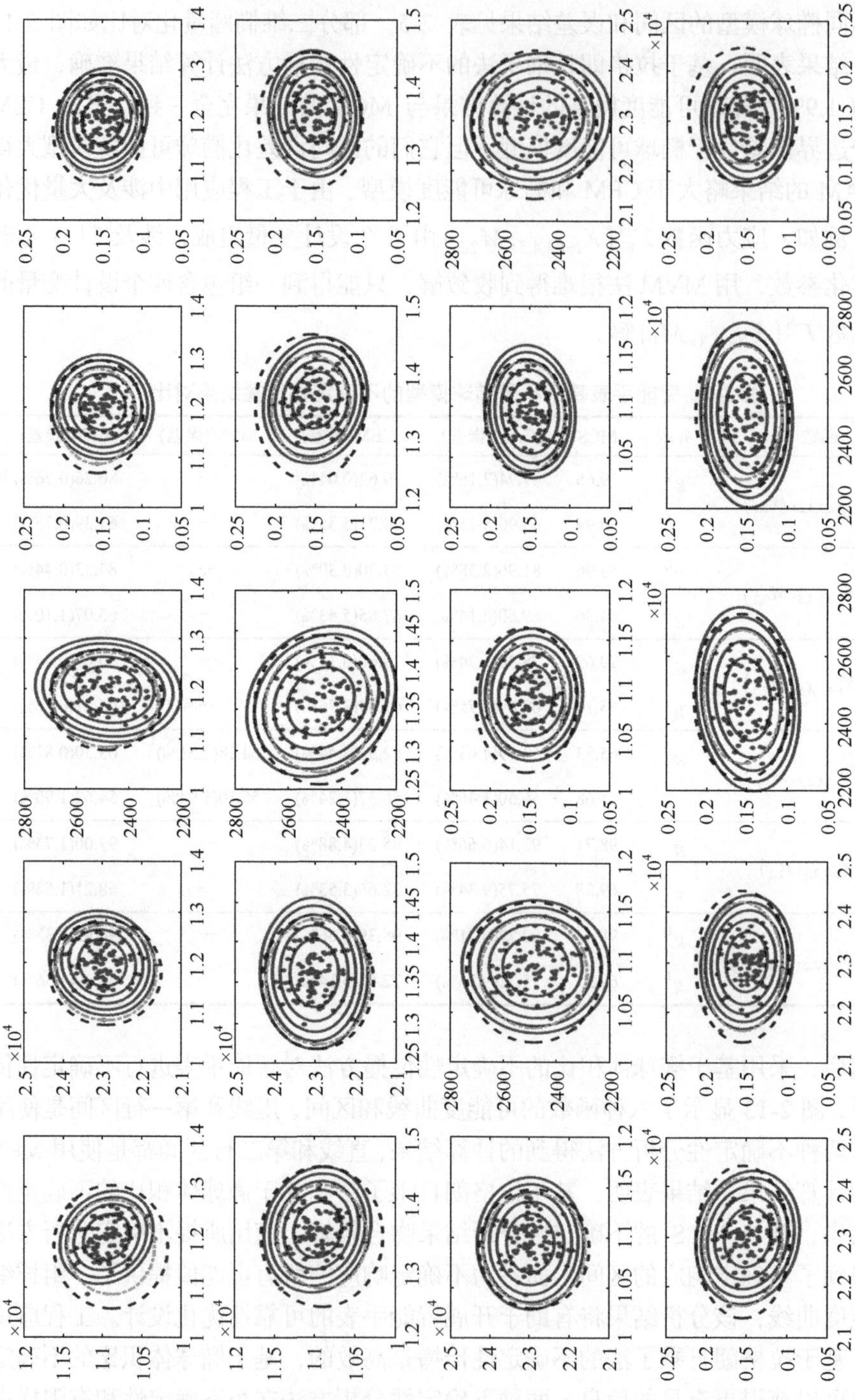


图2-12　基于EPM、CEM和CAM的椭圆量化对比(彩图请扫封底二维码)

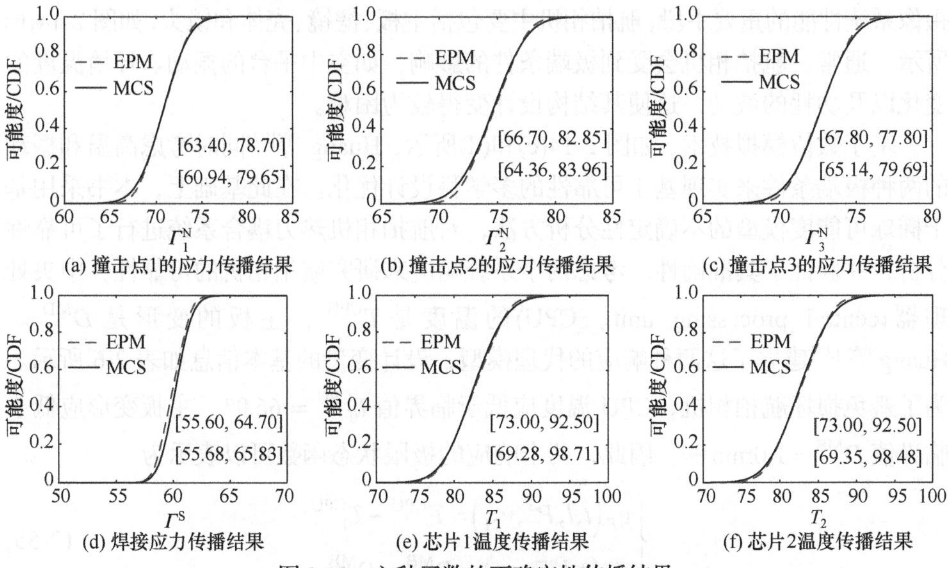


(a) 撞击点1的应力传播结果　(b) 撞击点2的应力传播结果　(c) 撞击点3的应力传播结果

(d) 焊接应力传播结果　(e) 芯片1温度传播结果　(f) 芯片2温度传播结果

图 2-13　六种函数的不确定性传播结果

### 2.6.2　工程应用 2：无人机航拍相机热固耦合系统的可靠性分析

为了进一步验证所提结构不确定性分析方法解决工程问题的能力，以无人机航拍相机结构可靠性分析为例，如图 2-14(a)所示。可靠性分析是评价无人机航拍

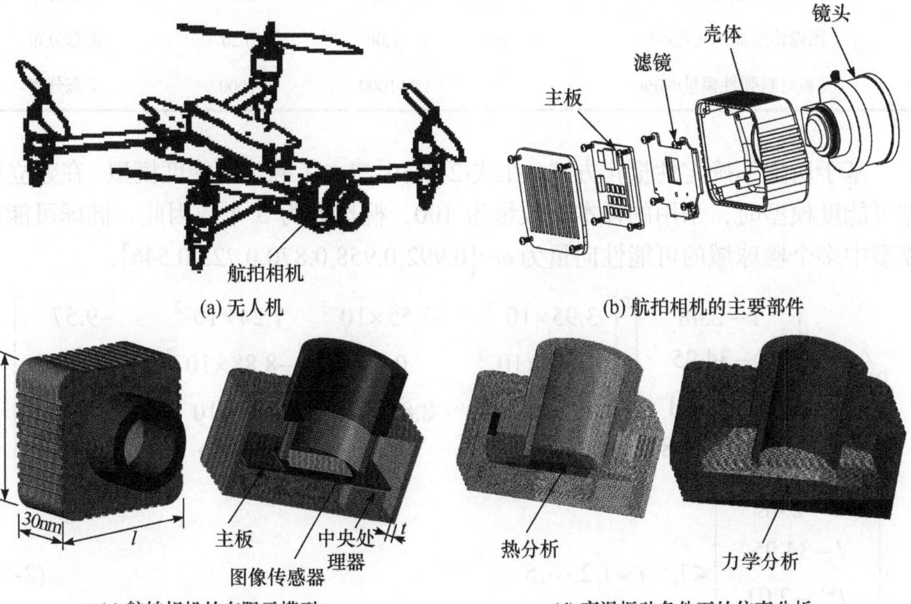


(a) 无人机　(b) 航拍相机的主要部件

(c) 航拍相机的有限元模型　(d) 高温振动条件下的仿真分析

图 2-14　航拍相机的结构与仿真分析[44]

摄像系统性能的重要手段，航拍相机主要包括主板、滤镜、壳体和镜头，如图 2-14(b)所示。通常，航拍相机会受到极端条件的影响，如空中平台的振动、环境温度的变化以及功耗的波动，这使其结构设计变得较为困难。

基于数值模拟技术，如图 2-14(c)和(d)所示，Huang 等[27]同时考虑高温和振动的两种极端条件来实现基于可靠性的多学科设计优化。在此基础上，本书采用基于椭球可能度模型的不确定性分析方法，对航拍相机热力耦合系统进行了可靠性分析，并验证了其准确性。考虑两个系统响应来研究航拍相机的可靠性，中央处理器(central processing unit，CPU)的温度是 $T^{\text{CPU}}$，主板的变形是 $D^{\text{MD}}$。Huang 等 [27]建立了这两种响应的代理模型，设计变量的基本信息如表 2-6 所示。为了避免损坏航拍相机，CPU 温度应低于临界值 $T_0^{\text{CPU}}=66.0°$，主板变形应低于临界值 $D_0^{\text{MB}}=1.0\text{mm}$ [27]。因此，两个响应的极限状态函数可以表示为

$$\begin{cases} g_T\left(t,l,P^S,\nu_{21}\right)=T^{\text{CPU}}-T_0^{\text{CPU}} \\ g_D\left(t,l,E,\nu_{12}\right)=D^{\text{MB}}-D_0^{\text{MB}} \end{cases} \tag{2-55}$$

**表 2-6 设计变量的基本信息**

| 输入参数 | 符号 | 均值 | 标准偏差 | 分布类型 |
|---|---|---|---|---|
| 外壳壁厚/mm | $t$ | 2.4 | 0.20 | 正态分布 |
| 外壳边长/mm | $l$ | 33 | 0.40 | 正态分布 |
| 图像传感器的功耗/W | $P^S$ | 2.00 | 0.20 | 正态分布 |
| 主板材料弹性模量/MPa | $E$ | 11000 | 1000 | 正态分布 |

基于所提不确定性量化方法，在式(2-56)中建立了椭球可能度模型。在建立椭球可能度模型时，采用的样本点数量为 100，椭球数为 5 个。因此，椭球可能度模型中多个椭球域的可能性向量为 $\omega=\left[0.992,0.958,0.870,0.723,0.546\right]$。

$$9\left(\frac{2}{3}\right)^{i-1}\begin{bmatrix} t-2.48 \\ l-34.95 \\ P^S-2.01 \\ E-11071.86 \end{bmatrix}^{\text{T}}\begin{bmatrix} 3.95\times10^{-2} & -7.55\times10^{-3} & 7.24\times10^{-2} & -9.57 \\ -7.55\times10^{-3} & 0.16 & -8.88\times10^{-2} & 10.04 \\ 7.24\times10^{-3} & -8.88\times10^{-4} & 4.37\times10^{-2} & 26.20 \\ -9.57 & 10.04 & 26.20 & 787057.10 \end{bmatrix}$$
$$\cdot\begin{bmatrix} t-2.48 \\ l-34.95 \\ P^S-2.01 \\ E-11071.86 \end{bmatrix}\leqslant 1,\quad i=1,2,\cdots,5 \tag{2-56}$$

然后，利用所提不确定性分析方法，对航拍相机热固耦合系统进行可靠性分析。极限状态函数的位置分别显示在所建立的椭球、标准球温度和变形函数模型中，如图 2-15 和图 2-16 所示。表 2-7 列出了使用不同方法的可靠性分析结果，第四和第五列分别为使用基于 CEM 和 MVM 的不确定性分析方法计算的结果，它们与 MCS 的结果有很大差异；第三列为采用基于 CAM 的不确定性分析方法计算的结果，温度函数的可靠性分析误差为 0.26%，其计算结果精度较高，但变形函数的可靠性分析误差较大；第六列数据显示，使用基于椭球可能度模型的可靠性分析计算结果与 MCS 的结果高度一致。结果表明，当采用所提出不确定性分析方法进行航拍相机热固耦合系统的可靠性分析时，航拍相机在不确定性因素影响下的可靠性较高，这一结果与 MCS 的分析结果完全相同，但采用传统不确定性分析方法计算得到的可靠性较低。此外，采用所提不确定性分析方法只进行面积计算，避免了可靠性分析过程中对系统函数的重复调用，以上结果充分说明了当采用所提不确定性分析方法解决工程实际问题中的结构可靠性问题时，不仅计算结果准确而且计算效率高。

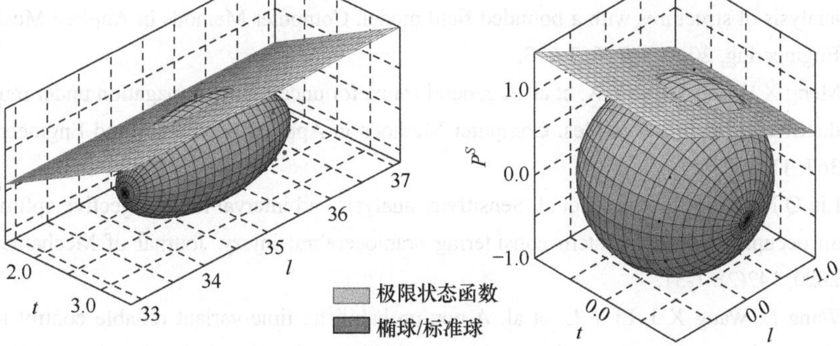


图 2-15　椭球/标准球中温度函数的极限状态函数

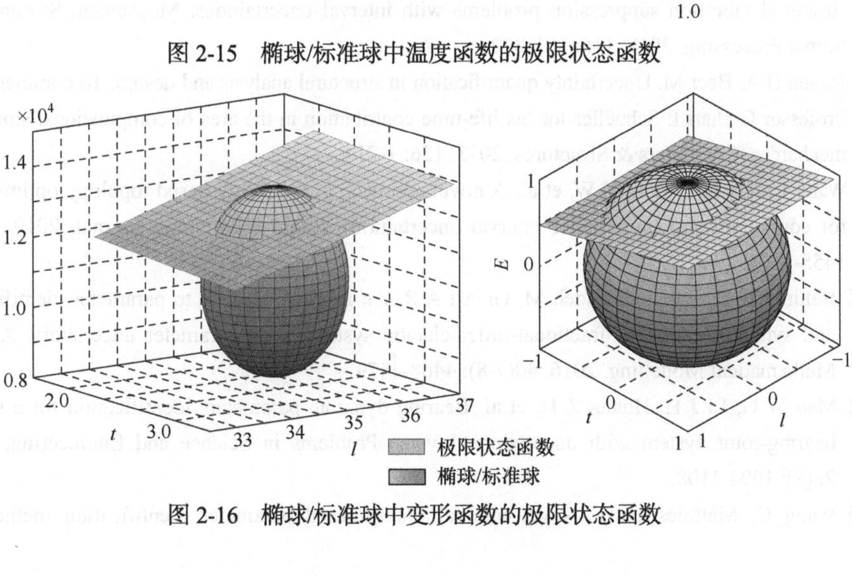


图 2-16　椭球/标准球中变形函数的极限状态函数

表 2-7 温度函数和变形函数的可靠性分析结果对比

| 函数 | MCS | CAM(误差) | CEM(误差) | MVM(误差) | EPM(误差) |
|---|---|---|---|---|---|
| 温度函数 | 0.9817 | 0.9791(0.26%) | 0.9105(7.25%) | 0.9496(3.27%) | 0.9976(1.62%) |
| 变形函数 | 1.0000 | 0.9060(9.40%) | 0.8286(17.14%) | 0.8324(16.77%) | 0.9945(0.55%) |

## 参 考 文 献

[1] Wei X P, Du X P. Uncertainty analysis for time-and space-dependent responses with random variables. Journal of Mechanical Design, 2019, 141(2): 21402.

[2] Liu J, Liu H, Jiang C, et al. A new measurement for structural uncertainty propagation based on pseudo-probability distribution. Applied Mathematical Modelling, 2018, 63: 744-760.

[3] Jiang C, Zheng J, Han X. Probability-interval hybrid uncertainty analysis for structures with both aleatory and epistemic uncertainties: A review. Structural and Multidisciplinary Optimization, 2018, 57(6): 2485-2502.

[4] Luo Y J, Zhan J J, Xing J, et al. Non-probabilistic uncertainty quantification and response analysis of structures with a bounded field model. Computer Methods in Applied Mechanics and Engineering, 2019, 347: 663-678.

[5] Meng X H, Liu J, Cao L X, et al. A general frame for uncertainty propagation under multimodally distributed random variables. Computer Methods in Applied Mechanics and Engineering, 2020, 367: 113109.

[6] Liu Q M, Wu X F, Han X, et al. Sensitivity analysis and interval multi-objective optimization for an occupant restraint system considering craniocerebral injury. Journal of Mechanical Design, 2020, 142(2): 1-31.

[7] Wang L, Wang X J, Li Y L, et al. A non-probabilistic time-variant reliable control method for structural vibration suppression problems with interval uncertainties. Mechanical Systems and Signal Processing, 2019, 115: 301-322.

[8] Jensen H A, Beer M. Uncertainty quantification in structural analysis and design: To commemorate Professor Gerhart I. Schuëller for his life-time contribution in the area of computational stochastic mechanics. Computers & Structures, 2013, 126: 1-214.

[9] Wang L, Xia H J, Yang Y W, et al. A novel approach of reliability-based topology optimization for continuum structures under interval uncertainties. Rapid Prototyping Journal, 2019, 25(9): 1455-1474.

[10] Behinfaraz R, Badamchizadeh M, Ghiasi A R. An adaptive method to parameter identification and synchronization of fractional-order chaotic systems with parameter uncertainty. Applied Mathematical Modelling, 2016, 40(7-8): 4468-4479.

[11] Mao W G, Li J H, Huang Z H, et al. Bearing dynamic parameters identification for a sliding bearing-rotor system with uncertainty. Inverse Problems in Science and Engineering, 2018, 26(8): 1094-1108.

[12] Wang C, Matthies H G. Novel interval theory-based parameter identification method for

engineering heat transfer systems with epistemic uncertainty. International Journal for Numerical Methods in Engineering, 2018, 115(6): 756-770.

[13] Qiu Z P, Huang R, Wang X J, et al. Structural reliability analysis and reliability-based design optimization: Recent advances. Science China: Physics, Mechanics and Astronomy, 2013, 56(9): 1611-1618.

[14] Ni Z, Qiu Z P. Interval design point method for calculating the reliability of structural systems. Science China: Physics, Mechanics and Astronomy, 2013, 56(11): 2151-2161.

[15] Liu X, Wang X Y, Sun L, et al. An efficient multi-objective optimization method for uncertain structures based on ellipsoidal convex model. Structural and Multidisciplinary Optimization, 2019, 59(6): 2189-2203.

[16] Luo Y J, Kang Z, Li A. Structural reliability assessment based on probability and convex set mixed model. Computers & Structures, 2009, 87(21-22): 1408-1415.

[17] Wang X J, Qiu Z, Elishakoff I. Non-probabilistic set-theoretic model for structural safety measure. Acta Mechanica, 2008, 198(1-2): 51-64.

[18] Li Y L, Wang X J, Wang C, et al. Uncertainty propagation analysis of dielectric elastomer with interval parameters. Science China: Physics, Mechanics & Astronomy, 2018, 61(5): 1-4.

[19] Fedele F, Muhanna R L, Xiao N J, et al. Interval-based approach for uncertainty propagation in inverse problems. Journal of Engineering Mechanics, 2015, 141(1): 06014013.

[20] Li M, Azarm S. Multiobjective collaborative robust optimization with interval uncertainty and interdisciplinary uncertainty propagation. Journal of Mechanical Design, 2008, 130(8): 081402.

[21] Jiang C, Bi R G, Lu G Y, et al. Structural reliability analysis using non-probabilistic convex model. Computer Methods in Applied Mechanics and Engineering, 2013, 254: 83-98.

[22] Jiang C, Han X, Lu G Y, et al. Correlation analysis of non-probabilistic convex model and corresponding structural reliability technique. Computer Methods in Applied Mechanics and Engineering, 2011, 200(33-36): 2528-2546.

[23] Ni B Y, Jiang C, Han X. An improved multidimensional parallelepiped non-probabilistic model for structural uncertainty analysis. Applied Mathematical Modelling, 2016, 40(7-8): 4727-4745.

[24] Hu J X, Qiu Z P. Non-probabilistic convex models and interval analysis method for dynamic response of a beam with bounded uncertainty. Applied Mathematical Modelling, 2010, 34(3): 725-734.

[25] Han X, Jiang C. Convex-model-based non-probabilistic uncertainty analysis and reliability design for complex structures. Proceedings of the 6th International Conference on Mechanics and Materials in Design, Cairo, 2015.

[26] Huang Z L, Jiang C, Zhou Y S, et al. An incremental shifting vector approach for reliability-based design optimization. Structural and Multidisciplinary Optimization, 2016, 53(3): 523-543.

[27] Huang Z L, Zhou Y S, Jiang C, et al. Reliability-based multidisciplinary design optimization using incremental shifting vector strategy and its application in electronic product design. Acta Mechanica Sinica, 2018, 34(2): 285-302.

# 第 3 章　复杂机械系统全局敏感性分析方法

## 3.1　引　言

Sobol 敏感性度量法是全局敏感性分析(GSA)中最受欢迎的方法之一，其通过计算单个变量的总敏感性指标来量化影响变量的重要性，它是变量的一阶敏感性指标与其他变量相互耦合的高阶敏感性指标之和，当变量相互作用项的贡献明显时，其对 Sobol 敏感性指标准确性影响较大。目前，文献中对如何合理地分解变量的交互作用还鲜有提及[1-4]，因此为了提高敏感性分析的准确性，发展一种能分解变量间相互作用的敏感性分析方法非常重要。本章 3.2 节提出一种新的全局敏感性测度，可以有效地对变量的高阶敏感性指标进行分解，进而能准确地计算单个变量的影响程度。其主要思想是：首先，通过 Sobol 敏感性度量法计算出一阶敏感性指标和涉及其他变量相互作用的高阶敏感性指标；然后，对每个高阶相互作用项求偏导并对计算的偏导数函数进行平方积分，采用每个积分项的平方根与其和的比值来定义敏感性权重因子，通过乘以相应的敏感性权重因子，将高阶敏感性指标分解为一系列敏感性子指标；最后，通过敏感性权重因子将高阶敏感性指标进行分解得到敏感性子指标，所有涉及变量贡献的一阶敏感性指标和敏感性子指标求和，从而定义了一个新的变量敏感性指标。

在工程实际问题中，多输入多输出系统是非常普遍的，但针对多输入多输出系统敏感性分析的研究尚处于起步阶段，部分学者在该领域做了许多工作并取得了一些研究成果，如利用向量投影的关系来综合评估多输入多输出影响的全局敏感性分析方法[5]，基于方差矩阵谱范数(spectral norm，SN)来定义新的广义敏感性指标[6]，基于小波分析给出动态敏感性指标[7]，提出基于协方差矩阵的迹(trace of the covariance matrix，TCM)的敏感性分析方法[7]，利用多输出支持向量机回归开发一种多元输出全局敏感性分析方法[8]，基于映射的层次化方法来计算具有多维相关性的多级系统的敏感性指标[9,10]等。然而，这类 GSA 方法被用来评估多输入对多输出的影响，只考虑方差的贡献而忽略协方差的贡献。传统基于协方差分解的 GSA 方法在计算多输入多输出系统的总敏感性指标时，输入变量相关导致存在负敏感性情况，且方差和协方差的贡献会相互抵消。本章 3.3 节提出一种基于求和函数方差和协方差分解的 GSA 统一框架，用于处理不同响应维度、不同分布以及变量是否相关等问题，此外，采用和函数计算方差和协方差的贡献，可以消除负敏感性指标的影响。

## 3.2　多输入单输出系统的全局敏感性分析方法

### 3.2.1　基于方差分解和偏导积分的全局敏感性分析方法

假设一个平方可积函数 $f(\boldsymbol{x})$，其包含了 $n$ 维设计变量 $\boldsymbol{x}=(x_1,x_2,\cdots,x_n)$，每个变量的取值范围是 $\Omega=\{\boldsymbol{x} \mid 0 \leqslant x_i \leqslant 1, i=1,2,\cdots,n\}$，则该函数 $f(\boldsymbol{x})$ 可以被展开成

$$f(\boldsymbol{x})=f_0+\sum_{i=1}^{n} f_i(x_i)+\sum_{i<j} f_{ij}(x_i,x_j)+\cdots+f_{12\cdots n}(x_1,x_2,\cdots,x_n) \tag{3-1}$$

式(3-1)即为高维模型表示，其任何一个函数子项对自身变量的积分均为零，即

$$\int_0^1 f_{i_1\cdots i_s}(x_{i_1},\cdots,x_{i_s})\mathrm{d}x_k=0,\quad k=i_1,\cdots,i_s,\ 1\leqslant i_1<\cdots<i_s\leqslant n \tag{3-2}$$

由此，$f(\boldsymbol{x})$ 展开式中的所有函数子项可以通过积分公式获取，即

$$f_0=\int f(\boldsymbol{x})\,\mathrm{d}\boldsymbol{x} \tag{3-3}$$

$$f_i(x_i)=-f_0+\int f(\boldsymbol{x})\prod_{k\neq i}\mathrm{d}x_k \tag{3-4}$$

$$f_{ij}(x_i,x_j)=-f_0-f_i(x_i)-f_j(x_j)+\int f(\boldsymbol{x})\prod_{k\neq i,j}\mathrm{d}x_k \tag{3-5}$$

式中，$f_0$ 是函数 $f(\boldsymbol{x})$ 的数学期望；$f_i(x_i)$ 和 $f_{ij}(x_i,x_j)$ 分别是函数 $f(\boldsymbol{x})$ 高维模型表示的一阶函数子项、二阶函数子项。很明显，除了函数子项中常数项 $f_0$ 和一阶子项 $f_i(x_i)$，所有高阶子项都是涉及变量耦合作用的交互项。所有函数子项都具有正交特性，因此将 $f(\boldsymbol{x})$ 高维模型表示的左右两边进行平方积分，整理可得方差分解公式，如下所示：

$$D=\sum_{i=1}^{n} D_i+\sum_{1\leqslant i<j\leqslant n} D_{ij}+\cdots+D_{12\cdots n} \tag{3-6}$$

其中，输出响应的总方差和每个函数子项的偏方差分别是

$$D=\int f^2(x)\mathrm{d}x-f_0^2 \tag{3-7}$$

$$D_{i_1\cdots i_s}=\int f_{i_1\cdots i_s}^2(x_{i_1},\cdots,x_{i_s})\mathrm{d}x_{i_1},\cdots,x_{i_s} \tag{3-8}$$

根据式(3-6)方差分解关系表达，Sobol 敏感性指标可定义如下：

$$S_{i_1\cdots i_s}=\frac{D_{i_1\cdots i_s}}{D} \tag{3-9}$$

很明显，所有函数子项的敏感性指标之和等于 1，即

$$\sum_{s=1}^{n}\sum_{i_1<\cdots<i_s}S_{i_1\cdots i_s}=1 \tag{3-10}$$

当下标$s=1$时，$S_{i_1}$是用于评估单个变量$x_{i_1}$主要影响的一阶 Sobol 敏感性指标；当下标$1<s\leqslant n$时，$S_{i_1\cdots i_j}$是用于评估两个或多个变量交互作用的高阶敏感性指标。如上所述，由式(3-9)所定义的敏感性指标只用于每个函数子项重要程度的评估，为了量化变量的重要性，定义了总敏感性指标，如下所示：

$$S_i^{\text{tot}}=1-S_{\sim i} \tag{3-11}$$

式中，$S_{\sim i}$是指除了涉及变量$x_i$贡献的所有敏感性指标$S_{i_1\cdots i_s}$之和。

显然，单个变量的总敏感性指标通常包括与其他变量的交互作用，特别是当交互项的敏感性值远远大于一阶敏感性值时，用总敏感性指标不足以准确地量化每个变量的重要性排序[11,12]。为了进一步解释此问题，结合参考文献[12]的示例展开说明，假设变量的个数等于 3，所有 Sobol 敏感性指标可表示为$S_1$、$S_2$、$S_3$、$S_{12}$、$S_{13}$、$S_{23}$、$S_{123}$，则总敏感性指标为

$$S_1^{\text{tot}}=S_1+S_{12}+S_{13}+S_{123} \tag{3-12}$$

$$S_2^{\text{tot}}=S_2+S_{12}+S_{23}+S_{123} \tag{3-13}$$

$$S_3^{\text{tot}}=S_3+S_{13}+S_{23}+S_{123} \tag{3-14}$$

总敏感性指标之和必然大于 1，即

$$S_1^{\text{tot}}+S_2^{\text{tot}}+S_3^{\text{tot}}=S_1+S_2+S_3+2\left(S_{12}+S_{13}+S_{23}\right)+3S_{123}>1 \tag{3-15}$$

在上述示例中，对于任何一个变量，其总敏感性指标总是包含其他变量的交互作用，这会影响变量重要性评价的准确性，只要存在一个高阶 Sobol 敏感性指标，所有敏感性指标之和都大于 1，总敏感性指标进行归一化处理后的结果如下所示：

$$\text{NR}_i=\frac{S_i^{\text{tot}}}{\sum_{i=1}^{n}S_i^{\text{tot}}}\times 100\% \tag{3-16}$$

为了准确地度量参数的敏感性，学者提出了一些不同的敏感性方法[13-16]，然而

对高阶交互项 $S_{i_1\ldots i_s}$ 敏感性的分解方法却很少，通常偏导数可以用来度量参数的重要性，即基于导数的全局敏感性度量(derivative-based global sensitivity measure，DGSM)法[17,18]。DGSM 法不适用于高度非线性的函数，这限制了偏导数在敏感性评估中的应用，但偏导数作为一种重要的计算工具，可以用来定义敏感性权重因子，进一步分解相互作用项的影响。在此基础上，提出了一种新的敏感性指标，以更准确地识别和评估单个变量的重要性。本节主要阐述了高阶敏感性指标的分解过程和新敏感性指标的重构。首先，每个高阶函数项对单个变量进行偏导；然后，计算涉及变量偏导数函数平方的积分；最后，根据各积分平方根与其和的比值确定敏感性权重因子，并对高阶敏感性指标进行分解，进而定义了新的敏感性指标。详细的数学推导描述如下。

首先，在变量范围内计算偏导数函数平方的积分，如下所示：

$$M_{i_1\cdots i_s}^{i_h}=\int\left[\frac{\partial f_{i_1\cdots i_s}\left(x_{i_1},\cdots,x_{i_s}\right)}{\partial x_{i_h}}\right]^2\mathrm{d}x_{i_1}\cdots\mathrm{d}x_{i_s} \tag{3-17}$$

$$1\leqslant i_1<i_2<\cdots<i_s\leqslant n,\ i_1\leqslant i_h\leqslant i_s,\ s=1,2,\cdots,n$$

根据式(3-17)，在对每个高阶敏感性指标进行分解时，都需要通过计算每个积分的平方根与其总和的比值来定义敏感性权重因子：

$$k_{i_1\cdots i_s}^{i_h}=\frac{\sqrt{M_{i_1\cdots i_s}^{i_h}}}{\sum\limits_{i_m=i_1,\cdots,i_s}\sqrt{M_{i_1\cdots i_s}^{i_m}}} \tag{3-18}$$

式中，$k_{i_1\cdots i_s}^{i_h}$ 是第 $i_h$ 个变量在 $s$ 阶敏感性指标中的敏感性权重比。显然，每个高阶敏感性指标的权重因子之和是

$$\sum_{i_1\leqslant i_h\leqslant i_s}k_{i_1\cdots i_s}^{i_h}=1 \tag{3-19}$$

高阶敏感性指标乘以相应的敏感性权重因子，可将其分解为一系列敏感性子指标，如下所示：

$$S_{i_1\cdots i_s}^{i_h}=S_{i_1\cdots i_s}\cdot k_{i_1\cdots i_s}^{i_h} \tag{3-20}$$

式中，$S_{i_1\cdots i_s}$ 是 $s$ 阶 Sobol 高阶敏感性指标；$S_{i_1\cdots i_s}^{i_h}$ 是 $s$ 阶 Sobol 高阶敏感性指标的子指标。因此，可以通过敏感性权重因子将高阶敏感性指标合理地分解为一系列敏感性子指标。为了论证高阶敏感性指标分解的合理性，证明如下：

$$
\begin{aligned}
&S_{i_1\cdots i_s}^{i_1}+\cdots+S_{i_1\cdots i_s}^{i_h}+\cdots+S_{i_1\cdots i_s}^{i_s}\\
&=S_{i_1\cdots i_s}\cdot k_{i_1\cdots i_s}^{i_1}+\cdots+S_{i_1\cdots i_s}\cdot k_{i_1\cdots i_s}^{i_h}+\cdots+S_{i_1\cdots i_s}\cdot k_{i_1\cdots i_s}^{i_s}\\
&=S_{i_1\cdots i_s}\cdot\left(k_{i_1\cdots i_s}^{i_1}+\cdots+k_{i_1\cdots i_s}^{i_h}+\cdots+k_{i_1\cdots i_s}^{i_s}\right)\\
&=S_{i_1\cdots i_s}\cdot\left(\frac{\sqrt{M_{i_1\cdots i_s}^{i_1}}}{\sum\limits_{i_m=i_1,\cdots,i_s}\sqrt{M_{i_1\cdots i_s}^{i_m}}}+\cdots+\frac{\sqrt{M_{i_1\cdots i_s}^{i_h}}}{\sum\limits_{i_m=i_1,\cdots,i_s}\sqrt{M_{i_1\cdots i_s}^{i_m}}}+\cdots+\frac{\sqrt{M_{i_1\cdots i_s}^{i_s}}}{\sum\limits_{i_m=i_1,\cdots,i_s}\sqrt{M_{i_1\cdots i_s}^{i_m}}}\right)\\
&=S_{i_1\cdots i_s}\cdot\frac{\sqrt{M_{i_1\cdots i_s}^{i_1}}+\cdots+\sqrt{M_{i_1\cdots i_s}^{i_h}}+\cdots+\sqrt{M_{i_1\cdots i_s}^{i_s}}}{\sum\limits_{i_m=i_1,\cdots,i_s}\sqrt{M_{i_1\cdots i_s}^{i_m}}}\\
&=S_{i_1\cdots i_s}\cdot\frac{\sum\limits_{i_m=i_1,\cdots,i_s}\sqrt{M_{i_1\cdots i_s}^{i_m}}}{\sum\limits_{i_m=i_1,\cdots,i_s}\sqrt{M_{i_1\cdots i_s}^{i_m}}}=S_{i_1\cdots i_s}
\end{aligned}
\tag{3-21}
$$

根据式(3-20)，将变量的一阶敏感性指标与该变量的所有分解敏感性子指标相结合，则得到新的敏感性指标，即

$$
\mathrm{NS}_{i_h}=S_i+\sum_{s=2}^{n}\sum_{i_1<\cdots<i_s}S_{i_1\cdots i_s}^{i_h}
\tag{3-22}
$$

式中，$\mathrm{NS}_{i_h}$ 是第 $i_h$ 个变量的敏感性指标。显然，对于所有的输入变量，它们的敏感性指标之和等于 1，即

$$
\sum_{i_h=1}^{n}\mathrm{NS}_{i_h}=1
\tag{3-23}
$$

对于新敏感性指标的性质，可证明如下：

$$
\begin{aligned}
\sum_{i_h=1}^{n}\mathrm{NS}_{i_h}&=\sum_{i_h=1}^{n}\left(\sum_{s=1}^{n}\sum_{i_1<\cdots<i_s}S_{i_1\cdots i_s}^{i_h}\right)\\
&=\sum_{i_h=1}^{n}\left(\sum_{s=1}^{n}\sum_{i_1<\cdots<i_s}S_{i_1\cdots i_s}\cdot k_{i_1\cdots i_s}^{i_h}\right)\\
&=\sum_{s=1}^{n}\sum_{i_1<\cdots<i_s}S_{i_1\cdots i_s}\cdot\left(\sum_{i_1\leqslant i_h\leqslant i_s}k_{i_1\cdots i_s}^{i_h}\right)\\
&=\sum_{s=1}^{n}\sum_{i_1<\cdots<i_s}S_{i_1\cdots i_s}\cdot 1\\
&=1
\end{aligned}
\tag{3-24}
$$

此外，交互作用项的分解，使得新的敏感性指标必然小于总敏感性指标，即 $\mathrm{NS}_i \leqslant S_i^{\mathrm{tot}}$。对于任何一个变量，如果不涉及与其他变量的交互作用，则两种类型的敏感性指标是相等的。特别是对于许多工程问题，方差分解通常只包含一阶主项和二阶交互作用项。为了便于理解和计算，采用矩阵形式表示敏感性指标与敏感性权重因子之间的关系，首先，将所有敏感性指标组装成一个对称矩阵 $\boldsymbol{S}$：

$$\boldsymbol{S} = \begin{bmatrix} S_1 & S_{12} & \cdots & S_{1n} \\ S_{12} & S_2 & \cdots & S_{2n} \\ \vdots & \vdots & & \vdots \\ S_{1n} & S_{2n} & \cdots & S_n \end{bmatrix} \tag{3-25}$$

式中，对称矩阵 $\boldsymbol{S}$ 的主对角线元素 $S_i$ 表示一阶敏感性指标；其他元素 $S_{ij}(1 \leqslant i < j \leqslant n)$ 表示二阶敏感性指标。在对称矩阵 $\boldsymbol{S}$ 中，第 $i$ 行的所有元素表示输入变量的主效应和与其他变量的二阶交互效应。然后，以如下类似方式将敏感性权重因子组装到矩阵 $\boldsymbol{K}$ 中，得

$$\boldsymbol{K} = \begin{bmatrix} k_{11}^1 & k_{12}^2 & \cdots & k_{1n}^n \\ k_{12}^1 & k_{22}^2 & \cdots & k_{2n}^n \\ \vdots & \vdots & & \vdots \\ k_{1n}^1 & k_{2n}^2 & \cdots & k_{nn}^n \end{bmatrix} \tag{3-26}$$

在高维模型表示中，当二阶函数交互项存在时，对称元素之和等于 1，如 $k_{12}^1 + k_{12}^2 = 1$。在矩阵 $\boldsymbol{K}$ 中，除主对角线元素外，第 $j$ 列的所有元素均表示二阶敏感性指标对输入变量 $x_j$ 的敏感性权重因子。如上所述，一阶敏感性指标不涉及相互作用效应，所以主对角线元素的敏感性权重因子设置为 1，即 $k_{11}^1 = k_{22}^2 = \cdots = k_{nn}^n = 1$。最后，根据矩阵运算，得到新敏感性指标 $\mathbf{NS}$，即

$$\mathbf{NS} = \mathrm{dialog}\left( \begin{bmatrix} S_1 & S_{12} & \cdots & S_{1n} \\ S_{12} & S_2 & \cdots & S_{2n} \\ \vdots & \vdots & & \vdots \\ S_{1n} & S_{2n} & \cdots & S_n \end{bmatrix} \begin{bmatrix} k_{11}^1 & k_{12}^2 & \cdots & k_{1n}^n \\ k_{12}^1 & k_{22}^2 & \cdots & k_{2n}^n \\ \vdots & \vdots & & \vdots \\ k_{1n}^1 & k_{2n}^2 & \cdots & k_{nn}^n \end{bmatrix} \right) \tag{3-27}$$

式中，dialog( · )表示取矩阵对角元素。

如上所述，敏感性权重因子对高阶敏感性指标的分解非常有用，将一阶敏感性指标与分解后的敏感性子指标相结合构造了一个新的敏感性指标，其可以准确地评价变量的重要性。对于所提敏感性指标的合理性和可行性，将在随后的算例中通过与 Sobol 敏感性指标的比较进行论证。基于偏导积分和方差分解的全局敏

感性分析方法的主要步骤可概括如下：

(1) 获得函数 $f(\boldsymbol{x})$ 的方差分解，如式(3-6)所示；

(2) 利用式(3-9)计算一阶敏感性指标 $S_i$ 和 Sobol 高阶敏感性指标 $S_{i_1\cdots i_s}$；

(3) 计算所有高阶函数项的偏导数函数并进行方差分解；

(4) 根据式(3-17)得到偏导数函数平方的积分 $M_{i_1\cdots i_s}^{i_h}$；

(5) 使用式(3-18)定义敏感性权重因子 $k_{i_1\cdots i_s}^{i_h}$；

(6) 根据敏感性权重因子 $k_{i_1\cdots i_s}^{i_h}$，将高阶 Sobol 敏感性指标 $S_{i_1\cdots i_s}$ 分解为一系列敏感性子指标 $S_{i_1\cdots i_s}^{i_h}$；

(7) 结合 $S_{i_1\cdots i_s}^{i_h}$ 和 $S_i$，建立新的敏感性指标 $\mathrm{NS}_{i_h}$；

(8) 比较总敏感性指标 $S_i^{\mathrm{tot}}$ 和 $\mathrm{NS}_{i_h}$。

下面将通过三个数值算例来证明所提全局敏感性度量方法的合理性和准确性：第一个数值算例表明，若交互作用不能适当地分解，则多个变量的重要性难以进行准确排序；第二个数值算例表明，交互项对评估输入变量的重要性有显著影响；第三个数值算例，对所提敏感性分析方法求解高维高阶函数敏感性的能力进行探讨。

1. 数值算例 I

为了研究所提敏感性分析方法的必要性，本节选用文献[19]中的函数 $f(\boldsymbol{x})$，其形式如下：

$$f(\boldsymbol{x})=\sum_{i=1}^{4}c_i\left(x_i-\frac{1}{2}\right)+c_{12}\left(x_1-\frac{1}{2}\right)\left(x_2-\frac{1}{2}\right)^5$$
$$c_i=1, c_{12}=50, \boldsymbol{x}\in\left[\boldsymbol{x}^{\mathrm{L}},\boldsymbol{x}^{\mathrm{U}}\right], \xi=0.05 \tag{3-28}$$

式中，$\boldsymbol{x}^{\mathrm{L}}=[0,0,0,0]^{\mathrm{T}}$ 和 $\boldsymbol{x}^{\mathrm{U}}=[1,1,1,1]^{\mathrm{T}}$ 分别是所有变量的上、下限，并用置信水平 $\xi$ 分析不确定性的影响，它的两个不确定范围分别为

$$\left[\frac{\boldsymbol{x}^{\mathrm{U}}+\boldsymbol{x}^{\mathrm{L}}}{2}-\frac{\boldsymbol{x}^{\mathrm{U}}-\boldsymbol{x}^{\mathrm{L}}}{2}\cdot(1+\xi),\frac{\boldsymbol{x}^{\mathrm{U}}+\boldsymbol{x}^{\mathrm{L}}}{2}+\frac{\boldsymbol{x}^{\mathrm{U}}-\boldsymbol{x}^{\mathrm{L}}}{2}\cdot(1+\xi)\right]$$

$$\left[\frac{\boldsymbol{x}^{\mathrm{U}}+\boldsymbol{x}^{\mathrm{L}}}{2}-\frac{\boldsymbol{x}^{\mathrm{U}}-\boldsymbol{x}^{\mathrm{L}}}{2}\cdot(1-\xi),\frac{\boldsymbol{x}^{\mathrm{U}}+\boldsymbol{x}^{\mathrm{L}}}{2}+\frac{\boldsymbol{x}^{\mathrm{U}}-\boldsymbol{x}^{\mathrm{L}}}{2}\cdot(1-\xi)\right]$$

通过计算不同范围内的敏感性指标，证明了该方法在不确定性条件下的鲁棒性，在后续算例中，波动范围的计算过程是相同的，不必一一重复。就函数的表

示而言，变量 $x_3$ 和 $x_4$ 对输出响应的影响同样重要，但对于变量 $x_1$ 和 $x_2$ 的影响，它们的重要性因为阶次不同而明显不同，然而从 Sobol 敏感性评估的计算结果来看，变量 $x_1$ 和 $x_2$ 的显著性是一致的[18]。在表 3-1 中，利用式(3-4)和式(3-5)得到一阶函数项和二阶函数项，给出一阶敏感性指标 $S_{i=1,\cdots,4}$ 和二阶敏感性指标 $S_{12}$，并采用敏感性权重因子 $k_{12}^1$ 和 $k_{12}^2$ 对二阶敏感性指标 $S_{12}$ 进行分解。在表 3-2 中，第二行是总敏感性指标 $S_{i=1,\cdots,4}^{\text{tot}}$，第三行是总敏感性指标的归一化结果，第五行是新的敏感性指标 $\text{NS}_{i=1,\cdots,4}$。数据表明，采用 Sobol 敏感性评估，总敏感性指标 $S_1^{\text{tot}}$ 和 $S_2^{\text{tot}}$ 均等于 0.289。然而，该方法的计算结果清楚地表明，敏感性指标 $\text{NS}_1$ 和 $\text{NS}_2$ 分别为 0.249 和 0.277。计算结果与上述分析完全一致。另外，根据表 3-2 中第五行数据可以得到各个影响变量的重要性排序，即 $\text{NS}_2 > \text{NS}_1 > \text{NS}_3 = \text{NS}_4$。与最初的排序 $S_1^{\text{tot}} = S_2^{\text{tot}} > S_3^{\text{tot}} = S_4^{\text{tot}}$ 不同。

图 3-1 中清楚地显示了 Sobol 总敏感性指标、DGSM 敏感性指标和新敏感性指标的对比。该算例虽然交互作用的影响不明显，但在计算总敏感性指标时没有分解变量之间的交互作用，因此给出的敏感性评价结果是不准确的。使用该方法对交互项进行分解，可以得到更合适的重要性排序。值得注意的是，DGSM 敏感性指标与其他两种类型的敏感性指标有很大不同，如图 3-1 和表 3-2 所示。对变量 $x_2$ 而言，其敏感性指标 $\text{DGSM}_2$ 甚至比其他变量大得多，$\text{DGSM}_2 > \text{DGSM}_1 + \text{DGSM}_3 + \text{DGSM}_4$。这样的结果说服力很小。此外，为了评估所提敏感性分析方法的稳定性，在 95%置信水平下研究了变量的不确定性对计算结果的影响，计算结果表明，DGSM 方法的稳定性略差于其他敏感性方法。

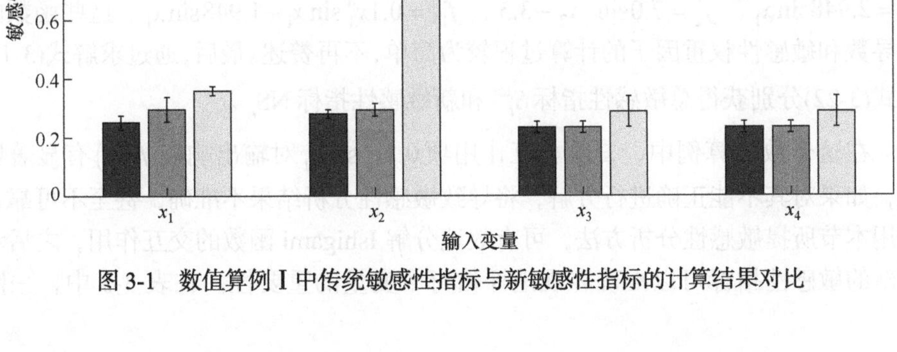

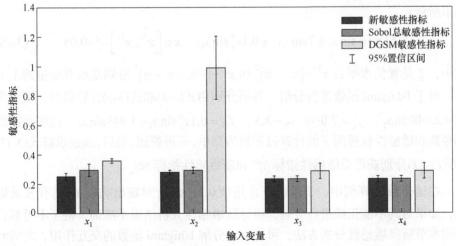


图 3-1　数值算例 I 中传统敏感性指标与新敏感性指标的计算结果对比

表 3-1　数值算例 I 中敏感性指标和相应的敏感性权重因子

| 函数子项 | 敏感性指标 | 变量 | 敏感性权重因子 |
| --- | --- | --- | --- |
| $f_1 = x_1 - \frac{1}{2}$ | $S_1 = 0.237$ | $x_1$ | — |
| $f_2 = x_2 - \frac{1}{2}$ | $S_2 = 0.237$ | $x_2$ | — |
| $f_3 = x_3 - \frac{1}{2}$ | $S_3 = 0.237$ | $x_3$ | — |
| $f_4 = x_4 - \frac{1}{2}$ | $S_4 = 0.237$ | $x_4$ | — |
| $f_{12} = c_{12}\left(x_1 - \frac{1}{2}\right)\cdot\left(x_2 - \frac{1}{2}\right)^5$ | $S_{12} = 0.052$ | $x_1$ | $k_{12}^1 = 0.239$ |
| | | $x_2$ | $k_{12}^2 = 0.761$ |

表 3-2　数值算例 I 中新敏感性指标与传统敏感性指标的比较

| 变量 | $x_1$ | $x_2$ | $x_3$ | $x_4$ | $\sum$ |
| --- | --- | --- | --- | --- | --- |
| $S_i^{\text{tot}}$ | 0.289 | 0.289 | 0.237 | 0.237 | 1.052 |
| $\text{NR}_i$ | 0.275 | 0.275 | 0.225 | 0.225 | 1.000 |
| $\text{DGSM}_i$ | 0.352 | 0.939 | 0.288 | 0.288 | 1.867 |
| $\text{NS}_i$ | 0.249 | 0.277 | 0.237 | 0.237 | 1.000 |

2. 数值算例 II

Ishigami 函数[19]被广泛用于全局敏感性分析方法的测试分析，其数学表达式如下所示：

$$f(\boldsymbol{x}) = \sin x_1 + 7\sin^2 x_2 + 0.1x_3^4 \sin x_1, \quad \boldsymbol{x} \in \left[\boldsymbol{x}^{\text{L}}, \boldsymbol{x}^{\text{U}}\right], \xi=0.05 \tag{3-29}$$

式中，$\xi$ 是置信水平；$\boldsymbol{x}^{\text{U}}=[\pi, \pi, \pi]^{\text{T}}$ 和 $\boldsymbol{x}^{\text{L}}=[-\pi, -\pi, -\pi]^{\text{T}}$ 分别是所有变量的上下界。对于 Ishigami 函数进行分解，各项分别用式(3-4)和式(3-5)计算得到，表示为 $f_1 = 2.948\sin x_1$，$f_2 = 7.0\sin^2 x_2 - 3.5$，$f_{13} = 0.1x_3^4 \sin x_1 - 1.948\sin x_1$。这些函数的偏导数和敏感性权重因子的计算过程较为简单，不再赘述。最后，通过求解式(3-11)和式(3-22)分别获得总敏感性指标 $S_i^{\text{tot}}$ 和新敏感性指标 $\text{NS}_{i_h}$。

在这个数值算例中，二阶相互作用项 $0.1x_3^4 \sin x_1$ 对输出响应 $f(\boldsymbol{x})$ 有显著影响，如果对其不能正确进行分解，将导致敏感性分析结果不准确，甚至不可靠，利用本节所提敏感性分析方法，可有效地分解 Ishigami 函数的交互作用，之后利用新的敏感性指标可以准确客观地评估每个变量的重要性。在表 3-3 中，一阶函数项通过式(3-4)的计算得到，二阶函数项通过式(3-5)的计算得到，同时，表 3-3 利用式(3-9)给出了 Sobol 敏感性指标，并列出了用于分解二阶敏感性指标的敏感性权重因子，从表 3-3 可以看出，二阶敏感性指标 $S_{13}$ 为 0.244。结果表明，交互作用项 $0.1x_3^4\sin x_1$ 的影响所占比例较大，若用总敏感性指标 $S_1^{\text{tot}}$ 和 $S_3^{\text{tot}}$ 来评价单个变量的重要性是不合理的。表 3-4 列出了新的敏感性指标和总敏感性指标的比较。为了清楚地对比两种敏感性指标之间的差异，第三行显示了使用式(3-16)获得的总敏感性指标的归一化结果，分别为 0.448、0.356、0.196，根据第四行的 DGSM 指标，变量的重要性占比分别为 18.04%、56.65%、25.32%，第五行显示采用新敏感性指标，其值分别为 0.401、0.442、0.157。数据表明，交互效应对总敏感性指标的贡献较大，根据新敏感性指标的计算结果，可以对影响变量的重要性排序进行正确量化，即 $x_2 > x_1 > x_3$，这与基于 Sobol 敏感性测度的重要排序 $x_1 > x_2 > x_3$ 不同，也不同于基于 DGSM 的排序 $x_2 > x_3 > x_1$。因此，所提敏感性分析方法可以有效地分解变量交互作用，并结合偏导积分准确地评估变量的重要性。Sobol 总敏感性指标、DGSM 敏感性指标和新敏感性指标的对比结果，如图 3-2 所示。此外，计算结果还表明，本例中不同分析方法在 95%置信水平下，其扰动影响几乎相同。

**表 3-3　数值算例Ⅱ中敏感性指标和相应的敏感性权重因子**

| 阶数 | Sobol 函数 | 敏感性指标 | 变量 | 偏导数 | 敏感性权重因子 |
|---|---|---|---|---|---|
| 一阶 | $f_1 = 2.948\sin x_1$ | $S_1 = 0.314$ | $x_1$ | $2.948\cos x_1$ | — |
| | $f_2 = 7.0\sin^2 x_2 - 3.5$ | $S_2 = 0.442$ | $x_2$ | $7.0\sin(2x_2)$ | — |
| | $f_3 = 0$ | $S_3 = 0.000$ | $x_3$ | — | — |
| 二阶 | $f_{12} = 0$ | $S_{12} = 0.000$ | $x_1$ | — | — |
| | | | $x_2$ | — | — |
| | $f_{13} = 0.1x_3^4\sin x_1 - 1.948\sin x_1$ | $S_{13} = 0.244$ | $x_1$ | $0.1x_3^4\cos x_1 - 1.948\cos x_1$ | $k_{13}^1 = 0.357$ |
| | | | $x_3$ | $0.4x_3^3\sin x_1$ | $k_{13}^3 = 0.643$ |
| | $f_{23} = 0$ | $S_{23} = 0.000$ | $x_2$ | — | — |
| | | | $x_3$ | — | — |

**表 3-4　数值算例Ⅱ中新敏感性指标与传统敏感性指标的比较**

| 变量 | $x_1$ | $x_2$ | $x_3$ | $\sum$ |
|---|---|---|---|---|
| $S_i^{\text{tot}}$ | 0.558 | 0.442 | 0.244 | 1.244 |
| $\text{NR}_i$ | 0.448 | 0.356 | 0.196 | 1.000 |
| $\text{DGSM}_i$ | 0.057 | 0.179 | 0.080 | 0.316 |
| $\text{NS}_i$ | 0.401 | 0.442 | 0.157 | 1.000 |

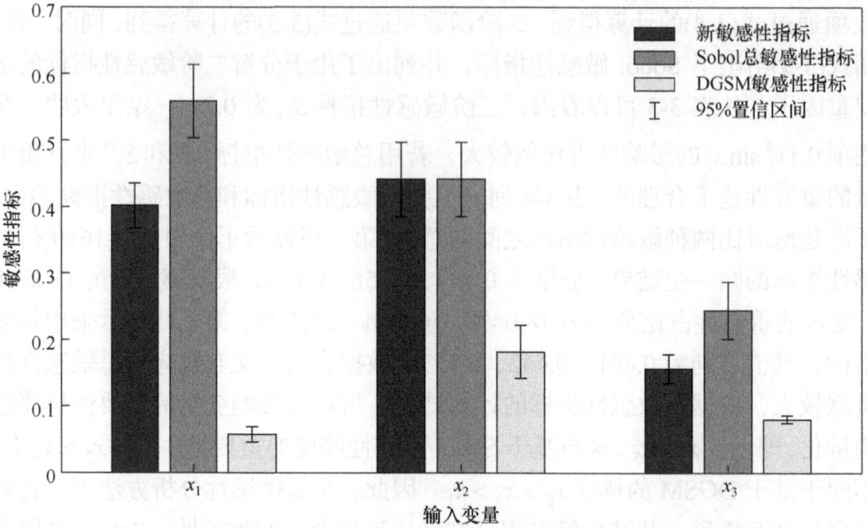


图 3-2 数值算例Ⅱ的传统敏感性指标和新敏感性指标结果对比

3. 数值算例Ⅲ

为了证明所提方法对复杂函数的求解能力和分解高阶敏感性指标的优越性，本节构造了如下高维高阶函数 $f(\boldsymbol{x})$：

$$f(\boldsymbol{x})=\sum_{i=1}^{N}a_i x_i^4+\sum_{i=1}^{N-1}\sum_{j=i+1}^{N}b_{ij}x_i^m x_j^n+\sum_{i=1}^{N-2}\sum_{j=i+1}^{N-1}\sum_{k=j+1}^{N}c_{ijk}x_i^{\alpha}x_j^{\beta}x_k^{\gamma} \\ +d\left(x_{11}^4+x_{12}^7+x_{11}x_{12}+x_{12}^7x_{13}+x_{11}^7x_{14}+x_{11}x_{14}x_{15}^6\right)+10 \tag{3-30}$$

其中，

$x_i\in\left[x_i^{\mathrm{L}},x_i^{\mathrm{U}}\right]$, $\xi$=0.05, $a_i=i$, $a_2=a_3=a_6=a_9=0$

$b_{ij}=10^{(4/j)}\cdot(-1)^i$, $c_{ijk}=\left(i^3-5j^2\right)(-1)^k/k$, $m=6$, $n=2$

$\alpha_i=1$, $\beta_i=5$, $\gamma_i=3$, $\alpha_{i=2,6,8}=6$, $\beta_{i=2,6,8}=2$, $\gamma_{i=2,6,8}=1$, $N=10$, $d=100$

$\xi$ 表示置信水平；$x_i^{\mathrm{U}}=2$ 和 $x_i^{\mathrm{L}}=-2$ 分别表示变量的上、下限。

在本例中，高维函数包括一阶函数项、二阶和三阶相互作用项。通过使用式(3-3)～式(3-5)，可以得到高维高阶函数 $f(\boldsymbol{x})$ 的所有分解函数项，从而计算了三种类型的敏感性指标。为了直观地比较它们之间的差异，绘制了直方图，如图 3-3 所示，表示 Sobol 总敏感性指标的条形图表明，变量 $x_1$、$x_2$ 和 $x_9$～$x_{14}$ 对 $f(\boldsymbol{x})$ 的影响较大，其他变量对 $f(\boldsymbol{x})$ 的影响很弱；表示 DGSM 敏感性指标的条形图表明，变量 $x_1$、$x_2$、$x_{11}$ 和 $x_{12}$ 的影响显著，其他变量的影响可以忽略；表示新敏感性指标的条形图表明，变量 $x_1$、$x_2$ 和 $x_{10}$～$x_{12}$ 的影响较大，其他变量的影响很弱。

根据以上描述，使用三种敏感性指标度量影响变量的重要排序差别较大。

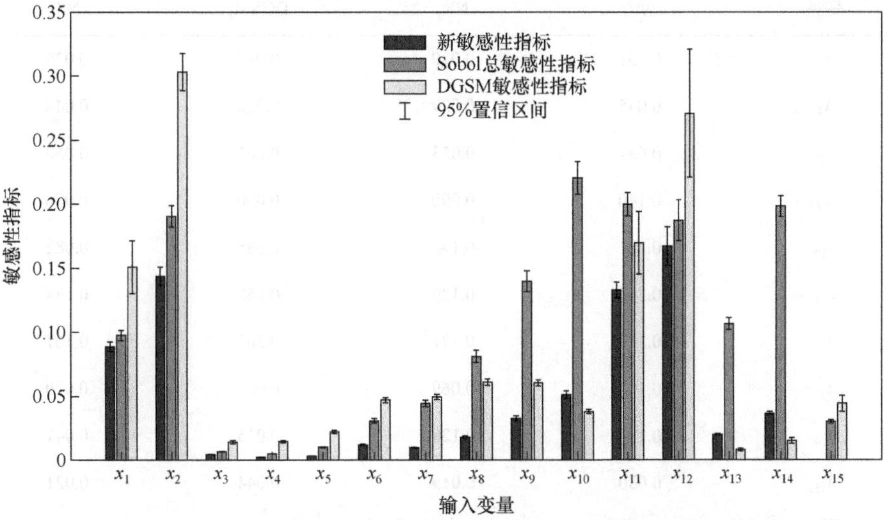


图 3-3　数值算例Ⅲ的传统敏感性指标和新敏感性指标的结果对比

表 3-5 中清楚地列出了三种类型的敏感性指标的计算结果。该结果再次表明，交互项对变量的重要性有显著影响，需要进一步分解，同时，通过鲁棒性分析，再次表明 DGSM 的稳定性比其他敏感性分析方法差。计算结果表明，该敏感性分析方法不仅能准确地量化单个变量的重要性排序，而且能识别哪些变量是重要的或不重要的。此外，还表明该方法具有较好的稳定性。根据以上三个算例，用该方法计算影响变量的敏感性比传统的 Sobol 敏感性分析方法更准确，然而，为了提高传统方法的精度，它或多或少地增加了一些计算成本。为了客观地描述所提敏感性分析方法的计算负担，在表 3-6 中对上述三个数值算例的耗时进行了比较(表中数据是指 MATLAB 平台中 CPU 计算时间)。结果表明，该方法的计算效率没有优势。事实上，全局敏感性分析的维度灾难问题非常突出，在后续研究中，将重点针对敏感性分析的计算效率开展研究工作。

**表 3-5　数值算例Ⅲ中传统敏感性指标和新敏感性指标的数值对比**

| 变量 | $S_i^{tot}$ | $NR_i$ | $DGSM_i$ | $NS_i$ |
|---|---|---|---|---|
| $x_1$ | 0.098 | 0.063 | 0.150 | 0.103 |
| $x_2$ | 0.191 | 0.123 | 0.303 | 0.162 |
| $x_3$ | 0.007 | 0.004 | 0.014 | 0.017 |
| $x_4$ | 0.005 | 0.003 | 0.015 | 0.015 |
| $x_5$ | 0.010 | 0.007 | 0.022 | 0.019 |

续表

| 变量 | $S_i^{tot}$ | $NR_i$ | $DGSM_i$ | $NS_i$ |
|---|---|---|---|---|
| $x_6$ | 0.031 | 0.020 | 0.047 | 0.036 |
| $x_7$ | 0.045 | 0.029 | 0.050 | 0.044 |
| $x_8$ | 0.081 | 0.053 | 0.061 | 0.060 |
| $x_9$ | 0.140 | 0.090 | 0.060 | 0.076 |
| $x_{10}$ | 0.221 | 0.143 | 0.038 | 0.082 |
| $x_{11}$ | 0.200 | 0.129 | 0.168 | 0.138 |
| $x_{12}$ | 0.187 | 0.121 | 0.267 | 0.167 |
| $x_{13}$ | 0.107 | 0.069 | 0.008 | 0.020 |
| $x_{14}$ | 0.198 | 0.128 | 0.015 | 0.041 |
| $x_{15}$ | 0.030 | 0.019 | 0.044 | 0.021 |
| $\sum$ | 1.549 | 1.000 | 1.263 | 1.000 |

**表 3-6 数值算例中三种敏感性分析方法耗时的比较(单位：s)**

| 方法 | 数值算例Ⅰ | 数值算例Ⅱ | 数值算例Ⅲ |
|---|---|---|---|
| DGSM | 1.4098 | 21.7954 | 90.1913 |
| Sobol 敏感性分析方法 | 1.9341 | 24.2270 | 366.5812 |
| 所提方法 | 3.0260 | 26.2397 | 637.3711 |

### 3.2.2 基于蒙特卡罗模拟的全局敏感性近似求解

3.2.1 节用新的敏感性指标来准确评估单个变量的重要性，然而，对于涉及多维积分的函数和许多黑箱问题，如果没有显式表达式，很难得到敏感性指标的解析解，通常，蒙特卡罗模拟方法可以处理敏感性分析的求解问题[20-22]。因此，本节采用蒙特卡罗模拟方法来计算新敏感性指标的近似解，其详细的推导和验证介绍如下。给定足够大的样本数量 $N$，函数 $f(\boldsymbol{x})$ 的期望值和方差可近似如下：

$$\hat{f}_0 = \frac{1}{N}\sum_{m=1}^{N} f(x_m) \tag{3-31}$$

$$\hat{D} = \frac{1}{N}\sum_{m=1}^{N} f^2(x_m) - \hat{f}_0 \tag{3-32}$$

式中，$x_m \in \mathbf{R}^n$ 是一个随机采样点，偏方差 $D_i$ 可以近似表示为

$$\begin{cases}\hat{D}_i=\dfrac{1}{N}\sum\limits_{m=1}^{N}f\left(\boldsymbol{u}_m^{n-1},x_{im}\right)f\left(\boldsymbol{v}_m^{n-1},x_{im}\right)-\hat{f}_0^2\\ \hat{D}_{ij}=\dfrac{1}{N}\sum\limits_{m=1}^{N}f\left(\boldsymbol{u}_m^{n-2},x_{mi},x_{mj}\right)f\left(\boldsymbol{v}_m^{n-2},x_{mi},x_{mj}\right)-\sum\limits_{h=i}^{j}\hat{D}_h-\hat{f}_0^2\end{cases} \tag{3-33}$$

式中，$\boldsymbol{u}_m^{n-1}$ 和 $\boldsymbol{v}_m^{n-1}$ 是变量 $\boldsymbol{x}$ 的样本矩阵但不考虑 $x_i$ 的样本数据；$\boldsymbol{u}_m^{n-2}$ 和 $\boldsymbol{v}_m^{n-2}$ 是变量 $\boldsymbol{x}$ 的样本矩阵但不考虑 $x_i$ 和 $x_j$ 的样本数据。

式(3-33)表示 $\hat{D}_i$ 可由两个函数值乘积之和计算得出：一个函数对所有变量进行采样，另一个函数对除变量 $x_i$ 外的所有变量进行重新采样，可近似计算如下：

$$\hat{D}_{i_1\cdots i_s}=\frac{1}{N}\sum_{m=1}^{N}f\left(\boldsymbol{u}_m^{n-s},\boldsymbol{x}_m\right)f\left(\boldsymbol{v}_m^{n-s},\boldsymbol{x}_m\right)-\sum_{s=1}^{n}\sum_{i_1<\cdots<i_{s-1}}\hat{D}_{i_1\cdots i_{s-1}}-\hat{f}_0^2 \tag{3-34}$$

式中，$\boldsymbol{x}_m$ 是包含变量 $x_{i_1},x_{i_2},\cdots,x_{i_s}$ 的样本矩阵。将式(3-9)中敏感性指标的计算公式改写如下：

$$\hat{S}_{i_1\cdots i_s}=\frac{\hat{D}_{i_1\cdots i_s}}{\hat{D}} \tag{3-35}$$

在计算高阶敏感性指标的敏感性权重因子时，求高阶函数的偏导数是关键，然而，对于没有显式表达式的“黑箱”问题，偏微分方程的解析解很难获取，通常蒙特卡罗模拟方法被采用以获取其近似解。在给定微小变化 $\varDelta$ 的情况下，高阶函数项的偏导数可近似表示为

$$\hat{F}_{i_1\cdots i_s}^{i_h}=\frac{\hat{f}_{i_1\cdots i_s}\left(x_{i_1},\cdots,x_{i_h}+\varDelta,\cdots,x_{i_s}\right)-\hat{f}_{i_1\cdots i_s}\left(x_{i_1},\cdots,x_{i_h},\cdots,x_{i_s}\right)}{\varDelta} \tag{3-36}$$

式中，$\hat{f}_{i_1\cdots i_s}\left(x_{i_1},\cdots,x_{i_h},\cdots,x_{i_s}\right)$ 和 $\hat{f}_{i_1\cdots i_s}\left(x_{i_1},\cdots,x_{i_h}+\varDelta,\cdots,x_{i_s}\right)$ 分别表示如下：

$$\begin{aligned}\hat{f}_{i_1\cdots i_s}\left(x_{i_1},\cdots,x_{i_h},\cdots,x_{i_s}\right)=&-\sum_{s=1}^{n}\sum_{i_1<\cdots<i_{s-1}}\hat{f}_{i_1\cdots i_{s-1}}\left(x_{i_1},\cdots,x_{i_h},\cdots,x_{i_s}\right)-\frac{\hat{f}_0}{N}\\&+\sqrt{f_{i_1\cdots i_s}\left(\boldsymbol{u}_m^{n-s},x_{mi_1},\cdots,x_{i_h},\cdots,x_{mi_s}\right)f_{i_1\cdots i_s}\left(\boldsymbol{v}_m^{n-s},x_{mi_1},\cdots,x_{i_h},\cdots,x_{mi_s}\right)}\\ \hat{f}_{i_1\cdots i_s}\left(x_{i_1},\cdots,x_{i_h}+\varDelta,\cdots,x_{i_s}\right)=&-\sum_{s=1}^{n}\sum_{i_1<\cdots<i_{s-1}}\hat{f}_{i_1\cdots i_{s-1}}\left(x_{i_1},\cdots,x_{i_h}+\varDelta,\cdots,x_{i_s}\right)-\frac{\hat{f}_0}{N}\\&+\sqrt{f_{i_1\cdots i_s}\left(\boldsymbol{u}_m^{n-s},x_{mi_1},\cdots,x_{i_h}+\varDelta,\cdots,x_{mi_s}\right)f_{i_1\cdots i_s}\left(\boldsymbol{v}_m^{n-s},x_{mi_1},\cdots,x_{i_h}+\varDelta,\cdots,x_{mi_s}\right)}\end{aligned} \tag{3-37}$$

因而，式(3-17)可以表示为

$$\hat{M}_{i_1\cdots i_s}^{i_h}=\frac{1}{N}\sum_{m=1}^{N}\left(\hat{F}_{i_1\cdots i_s}^{i_h}\right)^2 \tag{3-38}$$

高阶敏感性指标变量的敏感性权重因子近似计算如下：

$$\hat{k}_{i_1\cdots i_s}^{i_h}=\frac{\sqrt{\hat{M}_{i_1\cdots i_s}^{i_h}}}{\sum_{i_r=i_1\cdots i_s}\sqrt{\hat{M}_{i_1\cdots i_s}^{i_r}}} \tag{3-39}$$

新敏感性指标的近似解可以由式(3-40)计算得到

$$\hat{S}_{i_1\cdots i_s}^{i_h}=\hat{S}_{i_1\cdots i_s}\cdot\hat{k}_{i_1\cdots i_s}^{i_h} \tag{3-40}$$

同样，对于只包含一阶和二阶敏感性指标的情况，取敏感性指标矩阵的对角元素 $\hat{\boldsymbol{S}}$，即

$$\left[\hat{\mathrm{NS}}_1,\hat{\mathrm{NS}}_2,\cdots,\hat{\mathrm{NS}}_n\right]=\mathrm{diag}(\hat{\boldsymbol{S}}) \tag{3-41}$$

式中，

$$\hat{\boldsymbol{S}}=\begin{bmatrix}\hat{S}_1 & \hat{S}_{12} & \cdots & \hat{S}_{1n}\\ \hat{S}_{12} & \hat{S}_2 & \cdots & \hat{S}_{2n}\\ \vdots & \vdots & & \vdots\\ \hat{S}_{1n} & \hat{S}_{2n} & \cdots & \hat{S}_n\end{bmatrix}\cdot\begin{bmatrix}\hat{k}_{11}^1 & \hat{k}_{12}^2 & \cdots & \hat{k}_{1n}^n\\ \hat{k}_{12}^1 & \hat{k}_{22}^2 & \cdots & \hat{k}_{2n}^n\\ \vdots & \vdots & & \vdots\\ \hat{k}_{1n}^1 & \hat{k}_{2n}^2 & \cdots & \hat{k}_{nn}^n\end{bmatrix} \tag{3-42}$$

1. 数值算例Ⅰ

为了验证近似敏感性指标的准确性,采用敏感性分析中常用的一个经典算例,其函数形式如下所示：

$$f(\boldsymbol{x})=\sum_{i=1}^{4}c_i\left(x_i-\frac{1}{2}\right)+c_{12}\left(x_1-\frac{1}{2}\right)\left(x_2-\frac{1}{2}\right)^5,\quad c_i=1,c_{12}=50,\boldsymbol{x}\in[0,1] \tag{3-43}$$

首先，分别采用 Sobol 敏感性分析方法和 3.2.1 节所提基于方差分解和偏导积分的全局敏感性分析方法获取变量敏感性指标的解析解，然后，采用本节所提基于蒙特卡罗模拟的全局敏感性近似求解方法获取两种解析解的近似解，计算结果如图 3-4 所示，结果表明通过蒙特卡罗近似求解方法得到的敏感性指标近似解与两种方法得到的解析解高度相似。通过该数值算例验证了所提蒙特卡罗近似求解方法的正确性和有效性。

2. 数值算例Ⅱ

为了进一步研究变量间交互作用的影响和蒙特卡罗近似解的可行性，考虑一个多项式函数，其表达式如下所示：

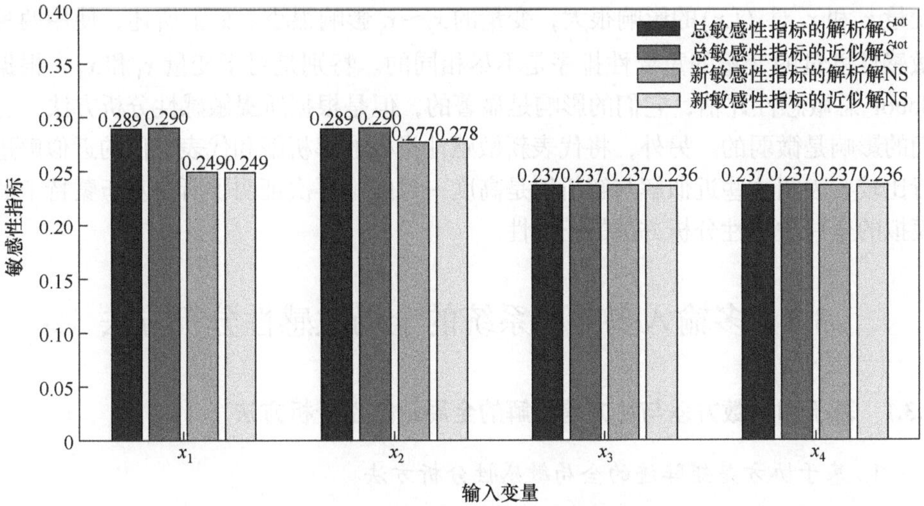


图 3-4　数值算例 I 中敏感性指标的解析解与近似解

$$f(\boldsymbol{x}) = x_1^4 + x_2^7 + x_1x_2 + x_2^7x_3 + x_1^7x_4 + x_4x_5^6,\quad x_1, x_2, x_3, x_4, x_5 \in [-2, 2] \tag{3-44}$$

在该数值算例中，二阶交互作用项 $x_2^7x_3$ 和 $x_1^7x_4$ 对输出响应 $f(\boldsymbol{x})$ 有显著影响。如果交互作用项不能适当分解，敏感性分析结果可能不准确，从而无法评估单个变量的影响，利用本章提出的敏感性指标重构方法，可以有效地分解多项式函数的交互作用。图 3-5 更加清晰地比较它们的差异，Sobol 总敏感性指标解析解中变量 $x_1$～$x_4$ 的影响对结果很重要，变量 $x_5$ 对结果影响很弱。新敏感性指标解析解中

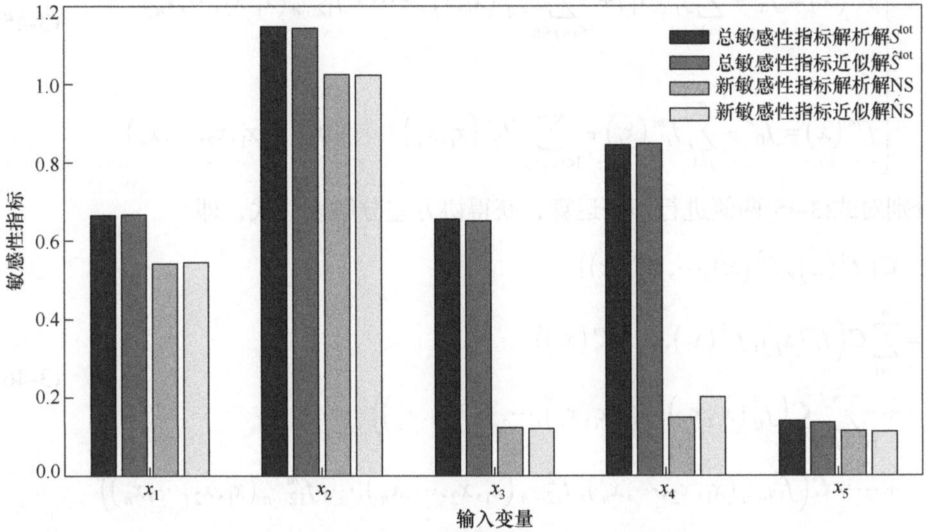


图 3-5　数值算例 II 中敏感性指标的解析解与近似解

变量 $x_1$ 和 $x_2$ 对 $f(\boldsymbol{x})$ 的影响很大，变量的 $x_3$～$x_5$ 影响很小。如上所述，使用两种敏感性度量的变量的重要性排序是不尽相同的。特别是对于变量 $x_3$ 和 $x_4$，根据 Sobol 总敏感性评估，它们的影响是显著的，但是根据所提敏感性分析方法，它们的影响是微弱的。另外，将代表新敏感性指标的解析解和代表它们的近似解进行比较，表明这些近似解与解析解是高度一致的，再次证明了所提基于蒙特卡罗模拟的全局敏感性分析方法的正确性。

## 3.3 多输入多输出系统的全局敏感性分析方法

### 3.3.1 基于和函数方差与协方差分解的全局敏感性分析方法

1. 基于协方差矩阵迹的全局敏感性分析方法

Sobol 敏感性分析方法只适用于评估多输入单输出(multi-input single-output, MISO)系统中影响变量的重要性，其并不适合多输入多输出系统的敏感性分析，因此发展一种综合敏感性分析方法来直接量化多输入变量对多输出响应的影响是至关重要的。2013 年，Gamboa 等[23]通过计算协方差矩阵的迹定义了多输入多输出的敏感性指标，几个重要的表达式被列出如下：

$$\begin{cases} f^1(\boldsymbol{x})=f_0^1+\sum\limits_{i=1}^{n}f_i^1(x_i)+\sum\limits_{1\leqslant i<j\leqslant n}f_{ij}^1(x_i,x_j)+\cdots+f_{12\cdots n}^1(x_1,x_2,\cdots,x_n) \\ f^2(\boldsymbol{x})=f_0^2+\sum\limits_{i=1}^{n}f_i^2(x_i)+\sum\limits_{1\leqslant i<j\leqslant n}f_{ij}^2(x_i,x_j)+\cdots+f_{12\cdots n}^2(x_1,x_2,\cdots,x_n) \\ \vdots \\ f^m(\boldsymbol{x})=f_0^m+\sum\limits_{i=1}^{n}f_i^m(x_i)+\sum\limits_{1\leqslant i<j\leqslant n}f_{ij}^m(x_i,x_j)+\cdots+f_{12\cdots n}^m(x_1,x_2,\cdots,x_n) \end{cases} \tag{3-45}$$

分别对式(3-45)两侧进行积分运算，获得协方差分解表达式，即

$$\begin{aligned} &\boldsymbol{C}\left(f^1(\boldsymbol{x}),f^2(\boldsymbol{x}),\cdots,f^m(\boldsymbol{x})\right) \\ &=\sum_{i=1}^{n}\boldsymbol{C}\left(f_i^1(x_i),f_i^2(x_i),\cdots,f_i^m(x_i)\right) \\ &\quad+\sum_{1\leqslant i<j\leqslant n}\boldsymbol{C}\left(f_{ij}^1(x_i,x_j),f_{ij}^2(x_i,x_j),\cdots,f_{ij}^m(x_i,x_j)\right) \\ &\quad+\cdots+\boldsymbol{C}\left(f_{12\cdots n}^1(x_1,x_2,\cdots,x_n),f_{12\cdots n}^2(x_1,x_2,\cdots,x_n),\cdots,f_{12\cdots n}^m(x_1,x_2,\cdots,x_n)\right) \end{aligned} \tag{3-46}$$

式(3-47)是对式(3-46)进行展开表示：

$$
\begin{bmatrix}
D_{f^1(\boldsymbol{x})} & C_{f^1(\boldsymbol{x}),f^2(\boldsymbol{x})} & \cdots & C_{f^1(\boldsymbol{x}),f^m(\boldsymbol{x})} \\
C_{f^2(\boldsymbol{x}),f^1(\boldsymbol{x})} & D_{f^2(\boldsymbol{x})} & \cdots & C_{f^2(\boldsymbol{x}),f^m(\boldsymbol{x})} \\
\vdots & \vdots & & \vdots \\
C_{f^m(\boldsymbol{x}),f^1(\boldsymbol{x})} & C_{f^m(\boldsymbol{x}),f^2(\boldsymbol{x})} & \cdots & D_{f^m(\boldsymbol{x})}
\end{bmatrix}
$$

$$
=\sum_{i=1}^{n}\begin{bmatrix}
D_{f_i^1(x_i)} & C_{f_i^1(x_i),f_i^2(x_i)} & \cdots & C_{f_i^1(x_i),f_i^m(x_i)} \\
C_{f_i^2(x_i),f_i^1(x_i)} & D_{f_i^2(x_i)} & \cdots & C_{f_i^2(x_i),f_i^m(x_i)} \\
\vdots & \vdots & & \vdots \\
C_{f_i^m(x_i),f_i^1(x_i)} & C_{f_i^m(x_i),f_i^2(x_i)} & \cdots & D_{f_i^m(x_i)}
\end{bmatrix}
$$

$$
+\sum_{1\leqslant i<j\leqslant n}\begin{bmatrix}
D_{f_{ij}^1(x_i,x_j)} & C_{f_{ij}^1(x_i,x_j),f_{ij}^2(x_i,x_j)} & \cdots & C_{f_{ij}^1(x_i,x_j),f_{ij}^m(x_i,x_j)} \\
C_{f_{ij}^2(x_i,x_j),f_{ij}^1(x_i,x_j)} & D_{f_{ij}^2(x_i,x_j)} & \cdots & C_{f_{ij}^2(x_i,x_j),f_{ij}^m(x_i,x_j)} \\
\vdots & \vdots & & \vdots \\
C_{f_{ij}^m(x_i,x_j),f_{ij}^1(x_i,x_j)} & C_{f_{ij}^m(x_i,x_j),f_{ij}^2(x_i,x_j)} & \cdots & D_{f_{ij}^m(x_i,x_j)}
\end{bmatrix}+\cdots
$$

$$
+\begin{bmatrix}
D_{f_{12\cdots n}^1(x_1,x_2,\cdots,x_n)} & C_{f_{12\cdots n}^1(x_1,x_2,\cdots,x_n),f_{12\cdots n}^2(x_1,x_2,\cdots,x_n)} & \cdots & C_{f_{12\cdots n}^1(x_1,x_2,\cdots,x_n),f_{12\cdots n}^m(x_1,x_2,\cdots,x_n)} \\
C_{f_{12\cdots n}^2(x_1,x_2,\cdots,x_n),f_{12\cdots n}^1(x_1,x_2,\cdots,x_n)} & D_{f_{12\cdots n}^2(x_1,x_2,\cdots,x_n)} & \cdots & C_{f_{12\cdots n}^2(x_1,x_2,\cdots,x_n),f_{12\cdots n}^m(x_1,x_2,\cdots,x_n)} \\
\vdots & \vdots & & \vdots \\
C_{f_{12\cdots n}^m(x_1,x_2,\cdots,x_n),f_{12\cdots n}^1(x_1,x_2,\cdots,x_n)} & C_{f_{12\cdots n}^m(x_1,x_2,\cdots,x_n),f_{12\cdots n}^2(x_1,x_2,\cdots,x_n)} & \cdots & D_{f_{12\cdots n}^m(x_1,x_2,\cdots,x_n)}
\end{bmatrix}
\tag{3-47}
$$

式(3-46)中所有协方差矩阵的迹可表示为

$$
\begin{aligned}
&\operatorname{Tr}\left[\boldsymbol{C}\left(f^1(\boldsymbol{x}),f^2(\boldsymbol{x}),\cdots,f^m(\boldsymbol{x})\right)\right] \\
&=\operatorname{Tr}\left[\sum_{i=1}^{n}\boldsymbol{C}\left(f_i^1(x_i),f_i^2(x_i),\cdots,f_i^m(x_i)\right)\right] \\
&\quad+\operatorname{Tr}\left[\sum_{1\leqslant i<j\leqslant n}\boldsymbol{C}\left(f_{ij}^1(x_i,x_j),f_{ij}^2(x_i,x_j),\cdots,f_{ij}^m(x_i,x_j)\right)\right]+\cdots \\
&\quad+\operatorname{Tr}\left[\boldsymbol{C}\left(f_{12\cdots n}^1(x_1,x_2,\cdots,x_n),f_{12\cdots n}^2(x_1,x_2,\cdots,x_n),\cdots,f_{12\cdots n}^m(x_1,x_2,\cdots,x_n)\right)\right]
\end{aligned}
\tag{3-48}
$$

也可以写成

$$
\sum_{r=1}^{m}D_{f^r(x)}=\sum_{r=1}^{m}\sum_{i=1}^{n}D_{f_i^r(x_i)}+\sum_{r=1}^{m}\sum_{1\leqslant i<j\leqslant n}D_{f_{ij}^r(x_i,x_j)}+\cdots+\sum_{r=1}^{m}D_{f_{12\cdots n}^r(x_1,x_2,\cdots,x_n)} \tag{3-49}
$$

因此，每个函数子项的敏感性指标可以定义如下：

$$\mathrm{MS}_{i_1\cdots i_s}=\frac{\mathrm{Tr}\left[\boldsymbol{C}_{i_1\cdots i_s}\right]}{\mathrm{Tr}\left[\boldsymbol{C}\right]}=\frac{\sum_{r=1}^{m}D_{f^r\left(x_{i_1},x_{i_2},\cdots,x_{i_s}\right)}}{\sum_{r=1}^{m}D_{f^r(\boldsymbol{x})}},\quad 1\leqslant i_1<i_2<\cdots<i_s\leqslant n \tag{3-50}$$

参考式(3-9)和式(3-11)，输入变量的总指标计算如下：

$$\mathrm{MS}_i^{\mathrm{tot}}=1-\mathrm{MS}_{\sim i} \tag{3-51}$$

式中，$\mathrm{MS}_{\sim i}$表示不考虑变量$x_{\sim i}$影响的所有敏感性指标的总和。基于 TCM 方法考虑了方差的影响，但忽略了输出响应之间协方差的影响，如式(3-50)所示，这使得该方法的分析结果不准确，限制了其应用。因此，本节发展了一种基于和函数方差与协方差分解的全局敏感性分析(variance and covariance decomposition-global sensitivity analysis，VCD-GSA)方法，并建立一个通用的框架，使得多输入变量对多输出响应的影响能被准确地量化。

2. 独立条件下关于均匀分布的敏感性分析

变量的相关性和分布类型通常对敏感性分析的结果有显著影响。与 Sobol 敏感性评估类似，首先，在特殊条件下开展多输入多输出全局敏感性分析方法研究，即变量在单位空间中是独立且均匀分布的，对于某多输入多输出系统，其数学描述为

$$\boldsymbol{y}=[f^1(\boldsymbol{x}),f^2(\boldsymbol{x}),\cdots,f^m(\boldsymbol{x})],\qquad \boldsymbol{x}\in[0,1] \tag{3-52}$$

通过对任意两个输出响应求和与作差构造一组和函数：

$$\begin{cases}G^{k,l}(\boldsymbol{x})=f^k(\boldsymbol{x})+f^l(\boldsymbol{x})\\H^{k,l}(\boldsymbol{x})=f^k(\boldsymbol{x})-f^l(\boldsymbol{x})\end{cases},\quad 1\leqslant k,l\leqslant m \tag{3-53}$$

对于$n$个输入和$m$个输出的系统，有$\dfrac{m(m-1)}{2}$组求和函数。参照式(3-1)，和函数的 HDMR 可以被获得

$$\begin{cases}G^{k,l}(\boldsymbol{x})=G_0^{k,l}+\sum\limits_{i=1}^{n}G_i^{k,l}(x_i)+\sum\limits_{1\leqslant i<j\leqslant n}^{n}G_{ij}^{k,l}(x_i,x_j)+\cdots+G_{12\cdots n}^{k,l}(x_1,x_2,\cdots,x_n)\\H^{k,l}(\boldsymbol{x})=H_0^{k,l}+\sum\limits_{i=1}^{n}H_i^{k,l}(x_i)+\sum\limits_{1\leqslant i<j\leqslant n}^{n}H_{ij}^{k,l}(x_i,x_j)+\cdots+H_{12\cdots n}^{k,l}(x_1,x_2,\cdots,x_n)\end{cases} \tag{3-54}$$

其中，$G^{k,l}(\boldsymbol{x})$和$H^{k,l}(\boldsymbol{x})$上的所有函数子项都是通过以下积分公式获得的：

$$\begin{cases} G_0^{k,l} = \int G^{k,l}(\boldsymbol{x})\mathrm{d}\boldsymbol{x} \\ G_i^{k,l}(x_i) = -G_0^{k,l} + \int G^{k,l}(\boldsymbol{x})\prod_{k\neq i}\mathrm{d}x_k \\ G_{ij}^{k,l}(x_i,x_j) = -G_0^{k,l} - G_i^{k,l}(x_i) - G_j^{k,l}(x_i) + \int G^{k,l}(\boldsymbol{x})\prod_{k\neq i,j}\mathrm{d}x_k \\ \vdots \end{cases} \tag{3-55}$$

$$\begin{cases} H_0^{k,l} = \int H^{k,l}(\boldsymbol{x})\mathrm{d}\boldsymbol{x} \\ H_i^{k,l}(x_i) = -H_0^{k,l} + \int H^{k,l}(\boldsymbol{x})\prod_{k\neq i}\mathrm{d}x_k \\ H_{ij}^{k,l}(x_i,x_j) = -H_0^{k,l} - H_i^{k,l}(x_i) - H_j^{k,l}(x_i) + \int H^{k,l}(\boldsymbol{x})\prod_{k\neq i,j}\mathrm{d}x_k \\ \vdots \end{cases} \tag{3-56}$$

值得注意的是，和函数的任何函数子项对其变量的积分为零，即

$$\begin{cases} \int G_{i_1 i_2\cdots i_s}^{k,l}(x_{i_1},x_{i_2},\cdots,x_{i_s})\mathrm{d}x_u = 0, \quad 1\leqslant i_1 < i_2 < \cdots < i_s \leqslant n \\ \int H_{i_1 i_2\cdots i_s}^{k,l}(x_{i_1},x_{i_2},\cdots,x_{i_s})\mathrm{d}x_u = 0, \quad 1\leqslant i_1 < i_2 < \cdots < i_s \leqslant n \end{cases} \tag{3-57}$$

式(3-53)中输出响应可以被表示为

$$\begin{cases} f^k(\boldsymbol{x}) = \dfrac{G^{k,l}(\boldsymbol{x}) + H^{k,l}(\boldsymbol{x})}{2} \\ f^l(\boldsymbol{x}) = \dfrac{G^{k,l}(\boldsymbol{x}) - H^{k,l}(\boldsymbol{x})}{2} \end{cases} \tag{3-58}$$

其中，$f^k(x)$和$f^l(x)$的期望分别表示为

$$\begin{cases} f_0^k = \int f^k(\boldsymbol{x})\mathrm{d}\boldsymbol{x} = \int \dfrac{G^{k,l}(\boldsymbol{x}) + H^{k,l}(\boldsymbol{x})}{2}\mathrm{d}\boldsymbol{x} = \dfrac{G_0^{k,l} + H_0^{k,l}}{2} \\ f_0^l = \int f^l(\boldsymbol{x})\mathrm{d}\boldsymbol{x} = \int \dfrac{G^{k,l}(\boldsymbol{x}) - H^{k,l}(\boldsymbol{x})}{2}\mathrm{d}\boldsymbol{x} = \dfrac{G_0^{k,l} - H_0^{k,l}}{2} \end{cases} \tag{3-59}$$

$f^k(\boldsymbol{x})$和$f^l(\boldsymbol{x})$的方差之和计算可得

$$D_{f^k(\boldsymbol{x})} + D_{f^l(\boldsymbol{x})} = \frac{1}{2}\left(D_{G^{k,l}(\boldsymbol{x})} + D_{H^{k,l}(\boldsymbol{x})}\right) \tag{3-60}$$

关于$f^k(\boldsymbol{x})$和$f^l(\boldsymbol{x})$的方差之和证明如下所示：

$$
\begin{aligned}
& D_{f^k(\boldsymbol{x})}+D_{f^l(\boldsymbol{x})} \\
&=\int\left(f^k(\boldsymbol{x})-f_0^k\right)^2 \mathrm{d}\boldsymbol{x}+\int\left(f^l(\boldsymbol{x})-f_0^l\right)^2 \mathrm{d}\boldsymbol{x} \\
&=\int\left(\frac{G^{k,l}(\boldsymbol{x})+H^{k,l}(\boldsymbol{x})}{2}-\frac{G_0^{k,l}+H_0^{k,l}}{2}\right)^2 \mathrm{d}\boldsymbol{x}+\int\left(\frac{G^{k,l}(\boldsymbol{x})-H^{k,l}(\boldsymbol{x})}{2}-\frac{G_0^{k,l}-H_0^{k,l}}{2}\right)^2 \mathrm{d}\boldsymbol{x} \\
&=\int\left[\frac{1}{2}\left(G^{k,l}(\boldsymbol{x})-G_0^{k,l}\right)+\frac{1}{2}\left(H^{k,l}(\boldsymbol{x})-H_0^{k,l}\right)\right]^2 \mathrm{d}\boldsymbol{x}+\int\left[\frac{1}{2}\left(G^{k,l}(\boldsymbol{x})-G_0^{k,l}\right)\right. \\
&\qquad\left.-\frac{1}{2}\left(H^{k,l}(\boldsymbol{x})-H_0^{k,l}\right)\right]^2 \mathrm{d}\boldsymbol{x} \\
&=\int\left[\frac{1}{4}\left(G^{k,l}(\boldsymbol{x})-G_0^{k,l}\right)^2+\frac{1}{4}\left(H^{k,l}(\boldsymbol{x})-H_0^{k,l}\right)^2+\frac{1}{2}\left(G^{k,l}(\boldsymbol{x})-G_0^{k,l}\right)\left(H^{k,l}(\boldsymbol{x})-H_0^{k,l}\right)\right] \mathrm{d}\boldsymbol{x} \\
&\quad+\int\left[\frac{1}{4}\left(G^{k,l}(\boldsymbol{x})-G_0^{k,l}\right)^2+\frac{1}{4}\left(H^{k,l}(\boldsymbol{x})-H_0^{k,l}\right)^2-\frac{1}{2}\left(G^{k,l}(\boldsymbol{x})-G_0^{k,l}\right)\left(H^{k,l}(\boldsymbol{x})-H_0^{k,l}\right)\right] \mathrm{d}\boldsymbol{x} \\
&=\frac{1}{2}\left[\int\left(G^{k,l}(\boldsymbol{x})-G_0^{k,l}\right)^2 \mathrm{d}\boldsymbol{x}+\int\left(H^{k,l}(\boldsymbol{x})-H_0^{k,l}\right)^2 \mathrm{d}\boldsymbol{x}\right]=\frac{1}{2}\left(D_{G^{k,l}(\boldsymbol{x})}+D_{H^{k,l}(\boldsymbol{x})}\right)
\end{aligned}
\tag{3-61}
$$

如果任意两个函数子项满足正交条件，那么可以表示为

$$
\begin{cases}
\int G_{i_1 i_2 \cdots i_s}^{k,l}\left(x_{i_1}, x_{i_2}, \cdots, x_{i_s}\right) G_{j_1 j_2 \cdots j_s}^{k,l}\left(x_{j_1}, x_{j_2}, \cdots, x_{j_s}\right) \mathrm{d}\boldsymbol{x}=0 \\
\int H_{i_1 i_2 \cdots i_s}^{k,l}\left(x_{i_1}, x_{i_2}, \cdots, x_{i_s}\right) H_{j_1 j_2 \cdots j_s}^{k,l}\left(x_{j_1}, x_{j_2}, \cdots, x_{j_s}\right) \mathrm{d}\boldsymbol{x}=0
\end{cases}
\tag{3-62}
$$

利用正交性质，可以对 $G^{k,l}(\boldsymbol{x})$ 和 $H^{k,l}(\boldsymbol{x})$ 进行方差分解计算：

$$
\begin{cases}
D_{G^{k,l}(\boldsymbol{x})}=\sum_{i=1}^{n} D_{G_i^{k,l}}+\sum_{1 \leqslant i<j \leqslant n}^{n} D_{G_{ij}^{k,l}}+\cdots+D_{G_{12\cdots n}^{k,l}} \\
D_{H^{k,l}(\boldsymbol{x})}=\sum_{i=1}^{n} D_{H_i^{k,l}}+\sum_{1 \leqslant i<j \leqslant n}^{n} D_{H_{ij}^{k,l}}+\cdots+D_{H_{12\cdots n}^{k,l}}
\end{cases}
\tag{3-63}
$$

通过方差运算便可得到 $f^k(\boldsymbol{x})$ 和 $f^l(\boldsymbol{x})$ 的协方差表达式为

$$
C_{f^k(\boldsymbol{x}), f^l(\boldsymbol{x})}=\frac{1}{4}\left(D_{G^{k,l}(\boldsymbol{x})}-D_{H^{k,l}(\boldsymbol{x})}\right)
\tag{3-64}
$$

其证明如下：

$$
\begin{aligned}
& C_{f^k(\boldsymbol{x}), f^l(\boldsymbol{x})} \\
&=\int\left(f^k(\boldsymbol{x})-f_0^k\right)\left(f^l(\boldsymbol{x})-f_0^l\right) \mathrm{d}\boldsymbol{x}
\end{aligned}
$$

$$
\begin{aligned}
&=\int\left(\frac{G^{k,l}(\boldsymbol{x})+H^{k,l}(\boldsymbol{x})}{2}-\frac{G_0^{k,l}+H_0^{k,l}}{2}\right)\left(\frac{G^{k,l}(\boldsymbol{x})-H^{k,l}(\boldsymbol{x})}{2}-\frac{G_0^{k,l}-H_0^{k,l}}{2}\right)\mathrm{d}\boldsymbol{x}\\
&=\int\left(\frac{G^{k,l}(\boldsymbol{x})-G_0^{k,l}}{2}+\frac{H^{k,l}(\boldsymbol{x})-H_0^{k,l}}{2}\right)\left(\frac{G^{k,l}(\boldsymbol{x})-G_0^{k,l}}{2}-\frac{H^{k,l}(\boldsymbol{x})-H_0^{k,l}}{2}\right)\mathrm{d}\boldsymbol{x}\\
&=\int\left[\frac{1}{4}\left(G^{k,l}(\boldsymbol{x})-G_0^{k,l}\right)^2-\frac{1}{4}\left(H^{k,l}(\boldsymbol{x})-H_0^{k,l}\right)^2\right]\mathrm{d}\boldsymbol{x}\\
&=\frac{1}{4}\left[\int\left(G^{k,l}(\boldsymbol{x})-G_0^{k,l}\right)^2\mathrm{d}\boldsymbol{x}-\int\left(H^{k,l}(\boldsymbol{x})-H_0^{k,l}\right)^2\mathrm{d}\boldsymbol{x}\right]\\
&=\frac{1}{4}\left[D_{G^{k,l}(\boldsymbol{x})}-D_{H^{k,l}(\boldsymbol{x})}\right]
\end{aligned}
\tag{3-65}
$$

计算方差和协方差之和，进而得到 $f^k(\boldsymbol{x})$ 和 $f^l(\boldsymbol{x})$ 的总波动，即

$$
\mathrm{TF}^{k,l}=D_{f^k(\boldsymbol{x})}+D_{f^l(\boldsymbol{x})}+C_{f^k(\boldsymbol{x}),f^l(\boldsymbol{x})}
\tag{3-66}
$$

将式(3-60)、式(3-63)和式(3-64)代入式(3-58)中，可以得到多输入多输出系统总波动分解公式为

$$
\begin{aligned}
\mathrm{TF}^{k,l}&=\frac{3}{4}D_{G^{k,l}(\boldsymbol{x})}+\frac{1}{4}D_{H^{k,l}(\boldsymbol{x})}\\
&=\frac{3}{4}\left(\sum_{i=1}^{n}D_{G_i^{k,l}}+\sum_{1\leqslant i<j\leqslant n}^{n}D_{G_{ij}^{k,l}}+\cdots+D_{G_{12\cdots n}^{k,l}}\right)\\
&\quad+\frac{1}{4}\left(\sum_{i=1}^{n}D_{H_i^{k,l}}+\sum_{1\leqslant i<j\leqslant n}^{n}D_{H_{ij}^{k,l}}+\cdots+D_{H_{12\cdots n}^{k,l}}\right)
\end{aligned}
\tag{3-67}
$$

进一步简化为

$$
\mathrm{TF}^{k,l}=\sum_{i=1}^{n}\mathrm{TD}_i^{k,l}+\sum_{1\leqslant i<j\leqslant n}^{n}\mathrm{TD}_{ij}^{k,l}+\cdots+\mathrm{TD}_{12\cdots n}^{k,l}
\tag{3-68}
$$

式中，

$$
\begin{cases}
\mathrm{TD}_i^{k,l}=\dfrac{3}{4}D_{G_i^{k,l}}+\dfrac{1}{4}D_{H_i^{k,l}}\\
\mathrm{TD}_{ij}^{k,l}=\dfrac{3}{4}D_{G_{ij}^{k,l}}+\dfrac{1}{4}D_{H_{ij}^{k,l}}\\
\quad\vdots\\
\mathrm{TD}_{12\cdots n}^{k,l}=\dfrac{3}{4}D_{G_{12\cdots n}^{k,l}}+\dfrac{1}{4}D_{H_{12\cdots n}^{k,l}}
\end{cases}
\tag{3-69}
$$

针对具有 $n$ 个输入变量和 $m$ 个输出响应的系统，提出了一种更一般化的分解公式：

$$\mathrm{TF}^{1,2,\cdots,m}=\sum_{i=1}^{n}\sum_{1\leqslant k<l\leqslant m}^{\psi}\mathrm{TD}_i^{k,l}+\sum_{1\leqslant i<j\leqslant n}^{n}\sum_{1\leqslant k<l\leqslant m}^{m}\mathrm{TD}_{ij}^{k,l}+\cdots+\sum_{1\leqslant k<l\leqslant m}^{m}\mathrm{TD}_{12\cdots n}^{k,l} \tag{3-70}$$

由此，可将包含相同输入变量分解函数的敏感性指标定义为

$$\mathrm{FS}_{i_1\cdots i_s}=\frac{\sum\limits_{1\leqslant k<l\leqslant m}\mathrm{TD}_i^{k,l}}{\mathrm{TF}^{1,2,\cdots,m}},\quad 1\leqslant i_1<i_2<\cdots<i_s\leqslant n \tag{3-71}$$

最后，其敏感性指标可以表示为

$$\mathrm{IVS}_i^{\mathrm{tot}}=1-\mathrm{FS}_{\sim i} \tag{3-72}$$

3. 独立条件下关于高斯分布的敏感性分析

在工程实践中，输入变量服从高斯分布的问题较为常见，为了扩展所提VCD-GSA 方法的使用范围并解决这类实际问题，必须对上述一些表达式进行重新改写。如果变量属于高斯分布且相互独立，则数学表达式可以写成

$$\boldsymbol{y}=\left[f^1(\boldsymbol{x}),f^2(\boldsymbol{x}),\cdots,f^m(\boldsymbol{x})\right],\quad \boldsymbol{x}\sim N\left(\boldsymbol{\mu},\boldsymbol{\sigma}^2\right) \tag{3-73}$$

其中，输入变量 $\boldsymbol{x}$ 的联合概率密度函数(joint probability density function, JPDF)是

$$\varphi(\boldsymbol{x})=\frac{1}{\left(\sqrt{2\pi}\right)^n\prod\limits_{i=1}^{n}\sigma_i}\exp\left[-\frac{1}{2}\left(\frac{x-\mu}{\sigma}\right)^{\mathrm{T}}\left(\frac{x-\mu}{\sigma}\right)\right] \tag{3-74}$$

在高斯分布条件下任何函数子项对其变量的积分同样为零，即

$$\begin{cases} f_0^k=\int f^k(\boldsymbol{x})\varphi(\boldsymbol{x})\mathrm{d}\boldsymbol{x}=\int\dfrac{G^{k,l}(\boldsymbol{x})+H^{k,l}(\boldsymbol{x})}{2}\varphi(\boldsymbol{x})\mathrm{d}\boldsymbol{x}=\dfrac{G_0^{k,l}+H_0^{k,l}}{2} \\ f_0^l=\int f^l(\boldsymbol{x})\varphi(\boldsymbol{x})\mathrm{d}\boldsymbol{x}=\int\dfrac{G^{k,l}(\boldsymbol{x})-H^{k,l}(\boldsymbol{x})}{2}\varphi(\boldsymbol{x})\mathrm{d}\boldsymbol{x}=\dfrac{G_0^{k,l}-H_0^{k,l}}{2} \end{cases} \tag{3-75}$$

那么，和函数 HDMR 的函数子项可以通过以下公式获得

$$\begin{cases} \widetilde{G}_0^{k,l}=\int\widetilde{G}^{k,l}(\boldsymbol{x})\varphi(\boldsymbol{x})\mathrm{d}\boldsymbol{x} \\ \widetilde{G}_i^{k,l}(x_i)=-\widetilde{G}_0^{k,l}+\dfrac{\int\widetilde{G}^{k,l}(\boldsymbol{x})\varphi(\boldsymbol{x})\prod\limits_{k\neq i}\mathrm{d}x_k}{\varphi_i(x_i)} \\ \widetilde{G}_{ij}^{k,l}(x_i,x_j)=-\widetilde{G}_0^{k,l}-\widetilde{G}_i^{k,l}(x_i)-\widetilde{G}_j^{k,l}(x_i)+\dfrac{\int\widetilde{G}^{k,l}(\boldsymbol{x})\varphi(\boldsymbol{x})\prod\limits_{k\neq i,j}\mathrm{d}x_k}{\varphi_{ij}(x_i,x_j)} \\ \vdots \end{cases} \tag{3-76}$$

$$\begin{cases}\widetilde{H}_0^{k,l}=\int\widetilde{H}^{k,l}(\boldsymbol{x})\varphi(\boldsymbol{x})\mathrm{d}\boldsymbol{x}\\ \widetilde{H}_i^{k,l}(x_i)=-\widetilde{H}_0^{k,l}+\dfrac{\int\widetilde{H}^{k,l}(\boldsymbol{x})\varphi(\boldsymbol{x})\prod\limits_{k\neq i}\mathrm{d}x_k}{\varphi_i(x_i)}\\ \widetilde{H}_{ij}^{k,l}(x_i,x_j)=-\widetilde{H}_0^{k,l}-\widetilde{H}_i^{k,l}(x_i)-\widetilde{H}_j^{k,l}(x_i)+\dfrac{\int\widetilde{H}^{k,l}(\boldsymbol{x})\varphi(\boldsymbol{x})\prod\limits_{k\neq i,j}\mathrm{d}x_k}{\varphi_{ij}(x_i,x_j)}\\ \vdots\end{cases}\tag{3-77}$$

$f^k(\boldsymbol{x})$和$f^l(\boldsymbol{x})$的期望可以表示为

$$\begin{cases}\widetilde{f}_0^k=\int f^k(\boldsymbol{x})\varphi(\boldsymbol{x})\mathrm{d}\boldsymbol{x}=\int\dfrac{\widetilde{G}^{k,l}(\boldsymbol{x})+\widetilde{H}^{k,l}(\boldsymbol{x})}{2}\varphi(\boldsymbol{x})\mathrm{d}\boldsymbol{x}=\dfrac{\widetilde{G}_0^{k,l}+\widetilde{H}_0^{k,l}}{2}\\ \widetilde{f}_0^l=\int f^l(\boldsymbol{x})\varphi(\boldsymbol{x})\mathrm{d}\boldsymbol{x}=\int\dfrac{\widetilde{G}^{k,l}(\boldsymbol{x})-\widetilde{H}^{k,l}(\boldsymbol{x})}{2}\varphi(\boldsymbol{x})\mathrm{d}\boldsymbol{x}=\dfrac{\widetilde{G}_0^{k,l}-\widetilde{H}_0^{k,l}}{2}\end{cases}\tag{3-78}$$

$f^k(\boldsymbol{x})$和$f^l(\boldsymbol{x})$方差的和是

$$\widetilde{D}_{f^k(\boldsymbol{x})}+\widetilde{D}_{f^l(\boldsymbol{x})}=\frac{1}{2}\left[\widetilde{D}_{\widetilde{G}^{k,l}(\boldsymbol{x})}+\widetilde{D}_{\widetilde{H}^{k,l}(\boldsymbol{x})}\right]\tag{3-79}$$

与式(3-63)分解相似，$\widetilde{D}_{\widetilde{G}^{k,l}(\boldsymbol{x})}$和$\widetilde{D}_{\widetilde{H}^{k,l}(\boldsymbol{x})}$的方差分解分别可以表示为

$$\begin{cases}\widetilde{D}_{\widetilde{G}^{k,l}(\boldsymbol{x})}=\sum\limits_{i=1}^{n}\widetilde{D}_{\widetilde{G}_i^{k,l}}+\sum\limits_{1\leqslant i<j\leqslant n}^{n}\widetilde{D}_{\widetilde{G}_{ij}^{k,l}}+\cdots+\widetilde{D}_{\widetilde{G}_{12\cdots n}^{k,l}}\\ \widetilde{D}_{\widetilde{H}^{k,l}(\boldsymbol{x})}=\sum\limits_{i=1}^{n}\widetilde{D}_{\widetilde{H}_i^{k,l}}+\sum\limits_{1\leqslant i<j\leqslant n}^{n}\widetilde{D}_{\widetilde{H}_{ij}^{k,l}}+\cdots+\widetilde{D}_{\widetilde{H}_{12\cdots n}^{k,l}}\end{cases}\tag{3-80}$$

同样地，两个函数的正交条件如下：

$$\begin{cases}\int\widetilde{G}_{i_1i_2\cdots i_s}^{k,l}(x_{i_1},x_{i_2},\cdots,x_{i_s})\widetilde{G}_{j_1j_2\cdots j_s}^{k,l}(x_{j_1},x_{j_2},\cdots,x_{j_s})\varphi(\boldsymbol{x})\mathrm{d}\boldsymbol{x}=0\\ \int\widetilde{H}_{i_1i_2\cdots i_s}^{k,l}(x_{i_1},x_{i_2},\cdots,x_{i_s})\widetilde{H}_{j_1j_2\cdots j_s}^{k,l}(x_{j_1},x_{j_2},\cdots,x_{j_s})\varphi(\boldsymbol{x})\mathrm{d}\boldsymbol{x}=0\end{cases}\tag{3-81}$$

$f^k(\boldsymbol{x})$和$f^l(\boldsymbol{x})$方差之和与协方差之和可以通过以下计算得到：

$$\begin{cases}\widetilde{D}_{f^k(\boldsymbol{x})}+\widetilde{D}_{f^l(\boldsymbol{x})}=\dfrac{1}{2}\left[\widetilde{D}_{\widetilde{G}^{k,l}(\boldsymbol{x})}+\widetilde{D}_{\widetilde{H}^{k,l}(\boldsymbol{x})}\right]\\ \widetilde{C}_{f^k(\boldsymbol{x}),f^l(\boldsymbol{x})}=\dfrac{1}{4}\left[\widetilde{D}_{\widetilde{G}^{k,l}(\boldsymbol{x})}-\widetilde{D}_{\widetilde{H}^{k,l}(\boldsymbol{x})}\right]\end{cases}\tag{3-82}$$

对于具有 $n$ 个独立非均匀输入变量的系统，其综合分解为

$$\widetilde{\mathrm{TF}}^{1,2,\cdots,m}=\sum_{i=1}^{n}\sum_{1\leqslant k<l\leqslant m}^{\psi}\widetilde{\mathrm{TD}}_i^{k,l}+\sum_{1\leqslant i<j\leqslant n}^{n}\sum_{1\leqslant k<l\leqslant m}^{m}\widetilde{\mathrm{TD}}_{ij}^{k,l}+\cdots+\sum_{1\leqslant k<l\leqslant m}^{m}\widetilde{\mathrm{TD}}_{12\cdots n}^{k,l} \tag{3-83}$$

式中，

$$\begin{cases}\widetilde{\mathrm{TD}}_i^{k,l}=\dfrac{3}{4}\widetilde{D}_{\widetilde{G}_i^{k,l}}+\dfrac{1}{4}\widetilde{D}_{\widetilde{H}_i^{k,l}}\\ \widetilde{\mathrm{TD}}_{ij}^{k,l}=\dfrac{3}{4}\widetilde{D}_{\widetilde{G}_{ij}^{k,l}}+\dfrac{1}{4}\widetilde{D}_{\widetilde{H}_{ij}^{k,l}}\\ \vdots\\ \widetilde{\mathrm{TD}}_{12\cdots n}^{k,l}=\dfrac{3}{4}\widetilde{D}_{\widetilde{G}_{12\cdots n}^{k,l}}+\dfrac{1}{4}\widetilde{D}_{\widetilde{H}_{12\cdots n}^{k,l}}\end{cases} \tag{3-84}$$

将包含相同输入变量函数的敏感性指标重新定义为

$$\widetilde{\mathrm{FS}}_{i_1\cdots i_s}=\frac{\sum\limits_{1\leqslant k<l\leqslant m}\widetilde{\mathrm{TD}}_i^{k,l}}{\widetilde{\mathrm{TF}}^{1,2,\cdots,m}},\quad 1\leqslant i_1<i_2<\cdots<i_s\leqslant n \tag{3-85}$$

最后，表示输入变量的敏感性指标为

$$\widetilde{\mathrm{IVS}}_i^{\mathrm{tot}}=1-\widetilde{\mathrm{FS}}_{\sim i} \tag{3-86}$$

4. 变量相关条件下关于高斯分布的敏感性分析

如上所述，这些推导适用于一些变量相互独立的问题，但不适用于变量相关问题。因此，有必要对 VCD-GSA 方法进行进一步扩展以解决这一问题。其框架如图 3-6 所示，其推导过程如下所示。

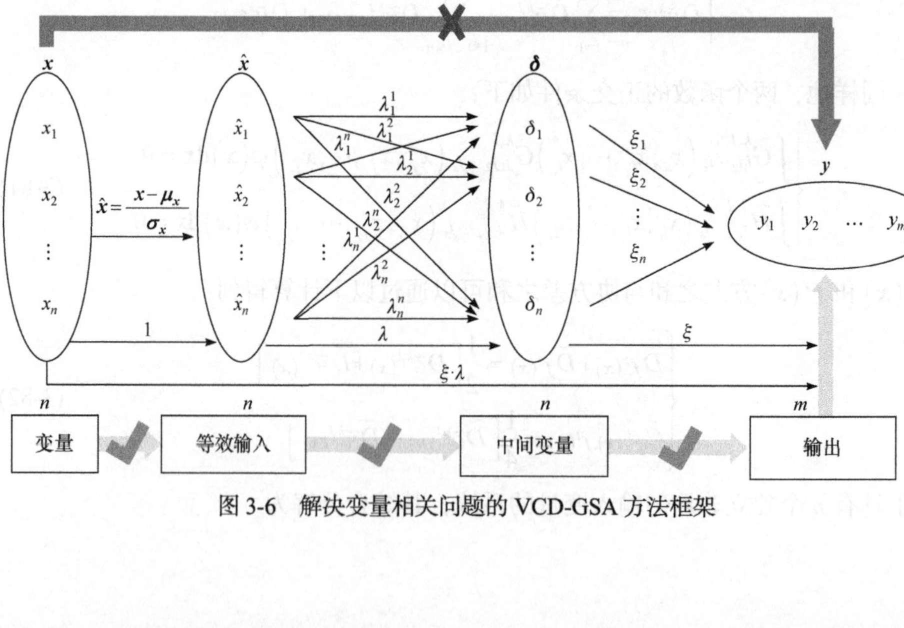


图 3-6　解决变量相关问题的 VCD-GSA 方法框架

数学表达式(3-73)被改写为

$$\boldsymbol{y}=[f^{1}(\boldsymbol{x}),f^{2}(\boldsymbol{x}),\cdots,f^{m}(\boldsymbol{x})],\quad \boldsymbol{x}\sim N\left(\boldsymbol{\mu},\boldsymbol{\sigma}^{2},\boldsymbol{\rho}\right) \tag{3-87}$$

其中，$\boldsymbol{x}$ 属于高斯分布，其相关系数矩阵为 $\boldsymbol{\rho}$，给出输入变量的联合概率密度函数：

$$\hat{\varphi}(\boldsymbol{x})=\frac{1}{(2\pi)^{n/2}|\boldsymbol{\Sigma}|^{1/2}}\exp\left[-\frac{1}{2}(\boldsymbol{x}-\boldsymbol{\mu})^{\mathrm{T}}\boldsymbol{\Sigma}^{-1}(\boldsymbol{x}-\boldsymbol{\mu})\right] \tag{3-88}$$

式中，$\boldsymbol{\Sigma}$ 是协方差矩阵；$|\boldsymbol{\Sigma}|$ 是它的行列式。由于联合概率密度函数不等于所有变量的边际概率密度函数的乘积，很难满足正交条件，也很难得到多个响应的方差和协方差分解。为此，首先把这些因变量转换成标准正态空间 $\hat{\boldsymbol{x}}$：

$$\hat{\boldsymbol{x}}=\frac{\boldsymbol{x}-\boldsymbol{\mu}_{x}}{\boldsymbol{\sigma}_{x}} \tag{3-89}$$

协方差矩阵的 Cholesky 分解计算为

$$\mathbf{Eve}=\mathrm{Chol}(\boldsymbol{\Sigma}) \tag{3-90}$$

式中，$\mathrm{Chol}(\cdot)$ 表示 Cholesky 分解算子，变换后的相关变量 $\hat{\boldsymbol{x}}$ 和 $\boldsymbol{\delta}\sim N\left(0,1,\rho_{\delta}=0\right)$ 之间的关系可以表示为

$$\boldsymbol{\delta}=\hat{\boldsymbol{x}}\cdot\mathrm{Inv}(\mathbf{Eve}) \tag{3-91}$$

式中，$\mathrm{Inv}(\cdot)$ 表示矩阵求逆算子。它们之间的关系是一个线性方程组。$\hat{\boldsymbol{x}}$ 和 $\boldsymbol{\delta}$ 的影响可根据以下推导进行量化，式(3-91)可以表示为

$$\begin{cases}\delta^{1}=L^{1}(\hat{\boldsymbol{x}})=L^{1}(\hat{x}_{1},\hat{x}_{2},\cdots,\hat{x}_{n})\\ \delta^{2}=L^{2}(\hat{\boldsymbol{x}})=L^{2}(\hat{x}_{1},\hat{x}_{2},\cdots,\hat{x}_{n})\\ \vdots\\ \delta^{m}=L^{m}(\hat{\boldsymbol{x}})=L^{m}(\hat{x}_{1},\hat{x}_{2},\cdots,\hat{x}_{n})\end{cases} \tag{3-92}$$

式中，对于任意响应 $\delta^{h}=L^{h}(\hat{\boldsymbol{x}})$，其关于 $\hat{x}_{i}$ 的偏导数的绝对值为

$$\lambda_{i}^{h}=\left|\frac{\partial L^{h}(\hat{\boldsymbol{x}})}{\partial\hat{x}_{i}}\right| \tag{3-93}$$

把这些绝对值组成一个矩阵：

$$\boldsymbol{\lambda}=\begin{bmatrix}\lambda_{1}^{1}&\lambda_{2}^{1}&\cdots&\lambda_{n}^{1}\\ \lambda_{1}^{2}&\lambda_{2}^{2}&\cdots&\lambda_{n}^{2}\\ \vdots&\vdots&&\vdots\\ \lambda_{1}^{m}&\lambda_{2}^{m}&\cdots&\lambda_{n}^{m}\end{bmatrix} \tag{3-94}$$

将式(3-94)定义为一级敏感性指标矩阵，其可以量化 $\hat{\boldsymbol{x}}$ 和 $\boldsymbol{\delta}$ 的重要程度，但不能评估 $\boldsymbol{\delta}$ 或者 $\hat{\boldsymbol{x}}$ 对 $\boldsymbol{y}$ 的影响，为了进一步量化 $\boldsymbol{\delta}$ 对 $\boldsymbol{y}$ 的影响，一些描述和推导被提供，独立变量的重要性可以通过上述章节的公式进行量化，根据式(3-86)，其评价结果如下：

$$\xi = \left[\xi_1, \xi_2, \cdots, \xi_n\right] \tag{3-95}$$

式中，$\boldsymbol{\xi}$ 被定义为二级敏感性指标向量。$\hat{\boldsymbol{x}}$ 对 $\boldsymbol{\delta}$，$\boldsymbol{\delta}$ 对 $\boldsymbol{y}$ 是一个网络结构，因此最终通过定义式(3-96)来表示敏感性指标，并用其来评估 $\boldsymbol{x}$ 对 $\boldsymbol{y}$ 的影响，即

$$\mathbf{DVS} = \boldsymbol{\xi} \cdot \boldsymbol{\lambda} = \left[\xi_1, \xi_2, \cdots, \xi_n\right] \cdot \begin{bmatrix} \lambda_1^1 & \lambda_2^1 & \cdots & \lambda_n^1 \\ \lambda_1^2 & \lambda_2^2 & \cdots & \lambda_n^2 \\ \vdots & \vdots & & \vdots \\ \lambda_1^m & \lambda_2^m & \cdots & \lambda_n^m \end{bmatrix} \tag{3-96}$$

5. 数值算例

1) 数值算例 I

一个典型的 Ishigami 函数[19]，其表示为

$$f\left(\boldsymbol{x}\right) = \sin x_1 + 7\sin^2 x_2 + 0.1 x_3^4 \sin x_1, \quad \boldsymbol{x} \in \left[-\pi, \pi\right] \tag{3-97}$$

采用基于和函数方差和协方差分解的全局敏感性分析方法来处理这类多输入多输出问题，首先通过将多输入单输出系统转化为具有两个相同响应函数的多输入多输出系统来处理多输入单输出问题。使用 VCD-GSA 方法计算单响应 Ishigami 函数的结果，如表 3-7 所示，结果表明，输入变量的重要性依次降低，即 $S_{x_1} > S_{x_2} > S_{x_3}$。本节提出的全局敏感性分析方法分析结果与传统 Sobol 敏感性分析方法的结果一致，表明所提方法是准确可行的。

**表 3-7　数值算例 I 中采用两种敏感性分析方法的计算结果**

| 方法 | $x_1$ | $x_2$ | $x_3$ |
| --- | --- | --- | --- |
| Sobol 敏感性分析方法 | 0.558 | 0.442 | 0.244 |
| VCD-GSA 方法 | 0.558 | 0.442 | 0.244 |

2) 数值算例 II

传统的方法(平均法，TCM)可以用来计算多输入多输出系统输入变量的敏感性指标，然而，输出响应之间协方差影响却被忽略，这对敏感性分析结果有重要影响。为了说明协方差贡献的重要性，构造了一个具有两个输出响应的多输入多输出系统，表示为

$$\begin{cases} f^1(\boldsymbol{x}) = x_1^2 + x_2 + x_1 x_2^2 \\ f^2(\boldsymbol{x}) = x_1 - x_2^2 - x_1^2 x_2 \end{cases}, \quad \boldsymbol{x} \sim U(0,1) \tag{3-98}$$

根据式(3-6)，$f^1(\boldsymbol{x})$和$f^2(\boldsymbol{x})$的偏方差矩阵可以表示为

$$\begin{bmatrix} D_{f_1^1(x_1)} & D_{f_2^1(x_2)} & D_{f_{12}^1(x_1,x_2)} \\ D_{f_1^2(x_1)} & D_{f_2^2(x_2)} & D_{f_{12}^2(x_1,x_2)} \end{bmatrix} = \begin{bmatrix} 0.154 & 0.189 & 0.007 \\ 0.022 & 0.154 & 0.007 \end{bmatrix} \tag{3-99}$$

根据式(3-95)，$f^1(\boldsymbol{x})$和$f^2(\boldsymbol{x})$的偏方差向量为

$$\begin{bmatrix} C_{\left(f_1^1(x_1),f_1^2(x_1)\right)} & C_{\left(f_2^1(x_2),f_2^2(x_2)\right)} & C_{\left(f_{12}^1(x_1,x_2),f_{12}^2(x_1,x_2)\right)} \end{bmatrix} = \begin{bmatrix} 0.053 & -0.169 & -0.007 \end{bmatrix} \tag{3-100}$$

采用传统的平均法，计算输入变量对各输出响应的敏感性指标，并形成如下对称矩阵：

$$\begin{cases} \begin{bmatrix} S_1 & S_{12} \\ S_{12} & S_2 \end{bmatrix}_{f^1(\boldsymbol{x})} = \begin{bmatrix} 0.439 & 0.021 \\ 0.021 & 0.540 \end{bmatrix} \\ \begin{bmatrix} S_1 & S_{12} \\ S_{12} & S_2 \end{bmatrix}_{f^2(\boldsymbol{x})} = \begin{bmatrix} 0.121 & 0.040 \\ 0.040 & 0.838 \end{bmatrix} \end{cases} \tag{3-101}$$

总敏感性指标为

$$\begin{cases} \begin{bmatrix} S_1^{\text{tot}} & S_2^{\text{tot}} \end{bmatrix}_{f^1(\boldsymbol{x})} = \begin{bmatrix} 0.460 & 0.561 \end{bmatrix} \\ \begin{bmatrix} S_1^{\text{tot}} & S_2^{\text{tot}} \end{bmatrix}_{f^2(\boldsymbol{x})} = \begin{bmatrix} 0.162 & 0.879 \end{bmatrix} \end{cases} \tag{3-102}$$

$x_1$和$x_2$的平均敏感性指标分别为 0.31 和 0.72。

利用 TCM 方法，进行协方差矩阵分解可以得到如下结果：

$$\begin{aligned} \boldsymbol{C} &= \boldsymbol{C}_1 + \boldsymbol{C}_2 + \boldsymbol{C}_{12} \\ &= \begin{bmatrix} D_{f_1^1(x_1)} & C_{\left(f_1^1(x_1),f_1^2(x_1)\right)} \\ C_{\left(f_1^1(x_1),f_1^2(x_1)\right)} & D_{f_1^2(x_1)} \end{bmatrix} + \begin{bmatrix} D_{f_2^1(x_2)} & C_{\left(f_2^1(x_2),f_2^2(x_2)\right)} \\ C_{\left(f_2^1(x_2),f_2^2(x_2)\right)} & D_{f_2^2(x_2)} \end{bmatrix} \\ &\quad + \begin{bmatrix} D_{f_{12}^1(x_1,x_2)} & C_{\left(f_{12}^1(x_1,x_2),f_{12}^2(x_1,x_2)\right)} \\ C_{\left(f_{12}^1(x_1,x_2),f_{12}^2(x_1,x_2)\right)} & D_{f_{12}^2(x_1,x_2)} \end{bmatrix} \end{aligned} \tag{3-103}$$

根据式(3-51)，输入变量的敏感性指标能通过以下计算得到：

$$\text{MT}_1^{\text{tot}} = \frac{\text{Tr}(\boldsymbol{C}_1) + \text{Tr}(\boldsymbol{C}_{12})}{\text{Tr}(\boldsymbol{C})} = 0.358, \quad \text{MT}_2^{\text{tot}} = \frac{\text{Tr}(\boldsymbol{C}_2) + \text{Tr}(\boldsymbol{C}_{12})}{\text{Tr}(\boldsymbol{C})} = 0.670 \tag{3-104}$$

利用提出的 VCD-GSA 方法，和函数 $G(\boldsymbol{x})$ 和 $H(\boldsymbol{x})$ 的方差如下：

$$\begin{bmatrix} D_{G_1(x_1)} & D_{G_2(x_2)} & D_{G_{12}(x_1,x_2)} \\ D_{H_1(x_1)} & D_{H_2(x_2)} & D_{H_{12}(x_1,x_2)} \end{bmatrix} = \begin{bmatrix} 0.282 & 0.004 & 0.001 \\ 0.070 & 0.682 & 0.029 \end{bmatrix} \tag{3-105}$$

根据式(3-63)，$x_1$ 和 $x_2$ 的敏感性指标分别为 0.577 和 0.443。表 3-8 列出了三种方法归一化的结果。

**表 3-8　不同全局敏感性分析方法的敏感性指标计算结果**

| 变量 | 平均法 | TCM 方法 | VCD-GSA 方法 |
|---|---|---|---|
| $x_1$ | 0.311 | 0.358 | 0.577 |
| $x_2$ | 0.720 | 0.670 | 0.443 |

如图 3-7 所示，平均法和 TCM 方法的敏感性结果表明，输入变量 $x_2$ 比输入变量 $x_1$ 更重要。由于前两种方法忽略了输出响应之间协方差的影响，所以 VCD-GSA 方法的敏感性结果不同于其他两种方法，即 $S_{x_1} > S_{x_2}$。VCD-GSA 方法综合考虑了方差和协方差的贡献，使影响变量的排序更加准确。

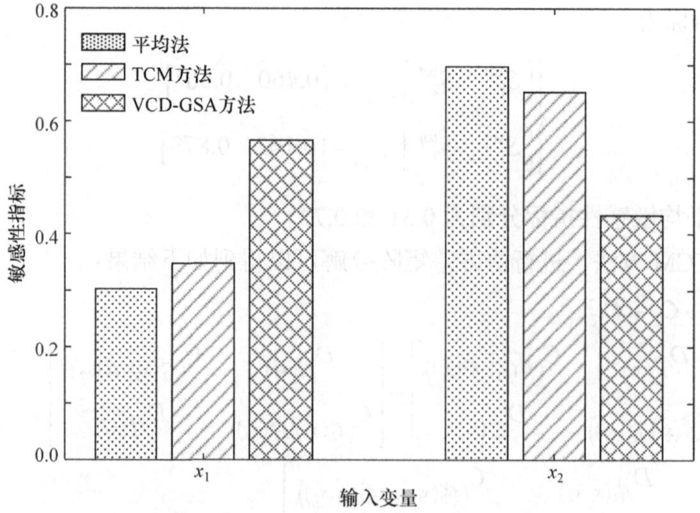


图 3-7　数值算例Ⅱ中不同敏感性分析方法的结果对比

3) 数值算例Ⅲ

为了进一步验证 VCD-GSA 方法的适用性和研究不同分布对敏感性分析结果的影响，将数值算例Ⅱ修改为

$$\begin{cases} f^1(\boldsymbol{x}) = x_1^2 + x_2 + x_1 x_2^2 \\ f^2(\boldsymbol{x}) = x_1 - x_2^2 - x_1^2 x_2 \end{cases}, \quad \boldsymbol{x} \sim N(\boldsymbol{\mu}, \boldsymbol{\sigma}^2) \tag{3-106}$$

式中，$\boldsymbol{\mu}=[\mu_1,\mu_2]=[0.5,0.5]$；$\boldsymbol{\sigma}=[\sigma_1,\sigma_2]=[0.5,0.5]$。表 3-9 比较了均匀分布和高斯分布的几种 GSA 方法的计算结果，比较结果表明：

(1) 本章提出的 VCD-GSA 方法充分考虑了各分解函数间协方差的影响，其敏感性分析结果与其他两种方法不同；

(2) 当两个分布的均值相同时，输入变量的敏感性指标略有不同；

(3) 不同全局敏感性分析方法，其均值变化影响的趋势相同，$x_1$ 重要性随均值的增大而减小，$x_2$ 重要性随均值的增大而增大；

(4) 标准差对敏感性结果影响不大。

通过该数值算例说明了 VCD-GSA 方法适用于不同分布的优点，并说明了均值的变化对变量敏感性有显著影响。

**表 3-9　数值算例Ⅲ中两种分布使用不同方法的比较结果**

| 方法 | 变量 | 均匀分布 $\boldsymbol{x}\sim U(0,1)$ | 高斯分布 $\boldsymbol{x}\sim N(\boldsymbol{\mu},\boldsymbol{\sigma}^2)$ | | | | |
|---|---|---|---|---|---|---|---|
| | | $\mu_1=\mu_2=1/2$ $\sigma_1=\sigma_2=1/12$ | $\mu_1=\mu_2=1/2$ $\sigma_1=\sigma_2=1/3$ | $\mu_1=\mu_2=1/2$ $\sigma_1=\sigma_2=2/3$ | $\mu_1=\mu_2=1/2$ $\sigma_1=\sigma_2=1/2$ | $\mu_1=\mu_2=1/3$ $\sigma_1=\sigma_2=1/2$ | $\mu_1=\mu_2=2/3$ $\sigma_1=\sigma_2=1/2$ |
| 文献[5] | $x_1$ | 0.302 | 0.319 | 0.398 | 0.360 | 0.416 | 0.335 |
| | $x_2$ | 0.698 | 0.681 | 0.602 | 0.640 | 0.584 | 0.665 |
| 文献[6] | $x_1$ | 0.348 | 0.363 | 0.428 | 0.400 | 0.429 | 0.386 |
| | $x_2$ | 0.652 | 0.637 | 0.573 | 0.600 | 0.571 | 0.614 |
| 所提方法 | $x_1$ | 0.567 | 0.566 | 0.567 | 0.569 | 0.611 | 0.524 |
| | $x_2$ | 0.433 | 0.434 | 0.433 | 0.431 | 0.389 | 0.476 |

4) 数值算例Ⅳ

为了进一步研究相关性对敏感性分析结果的影响，本节在正态分布的基础上又增加了相关系数，表示如下：

$$\begin{cases} f^1(\boldsymbol{x}) = x_1^2 + x_2 + x_1 x_2^2 \\ f^2(\boldsymbol{x}) = x_1 - x_2^2 - x_1^2 x_2 \end{cases}, \quad \boldsymbol{x} \sim N(\boldsymbol{\mu}, \boldsymbol{\sigma}^2, \rho) \tag{3-107}$$

式中，$\boldsymbol{\mu}=[\mu_1,\mu_2]=[0.5,0.5]$；$\boldsymbol{\sigma}=[\sigma_1,\sigma_2]=[0.5,0.5]$，变量 $x_1$ 和 $x_2$ 的相关系数的取值从−0.9～0.9。表 3-10 列出了不同相关系数的部分敏感性指标，敏感性分析结果表明相关系数影响变量的重要性，随着相关系数绝对值的增加，$x_1$ 敏感性降低，$x_2$ 敏感性升高；当相关性较弱时，变量 $x_1$ 的影响略大于变量 $x_2$ 的影响，但随着相关性的增加，变量 $x_2$ 的影响变得更为显著。此外，图 3-8 显示所提出的 VCD-GSA 方法的结果不同于平均法和 TCM 方法的结果。这个算例再次表明，考虑响应之间协方差的重要性。

**表 3-10　在不同相关性条件下变量敏感性分析结果**

| 变量 | 具有不同相关性的相关变量的高斯分布 $\boldsymbol{x}\sim N(0.5,0.5,0.5^2,0.5^2,\rho)$ | | | | | |
|---|---|---|---|---|---|---|
| | 0 | ±0.1 | ±0.3 | ±0.5 | ±0.7 | ±0.9 |
| $x_1$ | 0.569 | 0.537 | 0.474 | 0.408 | 0.329 | 0.208 |
| $x_2$ | 0.431 | 0.463 | 0.526 | 0.592 | 0.671 | 0.792 |

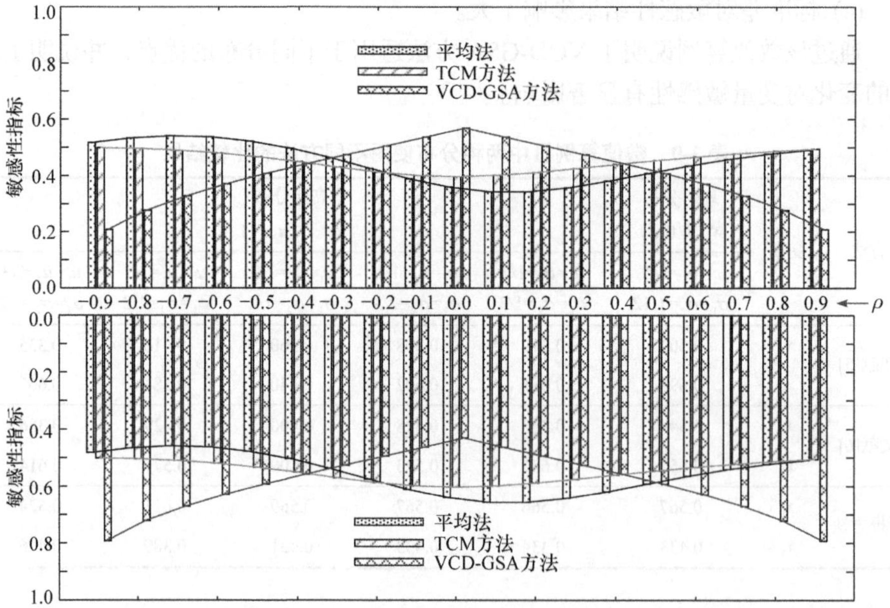


图 3-8　数值算例Ⅳ中使用三种敏感性分析方法的比较结果

5) 数值算例Ⅴ

为了进一步验证 VCD-GSA 方法的优越性，构造了一个特殊的算例：

$$f(\boldsymbol{x})=x_1+1.8x_2+x_2^2+0.2x_1^2x_2+3,\quad \boldsymbol{x}\sim N(0,1),\ \rho_{12}=-0.8 \tag{3-108}$$

这个算例只涉及一个输出响应和两个具有相关性且属于高斯分布的变量，它的 HDMR 由以下表达式组成：

$$f_0=4,\ f_1(x_1)=x_1,\ f_2(x_2)=x_2^2+2x_2-1,\ f_{12}(x_1,x_2)=0.2(x_1^2x_2-x_2)$$

基于传统的协方差分解，计算三个函数子项之间的方差和协方差值，如表 3-11

所示。根据 Sudret 等[24]提供的表达式：

$$S_u^{(\text{cov})}=\frac{\text{Cov}\left[M_u\left(x_u\right),M\left(\boldsymbol{x}\right)\right]}{\text{Var}\left[M\left(\boldsymbol{x}\right)\right]},\quad S_u^{(U)}=\frac{\text{Var}\left[M_u\left(x_u\right)\right]}{\text{Var}\left[M\left(\boldsymbol{x}\right)\right]},\quad S_u^{(C)}=S_u^{(\text{cov})}-S_u^{(U)}$$

相关敏感性指标 $S_1^{(C)}$ 、$S_2^{(C)}$ 、$S_{12}^{(C)}$ 分别为–0.430、–0.244 和 0.043，结构敏感性指标 $S_1^{(U)}$ 、$S_2^{(U)}$ 、$S_{12}^{(U)}$ 分别为 0.224、1.343 和 0.064。通过相关敏感性指标和结构敏感性指标之和，量化三个函数子项( $f_1\left(x_1\right)$、$f_2\left(x_2\right)$、$f_{12}\left(x_1,x_2\right)$ )影响的敏感性指标分别为–0.206、1.099 和 0.107。根据式(3-10)和式(3-11)，量化 $x_1$ 和 $x_2$ 重要性的总敏感性指标分别为–0.099 和 1.206。然而，采用 VCD-GSA 方法，$x_1$ 和 $x_2$ 的敏感性指标分别为 0.085 和 0.915。两种方法的分析结果不同，再次证明了输入变量之间的相关性对敏感性分析结果有显著影响，而负敏感性的存在使得影响变量的评估更加困难。这个例子再次表明，VCD-GSA 方法在评估输入变量的重要性时比传统的基于协方差的分解方法更具优势。

**表 3-11　三个函数子项的方差和协方差值**

| 方差 | | | 协方差 | | |
|---|---|---|---|---|---|
| $D_{f_1}$ | $D_{f_2}$ | $D_{f_{12}}$ | $C_{f_1,f_2}$ | $C_{f_1,f_{12}}$ | $C_{f_2,f_{12}}$ |
| 1.000 | 6.000 | 0.285 | –1.600 | –0.320 | 0.512 |

### 3.3.2　基于近似高维模型表示的全局敏感性快速求解

当采用解析方法计算敏感性指标时，其求解效率较低，当面对变量较多或函数表达式未知的情况时，敏感性分析的解析解难以获取，针对全局敏感性指标的近似估计问题，学者围绕 HDMR 相关领域开展诸多研究[25-29]，在此基础上，本节发展一种全局敏感性近似求解方法，其推导过程如下：

$$\begin{cases}\eta(x)\geqslant 0\\ \int_{M^n}\eta(x)\mathrm{d}x=1\end{cases}\tag{3-109}$$

式中，$\eta(x)$ 是一般概率密度函数，高维模型表示的函数子项通过式(3-110)获取：

$$\begin{cases}f_0=\int_{M^n}\eta(\boldsymbol{x})f(\boldsymbol{x})\mathrm{d}\boldsymbol{x}\\ f_i(x_i)=\int_{M^{n-1}}\dfrac{\eta(\boldsymbol{x})}{\eta_i(x_i)}f(\boldsymbol{x})\mathrm{d}\boldsymbol{x}_{\sim i}-f_0\\ f_{ij}(x_i,x_j)=\int_{M^{n-2}}\dfrac{\eta(\boldsymbol{x})}{\eta_{ij}(x_i,x_j)}f(\boldsymbol{x})\mathrm{d}\boldsymbol{x}_{\sim ij}-f_i(x_i)-f_j(x_j)-f_0\\ \quad\vdots\end{cases}\tag{3-110}$$

式中，$f_0$ 是常数项，表示函数的数学期望；$f_i\left(x_i\right)$ 和 $f_{ij}\left(x_i,x_j\right)$ 分别是函数 $f\left(\boldsymbol{x}\right)$ 的一阶函数子项和二阶函数子项；$\mathrm{d}\boldsymbol{x}_{\sim i}$、$\mathrm{d}\boldsymbol{x}_{\sim ij}$ 分别是 $\mathrm{d}x_1,\mathrm{d}x_2,\cdots,\mathrm{d}x_n$ 不包括 $\mathrm{d}x_i$ 和 $\mathrm{d}x_i$、$\mathrm{d}x_j$。$f_{12\cdots n}(x_1,x_2,\cdots,x_n)$ 是包含所有输入变量的函数子项，高维模型表示的子函数 $f_i(x_i), f_{ij}(x_i,x_j),\cdots$ 具有以下性质：

$$\int \eta_s(x_s) f_{i_1 i_2\cdots i_n}(x_{i_1},x_{i_2},\cdots,x_{i_n})\mathrm{d}x_s = 0,\quad s\in\{i_1,i_2,\cdots,i_l\} \tag{3-111}$$

且两个子函数之间的相互正交性可以表示为

$$\begin{gathered}\int_{M^n}\prod_{i=1}^{n}\eta_i(x_i) f_{i_1 i_2\cdots i_l}(x_{i_1},x_{i_2},\cdots,x_{i_l}) f_{j_1 j_2\cdots j_k}(x_{j_1},x_{j_2},\cdots,x_{j_k})\,\mathrm{d}\boldsymbol{x} = 0,\\ \{i_1,i_2,\cdots,i_l\}\neq\{j_1,j_2,\cdots,j_k\}\end{gathered} \tag{3-112}$$

事实证明，高维模型表示的高阶子项，其贡献度很小，常可以忽略不计，一般情况，只需要低阶子项，便可对函数 $f\left(\boldsymbol{x}\right)$ 进行高度近似。上述章节提出了基于蒙特卡罗模拟的全局敏感性近似求解方法，其涉及多次采样计算，计算效率较低，为了解决多次采样计算造成计算效率低下的问题，可以将高维模型表示中函数子项通过一组合适的基函数进行近似表示：

$$\begin{cases} f_i(x_i)\approx\displaystyle\sum_{r=1}^{k}\alpha_r^i\lambda_r^i(x_i) \\ f_{ij}(x_i,x_j)\approx\displaystyle\sum_{p=1}^{l}\sum_{q=1}^{l'}\beta_{pq}^{ij}\lambda_p^i(x_i)\lambda_q^j(x_j) \\ \vdots \end{cases} \tag{3-113}$$

式中，$k$、$l$、$l'$ 是整数；$\alpha_r^i$、$\beta_{pq}^{ij}$ 是定义的常系数，多项式正交基 $\{\lambda\}$ 的性质如下所示：

$$\begin{cases} \displaystyle\int\eta_i(x_i)\lambda_r^i(x_i)\mathrm{d}x_i = 0 \\ \displaystyle\int\eta_i(x_i)[\lambda_r^i(x_i)]^2\mathrm{d}x_i = a_r \\ \displaystyle\int\eta_i(x_i)\lambda_p^i(x_i)\lambda_q^i(x_i)\mathrm{d}x_i = 0 \end{cases} \tag{3-114}$$

为了处理不同分布情况，可选择不同的正交基进行近似表示，针对均匀分布和高斯分布，其正交基如表 3-12 所示。

表 3-12　均匀分布和高斯分布的基函数表示

| 基函数 | 均匀分布<br>正交多项式 | 高斯分布<br>Hermite 多项式 |
|---|---|---|
| $\lambda_1^i(x_i)$ | $\sqrt{3}(2x_i-1)$ | $x_i$ |
| $\lambda_2^i(x_i)$ | $6\sqrt{5}\left(x_i^2-x_i+\frac{1}{6}\right)$ | $x_i^2-1$ |
| $\lambda_3^i(x_i)$ | $20\sqrt{7}\left(x_i^3-\frac{3}{2}x_i^2+\frac{3}{5}x_i-\frac{1}{20}\right)$ | $x_i^3-3x_i$ |
| ⋮ | ⋮ | ⋮ |

通过多项式正交基$\{\lambda\}$对 HDMR 子函数$f_i(x_i)$、$f_{ij}(x_i,x_j)$的近似表示，如式(3-113)所示，可得到式(3-1)所示高维模型的近似表示(approximate high dimensional model representation，AHDMR)：

$$f(\boldsymbol{x})\approx f_0+\sum_{i=1}^{n}\sum_{r=1}^{k}\alpha_r^i\lambda_r^i(x_i)+\sum_{1\leqslant i<j\leqslant n}\sum_{p=1}^{l}\sum_{q=1}^{l}\beta_{pq}^{ij}\lambda_p^i(x_i)\lambda_q^j(x_j)+\cdots \tag{3-115}$$

式中，常系数可以表示为

$$\begin{cases}\alpha_r^i\approx\dfrac{1}{a_r}\dfrac{1}{N}\displaystyle\sum_{s=1}^{N}f(\boldsymbol{x}^{(s)})\lambda_r^i(x_i^{(s)})\\[2ex] \beta_{pq}^{ij}\approx\dfrac{1}{a_pa_q}\dfrac{1}{N}\displaystyle\sum_{s=1}^{N}f(\boldsymbol{x}^{(s)})\lambda_p^i(x_i^{(s)})\lambda_q^j(x_j^{(s)})\\ \vdots\end{cases} \tag{3-116}$$

式中，$\boldsymbol{x}^{(s)}$是变量的随机采样矩阵，结合式(3-110)和式(3-113)，式(3-116)可被证明如下：

$$\int\eta_i(x_i)\left[\overbrace{\int_{M^{n-1}}\frac{\eta(\boldsymbol{x})}{\eta_i(x_i)}f(\boldsymbol{x})\mathrm{d}\boldsymbol{x}^i-f_0}^{f_i(x_i)}\right]\lambda_r^i(x_i)\mathrm{d}x_i=\int\eta_i(x_i)\left[\overbrace{\sum_{r=1}^{k}\alpha_r^i\lambda_r^i(x_i)}^{f_i(x_i)}\right]\lambda_r^i(x_i)\mathrm{d}x_i \tag{3-117}$$

进而，有

$$\begin{aligned}\int_{M^n}\eta(\boldsymbol{x})f(\boldsymbol{x})\lambda_r^i(x_i)\mathrm{d}\boldsymbol{x}&=\int\eta_i(x_i)\sum_{r=1}^{k}\alpha_r^i[\lambda_r^i(x_i)]^2\mathrm{d}x_i\\&=\alpha_r^i\cdot\left[\overbrace{\int\eta_i(x_i)\left[\lambda_r^i(x_i)\right]^2\mathrm{d}x_i}^{a_r}+\overbrace{\int\eta_i(x_i)\sum_{\sim r}^{k}[\lambda_{\sim r}^i(x_i)]\cdot\lambda_r^i(x_i)\mathrm{d}x_i}^{0}\right]\end{aligned} \tag{3-118}$$

根据正交基性质式(3-114)，最后式(3-116)得到

$$\begin{aligned}\alpha_r^i &= \frac{1}{a_r}\int_{M^n}\eta(\boldsymbol{x})f(\boldsymbol{x})\lambda_r^i(x_i)\mathrm{d}\boldsymbol{x}\\ &\approx \frac{1}{a_r}\frac{1}{N}\sum_{s=1}^{N}f(\boldsymbol{x}^{(s)})\lambda_r^i(x_i)\end{aligned} \tag{3-119}$$

同理，加权系数 $\beta_{pq}^{ij}$ 的证明如下：

$$\begin{aligned}&\iint\eta_{ij}(x_i,x_j)f_{ij}(x_i,x_j)\lambda_p^i(x_i)\lambda_q^j(x_j)\mathrm{d}x_i\mathrm{d}x_j\\ =&\iint\eta_{ij}(x_i,x_j)\left[\sum_{p=1}^{l}\sum_{q=1}^{l'}\beta_{pq}^{ij}\lambda_p^i(x_i)\lambda_q^j(x_j)\right]\lambda_p^i(x_i)\lambda_q^j(x_j)\mathrm{d}x_i\mathrm{d}x_j\end{aligned} \tag{3-120}$$

进而，有

$$\begin{aligned}&\iint\eta(\boldsymbol{x})f(\boldsymbol{x})\lambda_p^i(x_i)\lambda_q^j(x_j)\mathrm{d}x_i\mathrm{d}x_j\\ =&\beta_{pq}^{ij}\cdot\int\eta_i(x_i)[\lambda_p^i(x_i)]^2\mathrm{d}x_i\cdot\int\eta_j(x_j)[\lambda_q^j(x_i)]^2\mathrm{d}x_j\end{aligned} \tag{3-121}$$

最后得到

$$\begin{aligned}\beta_{pq}^{ij} &= \frac{1}{a_p}\cdot\frac{1}{a_q}\cdot\iint\eta(\boldsymbol{x})f(\boldsymbol{x})\lambda_p^i(x_i)\lambda_q^j(x_j)\mathrm{d}x_i\mathrm{d}x_j\\ &\approx\frac{1}{a_p}\cdot\frac{1}{a_q}\cdot\frac{1}{N}\sum_{s=1}^{N}f(\boldsymbol{x}^{(s)})\lambda_p^i(x_i)\lambda_q^j(x_j)\end{aligned} \tag{3-122}$$

通常，使用前三组基函数便可对系统函数进行有效近似，即$\lambda=[\lambda_1, \lambda_2, \lambda_3]$，则式(3-113)中整数 $k$、$l$、$l'$ 分别取 3，在计算 $a_r^i$、$\beta_{pq}^{ij}$ 时，对于不同的分布，$a$ 取值不同，对于均匀分布，$a_{c=1,2,3}^U=[1,1,1]$，对于高斯分布 $a_{c=1,2,3}^G=[1,2,6]$。根据上述推导，对变量进行蒙特卡罗采样，即可得到输出响应的 AHDMR，进而可以计算敏感性指标的近似解。

1. 数值算例 Ⅰ

为了验证基于 AHDMR 全局敏感性方法的准确性，选用敏感性分析中常用的一个经典算例[1]，其函数形式如下所示：

$$f(\boldsymbol{x})=\sum_{i=1}^{4}c_i\left(x_i-\frac{1}{2}\right)+c_{12}\left(x_1-\frac{1}{2}\right)\left(x_2-\frac{1}{2}\right)^5,\quad c_i=1, c_{12}=50, \boldsymbol{x}\sim N[0,1] \tag{3-123}$$

通过敏感性近似求解方法对变量敏感性进行求解，计算结果如图 3-9 所示，发现两种求解方法下变量 $x_1$ 和 $x_2$ 对输出响应 $f(\boldsymbol{x})$ 的影响很大，分别是 0.453 和 0.547，

使用两种方法得到影响变量的重要性排序为 $x_2 > x_1 > x_4 > x_3$，这表明近似解与解析解的度量结果完全一致。

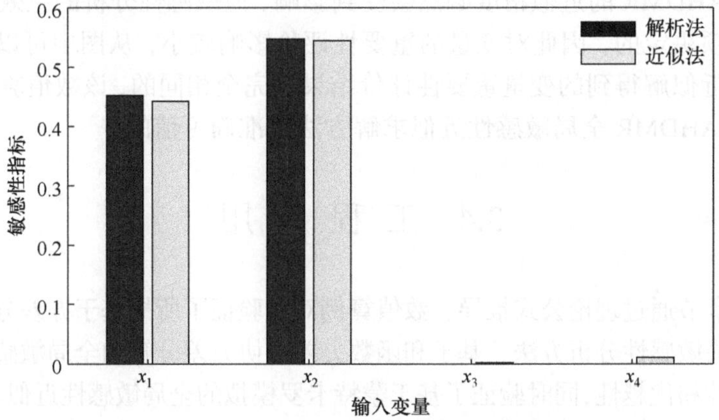


图 3-9　数值算例 I 中变量敏感性指标的解析解和近似解

2. 数值算例 II

为了进一步验证所提近似求解方法的计算精度，构造了一个多项式函数如下所示：

$$f(\boldsymbol{x}) = x_1^4 + x_2^7 + x_1x_2 + x_2^7x_3 + x_1^7x_4 + x_4x_5^6,\ \ x_1, x_2, x_3, x_4, x_5 \sim N[0,1] \tag{3-124}$$

采用基于 AHDMR 的全局敏感性分析近似方法，对敏感性指标进行求解。计算结果如图 3-10 所示，直观地对比了变量敏感性指标的近似解与解析解的差异，浅色直方图表示采用近似法得到的敏感性指标，深色直方图表示采用解析法得到的敏感性指标，采用两种方法得到的变量敏感性指标排序均为 $x_2 > x_4 > x_1 > x_3 > x_5$。

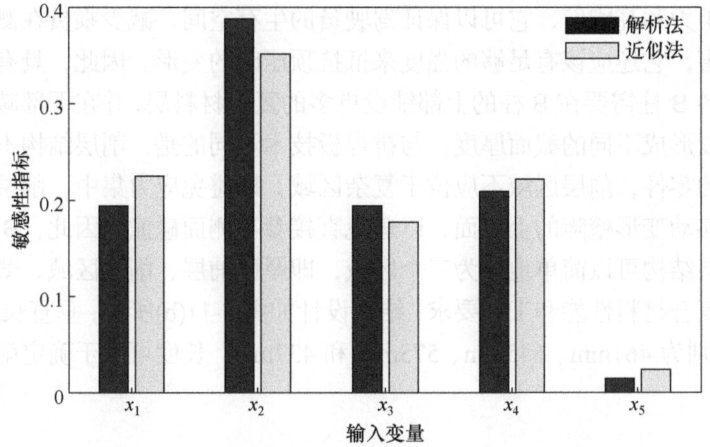


图 3-10　数值算例 II 中变量敏感性指标的解析解和近似解

对比结果表明，两种敏感性分析方法计算得到的敏感性指标在数值上存在一定的差异，这是由于该数值算例是一个高非线性模型，仅对低阶函数子项进行近似处理，其 AHDMR 的近似精度必然会受到影响，但敏感性分析的主效应是由一阶函数子项决定的，因此对变量的重要性评价影响较小，从图中可以看出，由解析解和近似解得到的变量重要性评价结果是完全相同的，该数值算例再次证明了所提 AHDMR 全局敏感性近似求解方法是准确可信的。

## 3.4 工 程 应 用

上述章节通过理论公式推导、数值算例对比验证了所提基于方差分解和偏导积分的全局敏感性分析方法、基于和函数方差与协方差分解的全局敏感性分析方法的合理性和优越性，同时验证了基于蒙特卡罗模拟的全局敏感性近似求解方法、基于 AHDMR 的全局敏感性近似求解方法的准确性。下面将通过 4 个工程应用实例验证所提全局敏感性分析方法的实用性以及敏感性分析方法对解决工程实际问题的有效性。

### 3.4.1 工程应用 1：基于敏感性分析的 B 柱削层结构优化设计

汽车轻量化和安全设计是当今汽车设计中日益重要的问题。在考虑制造工艺的情况下，为了能提高侧面碰撞和顶压的耐撞性，本节提出一种新型复合材料 B 柱削层结构，B 柱位于车辆前后车门之间，它由 B 柱内板、B 柱外板加 B 柱加强板三个部分组成。目前，对于大多数车辆的 B 柱，金属是首选材料，金属 B 柱的有限元模型如图 3-11(a)所示。通过改变内板和外板的厚度，采用削层复合结构来改善 B 柱的性能，简化 B 柱的加固。B 柱的设计通常是为了在车门铰链和门锁区域实现高阻力和高刚度，它可以保证驾驶员的生存空间，减少乘员在侧面碰撞中的直接伤害，它还应该有足够的强度来抵抗顶压时的变形。因此，具有削层结构的复合材料 B 柱需要在 B 柱的上部铺设更多的复合材料层，并在下部减少复合材料铺层，以形成不同的截面厚度。与拼焊板技术不同的是，削层结构不需要连接不同厚度的零件，削层区域不应位于复杂区域，以避免应力集中，削层区域的高度应高于移动变形壁障的上表面，以避免直接参与侧面碰撞。因此，B 柱内板和外板的削层结构可以简单地分为三个区域，即厚区铺层、削层区域、薄区铺层。综合考虑复合材料性能和工艺要求，结构设计如图 3-11(b)所示，垂直长度 $L_1$、$L_2$、$L_3$ 和 $L_4$ 分别为 461mm、645mm、575mm 和 437mm，长度可用于确定削层结构的位置。

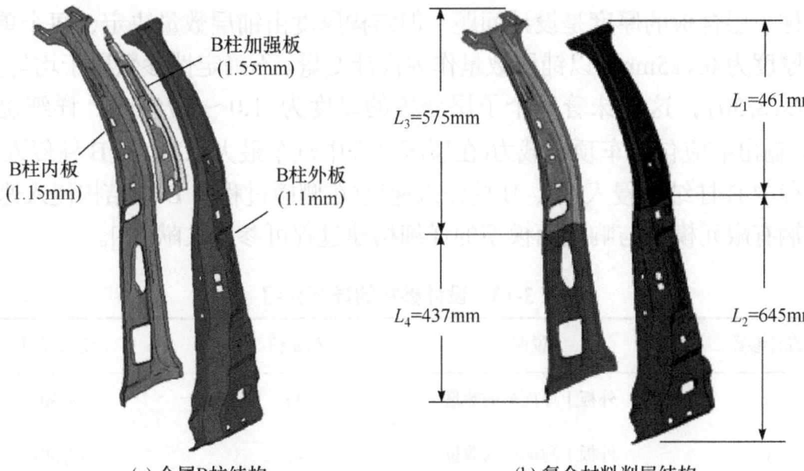


图 3-11　车辆 B 柱结构有限元模型

具有削层结构的复合材料应符合设计标准，研究表明，使用削层结构不利于结构完整性[30,31]，也会出现应力和变形分布的不均匀现象，造成结构强度降低，结构容易断裂，但是这些断裂的结构可以通过以下设计规则来减少和避免[32-34]。首先，铺层递减后形成的薄区层合板要满足对称性、连续性、平衡性要求；其次，表面层不能参与削层，以便在表面形成覆盖层，避免在削层区域由表面层引起的层离失效；最后，层合板的角度不应大于 7°，削层间隔应至少是单层厚度的 8 倍，为了避免在同一个地方聚集，削层应尽量交替地出现在层合板之中。考虑到 B 柱在侧面碰撞和顶压时的耐撞性要求，指定铺层数量为设计变量，为了控制变量的个数，复合材料 B 柱的每个子层都使用了 $[0/90]_n$ 铺层，每层的厚度为 0.125mm。这种简单的对称层合板有助于确定每个子层合板的铺层数。削层区域属于过渡区，其空白空间被树脂填充，称为树脂带，可以实现结构表面的平滑过渡，典型复合材料削层结构如图 3-12 所示。

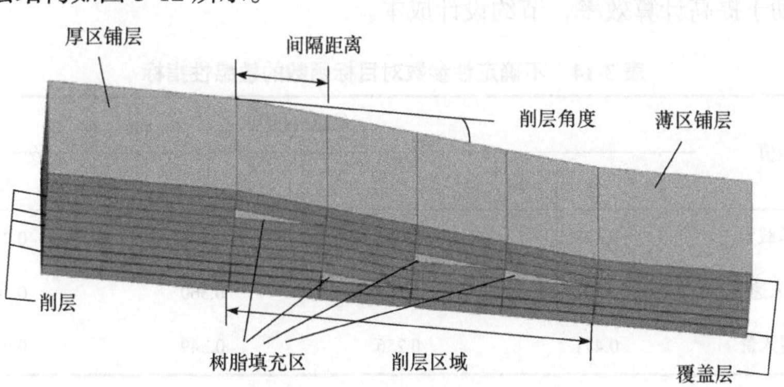


图 3-12　典型复合材料削层结构

B 柱子层合板的厚度是设计问题，但结构厚度由铺层数量决定，每个单层碳纤维布厚度为 0.125mm，以铺层数量作为设计变量。不确定性参数属于均匀分布，即 $X \sim U(8,30)$，这意味着每个子层合板的厚度为 1.0～3.75mm，详细说明见表 3-13。输出响应包括车顶承载力(在顶压过程中汽车最大承载力)、B 柱侵入量(在侧撞过程中 B 柱结构侵入量)、B 柱侵入速度(在侧撞过程中 B 柱结构侵入速度)。关于车辆有限元模型与响应面模型的详细构建过程可参考文献[35]。

**表 3-13 设计参数的详细介绍**

| 设计参数 | 说明 | 初始值 | 变化范围 |
| --- | --- | --- | --- |
| $x_1$ | 外板上厚面板的数量 | 20 | [8, 30] |
| $x_2$ | 外板上薄面板的数量 | 15 | [8, 30] |
| $x_3$ | 内板上厚面板的数量 | 20 | [8, 30] |
| $x_4$ | 内板上薄面板的数量 | 15 | [8, 30] |

基于上述全局敏感性分析方法，复合材料削层结构 B 柱的不确定性参数对目标函数车顶承载力、B 柱侵入速度和 B 柱侵入量的敏感性指数分别列于表 3-14。第三行数据表明变量 $x_1$ 和 $x_3$ 对车顶承载力函数有明显的影响，敏感性 $S_1^{\text{tot}}=0.473$、$S_3^{\text{tot}}=0.446$ 之和占所有敏感性指标的 90%，变量 $x_2$ 和 $x_4$ 的影响可以忽略，研究结果也证明了外板在车顶碰撞中的重要作用。对于 B 柱侵入速度和 B 柱侵入量函数，第四行和第五行数据都显示变量 $x_1$ 和 $x_3$ 的影响很大，除了变量 $x_4$ 对 B 柱侵入量函数的影响，其他变量的重要性也不可忽视。图 3-13 中清楚地显示了目标函数上重要变量的排序，如 $S_1^{\text{tot}}>S_3^{\text{tot}}>S_2^{\text{tot}}>S_4^{\text{tot}}$。上述数据可以量化重要变量的影响，并通过敏感性分析给出评估的排名，为 B 柱的设计和优化提供了指导和帮助，同时有助于提高计算效率，节约设计成本。

**表 3-14 不确定性参数对目标函数的敏感性指标**

| 响应值 | 敏感性指标 | | | |
| --- | --- | --- | --- | --- |
| | $x_1$ | $x_2$ | $x_3$ | $x_4$ |
| 车顶承载力 | 0.473 | 0.052 | 0.446 | 0.031 |
| B 柱侵入速度 | 0.467 | 0.153 | 0.360 | 0.105 |
| B 柱侵入量 | 0.471 | 0.256 | 0.349 | 0.007 |

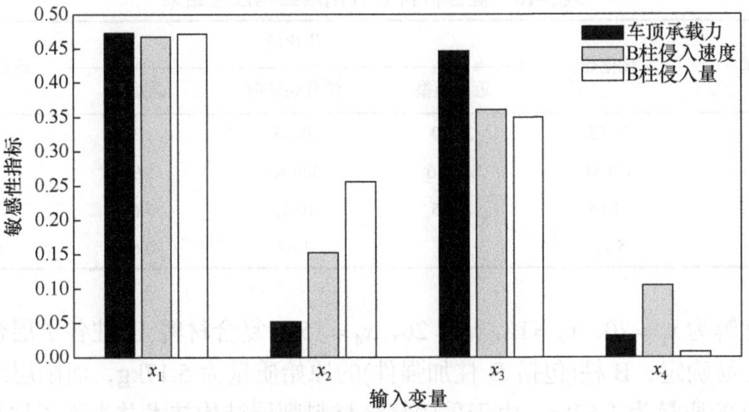


图 3-13　不同响应条件下设计变量敏感性分析结果

为了获得更好的具有削层结构的复合材料 B 柱，在敏感性分析的指导下进行优化设计，将优化结果与初始模型的输出响应进行比较。首先，以顶压和侧面碰撞为目标函数，建立了 B 柱重量与铺层数的关系。然后，车顶承载力、B 柱侵入速度和 B 柱侵入量的约束可根据上述的规定要求和讨论给出，如式(3-125)所示，已知变量 $x_1$ 和 $x_3$ 的敏感性比 $x_2$ 和 $x_4$ 更高，可以减小变量 $x_2$ 和 $x_4$ 的范围，来缩小优化设计的寻优范围。最后，B 柱结构的优化模型可以表示如下：

$$\begin{cases} \text{find } x_i,\ i=1,\cdots,4 \\ \min M(\boldsymbol{x}) \\ \text{s.t.}\begin{cases} F(\boldsymbol{x}) \leqslant 37.706\text{kN} \\ I(\boldsymbol{x}) \leqslant 350\text{mm} \\ D(\boldsymbol{x}) \leqslant 11\text{m/s} \end{cases} \\ \boldsymbol{x}\begin{cases} 8 \leqslant x_1 \leqslant 30, 12 \leqslant x_2 \leqslant 24 \\ 8 \leqslant x_3 \leqslant 30, 12 \leqslant x_4 \leqslant 24 \\ x_1,\cdots,x_4 \in \mathbf{N}^* \end{cases} \end{cases} \tag{3-125}$$

式中，$M(\boldsymbol{x})$ 是 B 柱的重量；$F(\boldsymbol{x})$ 是顶板破碎时的最大压溃力；$I(\boldsymbol{x})$ 是侧面碰撞中 B 柱的侵入量；$D(\boldsymbol{x})$ 是 B 柱中部最大侵入速度；$x_1, x_2, x_3, x_4$ 分别是 B 柱四个子层合板的层数。显然，它们都是正整数，基于遗传算法的优化结果，如表 3-15 所示，为了验证优化结果的可行性，再次对顶压和侧面碰撞进行了有限元模拟，数值计算结果与有限元结果的误差均小于 6%，优化结果准确可信。

表 3-15　复合材料 B 柱削层结构改进结果

| 响应值 | 优化前 | 优化后 | | | 改进效果/% |
|---|---|---|---|---|---|
| | | 近似模型 | 仿真验证值 | 误差/% | |
| $F(\boldsymbol{x})$ | 34.85 | 39.30 | 38.78 | 1.32 | 11.28 |
| $I(\boldsymbol{x})$ | 374.31 | 325.36 | 344.82 | 5.98 | 7.88 |
| $D(\boldsymbol{x})$ | 11.14 | 10.95 | 10.33 | 5.66 | 7.27 |
| $M(\boldsymbol{x})$ | 5.17 | 1.66 | 1.67 | 0.60 | 67.70 |

最优解为 $x_1 = 20$、$x_2 = 12$、$x_3 = 26$、$x_4 = 15$，复合材料 B 柱各子层合板的厚度也很容易确定，B 柱(包括 B 柱加强件)的原始质量为 5.17kg，而削层结构复合材料 B 柱的质量为 1.67kg，由于采用复合材料削层结构技术并去除了加强件，车身重量减轻了 67.70%，车辆的耐撞性也得到了提高，在图 3-14 中，给出了金属结构和复合材料 B 柱变形云图的对比分析。

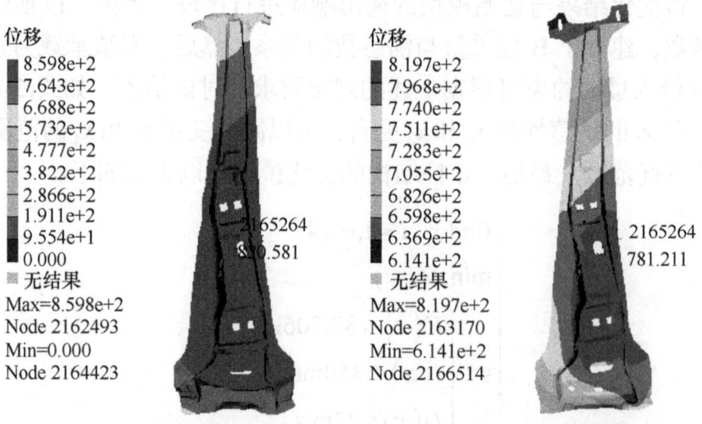


(a) 金属结构B柱　　　　(b) 复合材料B柱

图 3-14　金属结构 B 柱与复合材料削层结构 B 柱变形云图对比(彩图请扫封底二维码)

### 3.4.2　工程应用 2：基于敏感性分析的乘员约束系统区间优化设计

本节将通过车辆乘员约束系统的区间多目标优化设计[36]论证所提敏感性分析方法的有效性和实用性，同时验证敏感性分析在工程实际问题中发挥的作用和实际意义。

1. 整车-乘员一体的有限元模型

图 3-15 给出了两种常规的车辆碰撞仿真模型。这两种模型被大大简化，对分析结果的准确性有明显的影响，为了提高仿真模型的逼真度，并能够准确地评估

关键参数的重要性，有必要建立一个全面、详细的车辆碰撞仿真模型。首先，从乔治梅森大学的碰撞安全与分析中心网站上下载两种车辆模型，并使用它们建立侧面碰撞的仿真模型，其中一款是 2012 年的丰田凯美瑞车型(Toyota 凯美瑞模型)，另一款是 2007 年的雪佛兰西尔维拉多车型(雪佛兰皮卡模型)，文献[37]和[38]已对这两种车型进行了验证。本章选择常用于侧碰模拟且较为精细的 Euro-2re 侧碰假人模型来研究参数变化对头部损伤的影响，从 Livermore Software Technology Corporation(LSTC)官网[39]下载的 Euro-2re 侧碰假人模型比较精细，该模型共包含 310 个部件，424422 个节点，333601 个单元总数和 17 个加速度传感器，其中，置于头部质心处的加速度传感器可以测量不同轴向的运动响应曲线。把乘员约束系统有限元模型放到丰田凯美瑞模型中来建立整车-乘员约束系统一体模型，其中乘员约束系统有限元模型包含 Euro-2re 假人模型、座椅和安全带模型、安全气囊模型，如图 3-16 所示。

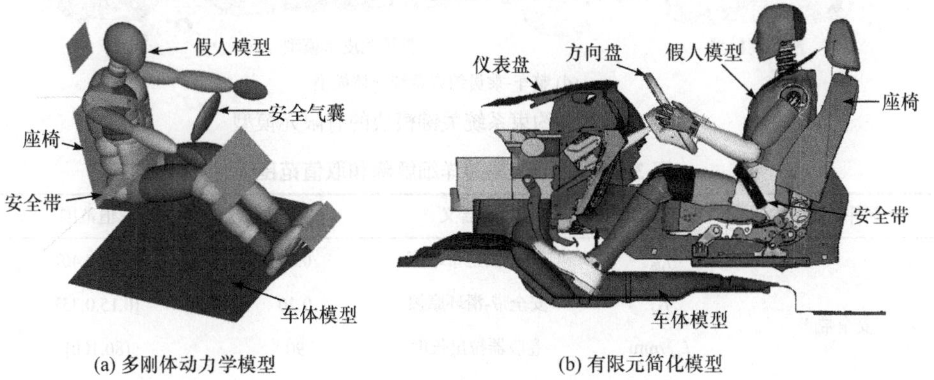


图 3-15　乘员约束系统模型

2. 构建 Kriging 模型

乘员约束系统包含大量的参数，考虑到组成部件的作用以及参数的意义，并参考文献[40]和[41]的一些研究，本节主要评估了 8 个重要参数对人体头部损伤的影响，这些参数的详细说明和范围在表 3-16 中列出，在评估重要参数时，多次使用复杂的有限元模型明显会增加计算成本，特别地，对于所建立的整车-乘员约束系统一体模型，单个样本在个人计算机(英特尔酷睿 i7 处理器、核数为 8 个、主频 2.60GHz、运行内存 8GB)上运行的总时间超过了 90h，为避免非常耗时的模拟，Kriging 模型是一个非常适合的工具，并被广泛应用于许多工程领域，在本研究中，选择了 Kriging 模型来代替耗时长的整车-乘员约束系统一体模型，详细的流程见以下描述。

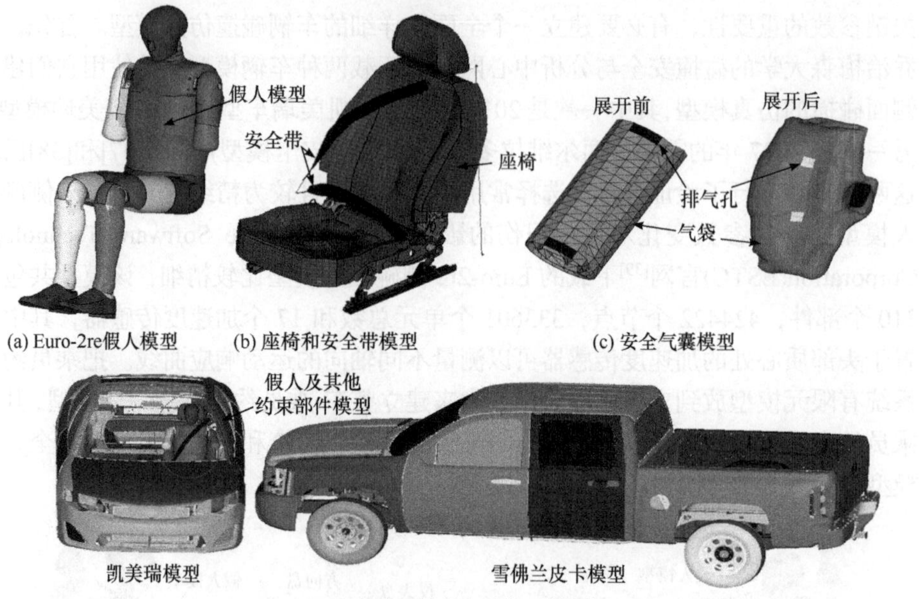

(a) Euro-2re假人模型 (b) 座椅和安全带模型 (c) 安全气囊模型

(d) 整车-乘员约束系统一体模型

图 3-16 乘员约束系统关键模块的有限元模型

**表 3-16 关键变量的详细解释和取值范围**

| 部件名称 | 设计变量 | 物理含义 | 初始值 | 取值范围 |
|---|---|---|---|---|
| 安全带 | $f_{db}$ | 假人-安全带摩擦 | 0.30 | [0.20,0.40] |
| | $f_{bs}$ | 安全带-滑环摩擦 | 0.20 | [0.15,0.35] |
| | $L_{rl}$ /mm | 卷收器拉出长度 | 90 | [80,100] |
| | $F_{ro}$ /kN | 预紧器限力值 | 3.5 | [3.0,4.0] |
| 安全气囊 | $A_{ai}$ /g | 起爆加速度阈值 | 10 | [0,20] |
| | $C_{vo}$ | 排气孔系数 | 1.0 | [0.5,1.5] |
| | $D_{df}$ | 气流阻尼系数 | 800 | [750,850] |
| 座椅 | $f_{ds}$ | 假人-座椅摩擦 | 0.50 | [0.40,0.60] |

首先，采用最优拉丁超立方抽样生成 60 个训练样本，详细样本数量参见文献[36]，基于整车-乘员约束系统一体模型中加速度传感器的设置，获得三个轴向平移加速度和转动加速度的响应曲线，并利用软件自带滤波函数对各曲线进行滤波处理；然后，根据文献[42]～[45]中的公式，计算四种得到广泛公认的头脑损伤评价准则——头部损伤指标(head injury criterion，HIC)、脑损伤指标(brain injury criterion，BrIC 和 BRIC)以及旋转损伤指标(rotation injury criterion，RIC)，并将它们作为研究乘员约束系统保护性能的输出响应，在计算头脑损伤评价准则时，使

用了运动响应，如平移加速度、转动加速度，如图 3-17 所示，所有的样本都在长沙国家超级计算中心运行；最后，通过拟合 60 个输入参数与相应的输出响应之间的关系，建立了 4 个 Kriging 模型—— $f_{\mathrm{HIC}}$、$f_{\mathrm{BrIC}}$、$f_{\mathrm{RIC}}$ 和 $f_{\mathrm{BRIC}}$，并使用 7 个测试样本数据评价其拟合精度，计算平方误差 $R^2$ 和均方根误差 RMSE，见表 3-17，其结果表明，四种 Kriging 模型的拟合精度均大于 90%，其可以用于下面的敏感性分析和区间多目标优化设计。

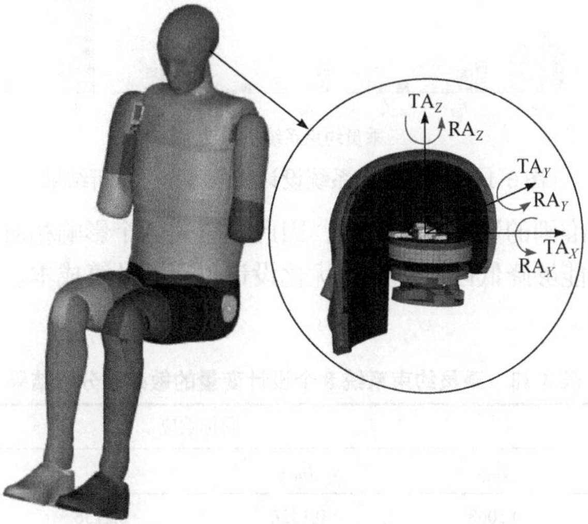


图 3-17　人体头部运动响应示意图

**表 3-17　四种 Kriging 模型的拟合精度**

| 误差 | $f_{\mathrm{HIC}}$ | $f_{\mathrm{BrIC}}$ | $f_{\mathrm{RIC}}$ | $f_{\mathrm{BRIC}}$ |
|---|---|---|---|---|
| $R^2$ | 0.912 | 0.905 | 0.919 | 0.906 |
| RMSE | 0.015 | 0.021 | 0.013 | 0.019 |

3. 设计变量重要性排序

使用重构新敏感性分析方法，评估关键变量对不同头脑损伤评价准则的敏感性程度，如图 3-18 所示。

从图 3-18 中表示 HIC 的敏感性分析结果看出，在 8 个关键变量中，只有 $f_{db}$、$f_{bs}$、$L_{rl}$、$A_{ai}$ 和 $C_{vo}$ 这 5 个变量对 HIC 有明显的影响；从图中表示 BrIC 的敏感性分析结果看出，只有 $f_{db}$、$f_{bs}$、$A_{ai}$ 和 $C_{vo}$ 这 4 个变量对 BrIC 有明显的影响；从图中表示 RIC 的敏感性分析结果看出，有 6 个变量 $f_{db}$、$f_{bs}$、$f_{ds}$、$L_{rl}$、$A_{ai}$ 和 $C_{vo}$ 对 RIC 有明显的影响；从图中表示 BRIC 的敏感性分析结果看出，只有 4 个变量 $f_{db}$、$f_{bs}$、$A_{ai}$ 和 $C_{vo}$ 对 BRIC 有明显的影响。最后，两个变量 $F_{ro}$ 和 $D_{df}$ 对四

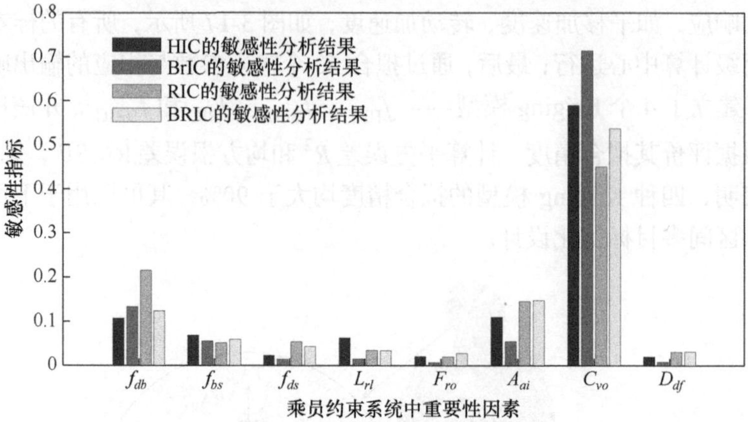


图 3-18　乘员约束系统设计变量敏感性分析结果

个头部损伤评价准则的影响相对较弱，因此忽略这两个影响相对较弱的变量有利于优化收敛，并能够降低区间多目标优化设计过程的计算成本。详细的敏感性分析结果见表 3-18。

**表 3-18　乘员约束系统 8 个设计变量的敏感性分析结果**

| 关键变量 | 目标响应 | | | |
|---|---|---|---|---|
| | $f_{\mathrm{HIC}}$ | $f_{\mathrm{BrIC}}$ | $f_{\mathrm{RIC}}$ | $f_{\mathrm{BRIC}}$ |
| $f_{db}$ | 0.1068 | 0.1326 | 0.2156 | 0.1229 |
| $f_{bs}$ | 0.0226 | 0.0144 | 0.0536 | 0.0428 |
| $f_{ds}$ | 0.0685 | 0.0552 | 0.0509 | 0.0586 |
| $L_{rl}$ | 0.0624 | 0.0146 | 0.0342 | 0.0330 |
| $F_{ro}$ | 0.0209 | 0.0064 | 0.0201 | 0.0278 |
| $A_{ai}$ | 0.1092 | 0.0543 | 0.1449 | 0.1468 |
| $C_{vo}$ | 0.5896 | 0.7140 | 0.4501 | 0.5364 |
| $D_{df}$ | 0.0200 | 0.0086 | 0.0360 | 0.0316 |

4. 基于脑损伤评价的区间多目标优化设计

在乘员约束系统的实际设计、加工以及安装等过程中，不可避免地存在着不确定性因素的影响，使得无法通过确定性的分析方法对该系统的防护性能进行改进。因此，在本研究中结合区间理论[46,47]对该系统进行区间多目标优化设计，以降低碰撞事故中乘员的头部损伤程度。根据前面给出的敏感性分析结果，6 个变量 $f_{db}$、$f_{bs}$、$f_{ds}$、$L_{rl}$、$A_{ai}$ 和 $C_{vo}$ 对四个损伤评价准则(HIC、BrIC、RIC 和 BRIC)有明显影响，其余两个变量 $F_{ro}$ 和 $D_{df}$ 几乎没有影响，因此在进行优化设计时，将这两个变量设为初值。在本节中，以 HIC 和 BRIC 为目标函数，BrIC 和 RIC 为约束条件，构建乘员约束系统的区间多目标优化模型，如下所示：

$$\begin{cases} \min \left[ f_{\mathrm{BRIC}}\left(\boldsymbol{X}^{\mathrm{c}}\right), f_{\mathrm{HIC}}\left(\boldsymbol{X}^{\mathrm{c}}\right), -\xi \right] \\ \text{s.t.} \ \ P\left[ f_{\mathrm{BrIC}}\left(\left\langle \boldsymbol{X}^{\mathrm{c}}, \boldsymbol{X}^{\mathrm{r}} \right\rangle\right) \leqslant b_1 \right] = \lambda_1 \\ \quad\ \ P\left[ f_{\mathrm{RIC}}\left(\left\langle \boldsymbol{X}^{\mathrm{c}}, \boldsymbol{X}^{\mathrm{r}} \right\rangle\right) \leqslant b_2 \right] = \lambda_2 \\ \quad\ \ \boldsymbol{X}^{\mathrm{L}} \leqslant \left\langle \boldsymbol{X}^{\mathrm{c}}, \boldsymbol{X}^{\mathrm{r}} \right\rangle \leqslant \boldsymbol{X}^{\mathrm{U}} \\ \quad\ \ \boldsymbol{X} = \left[ f_{db}, f_{bs}, f_{ds}, L_{rl}, A_{ai}, C_{vo} \right] \end{cases} \tag{3-126}$$

式中，$X^{\mathrm{L}}$ 和 $X^{\mathrm{U}}$ 分别是区间 $X^{\mathrm{I}}$ 的下界和上界，$X^{\mathrm{I}}$ 表示为

$$X^{\mathrm{I}} = \left[ X^{\mathrm{L}}, X^{\mathrm{U}} \right] = \left\{ X \in \mathbf{R} \middle| X^{\mathrm{I}} \leqslant X \leqslant X^{\mathrm{U}} \right\} \tag{3-127}$$

在等式(3-126)中，$X^{\mathrm{c}}$ 和 $X^{\mathrm{r}}$ 分别表示区间 $X^{\mathrm{I}}$ 的中心和半径，即

$$X^{\mathrm{c}} = \frac{X^{\mathrm{U}} + X^{\mathrm{L}}}{2}, \quad X^{\mathrm{r}} = \frac{X^{\mathrm{U}} - X^{\mathrm{L}}}{2} \tag{3-128}$$

通过定义评价系数 $\xi$，可将不确定性优化目标转化成两个确定性优化目标，系数 $\xi$ 如下：

$$\xi = \frac{1}{m} \sum_{i=1}^{m} \gamma_i \tag{3-129}$$

式中，$\gamma$ 是不确定性水平，计算式如下：

$$\gamma\left(X^{\mathrm{I}}\right) = \frac{X^{\mathrm{r}}}{\left|X^{\mathrm{c}}\right|} \times 100\% \tag{3-130}$$

评价系数 $\xi$ 值越大，表示包含的不确定性水平越高，允许的误差越大，综合成本越低。参考文献[44]、[45]的损伤阈值，$b_1$ 设为 0.5，$b_2$ 设为 1030，此外，约束条件的可能度系数 $\lambda_1$、$\lambda_2$ 均为 1。通过非支配序列遗传算法(non-dominated sorting genetic algorithm-Ⅱ，NSGA-Ⅱ)和基于多目标自适应代理建模的优化(multi-objective adaptive surrogate modeling-based optimization，MO-ASMO)[48]，对优化模型(3-126)进行求解，生成 175 个 Pareto 解，如图 3-19 所示，这两种方法吻合度很高，表明了其计算结果的可靠性，为进一步证明敏感性分析在乘员约束系统优化设计中的重要性，本节提供了求解过程中是否考虑敏感性分析结果对比，如图 3-20 所示，结果表明，如果考虑影响不大的设计变量，那么收敛将会变得困难。另外，表 3-19 列出了对区间多目标优化设计寻优时间的比较，结果再次表明，基于所提敏感性分析方法的优化求解是非常有效的。

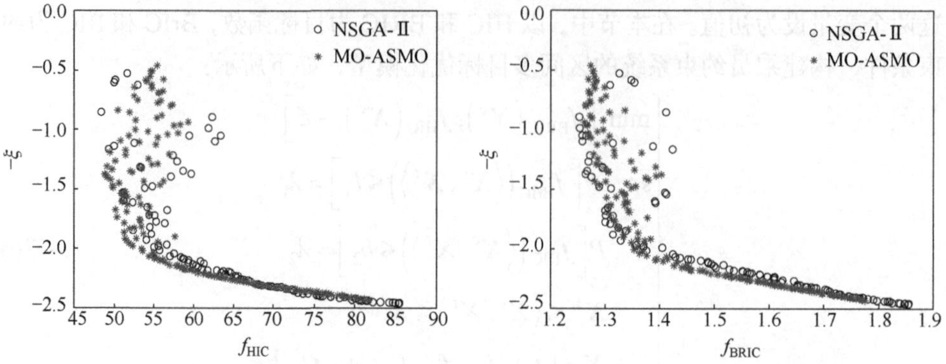


图 3-19　使用 NSGA-II 和 MO-ASMO 对乘员约束系统优化求解搜索过程对比

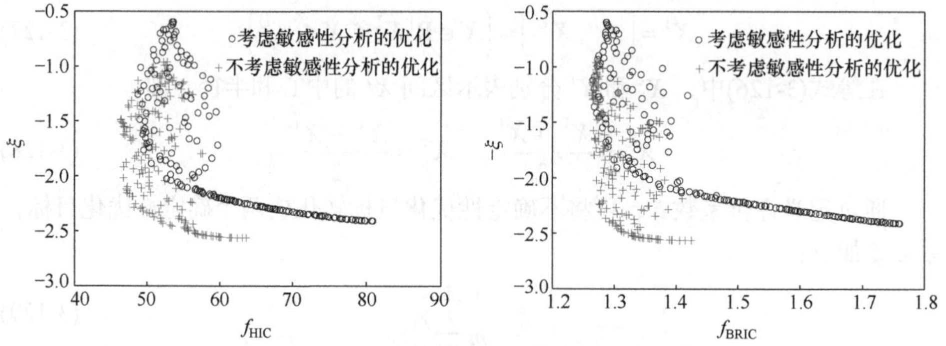


图 3-20　是否考虑敏感性分析的优化结果对比

**表 3-19　区间多目标优化设计搜索时间对比**

| 方法 | 考虑敏感性分析的计算时间/s | 不考虑敏感性分析的计算时间/s | 提高的效率/% |
|---|---|---|---|
| NSGA-Ⅱ | 1137.666 | 1561.827 | 27.16 |
| MO-ASMO | 290.198 | 359.116 | 19.19 |

迭代终止后，从上述的 Pareto 解中选出 20 个最优解，如附录 A 中附表 A-1 所示，数据表明，随着评价系数 $\xi$ 的增大，设计变量的区间半径也逐渐增大，综合考虑允许误差和设计成本，选择第十种方案作为乘员约束系统的优化方案，并对比优化前后的分析结果，如图 3-21 所示，结果表明，通过使用区间多目标优化设计，$X$、$Y$、$Z$ 轴上的平移加速度的分量 $TA_X$ 、$TA_Y$ 、$TA_Z$ 得到了改进，并且它们的平动合加速度 $TA_R$ 减小；同样地，如图 3-22 所示，$X$、$Y$、$Z$ 轴上的转动加速度的分量 $RA_X$ 、$RA_Y$ 、$RA_Z$ 及其合加速度 $RA_R$ 均减小。最后，通过整车-乘员约束系统一体优化设计，脑损伤评价准则 HIC 和 BRIC 分别降低了 40.91%和 30.36%。

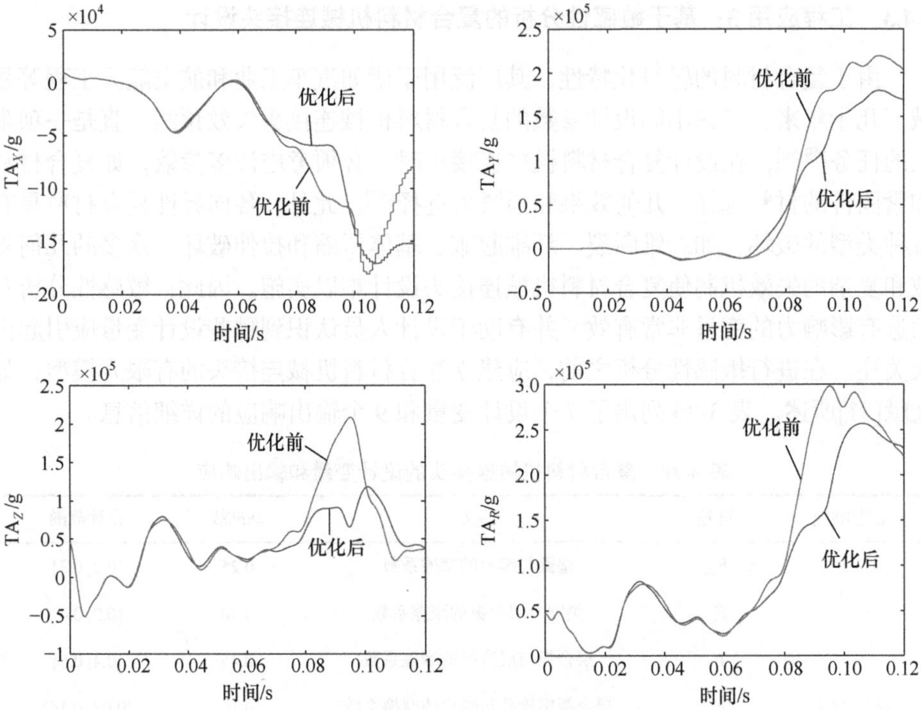


图 3-21　优化前后平移加速度的变化

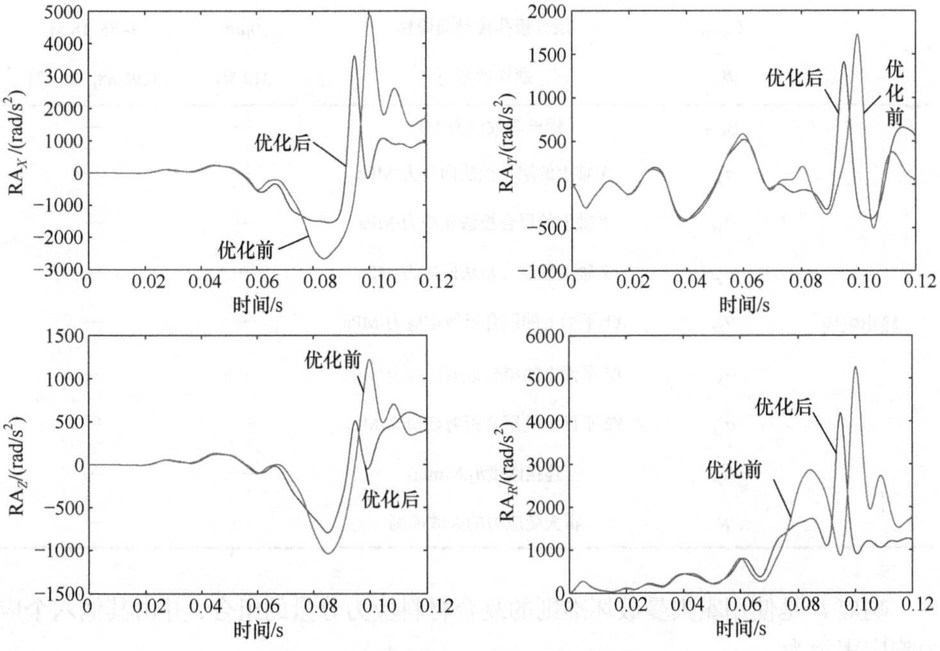


图 3-22　优化前后转动加速度的变化

### 3.4.3　工程应用 3：基于敏感性分析的复合材料机械连接头设计

由于复合材料的轻量化特性，其广泛用于诸如汽车工业和航空航天工程等领域。几十年来，考虑不同设计参数的复合材料机械连接头失效预测一直是一项艰巨的任务[49,50]，在设计复合材料机械连接头时，必须考虑许多参数，如复合材料和紧固件的材料选择、几何效果和预紧力选择[53]。此外，各向异性复合材料具有各种类型的破坏，如纤维断裂、纤维起皱、基体压缩和拉伸破坏。众多的几何参数和复杂的失效机制使复合材料机械连接头设计难以实施。因此，敏感性分析对筛选有影响力的变量非常有效，并有助于设计人员认识到哪些设计变量应引起极大关注。在进行敏感性分析之前，应建立复合材料机械连接头的有限元模型，如文献[51]所述。表 3-20 列出了 7 个设计变量和 9 个输出响应的详细信息。

**表 3-20　复合材料机械连接头的设计变量和输出响应**

| 变量/响应 | 符号 | 释义 | 基准线 | 设计范围 |
|---|---|---|---|---|
| 设计变量 | $F_{wb}$ | 垫圈与螺栓的摩擦系数 | 0.25 | [0.2, 0.3] |
| | $F_{wl}$ | 垫圈与层合板的摩擦系数 | 0.30 | [0.2, 0.4] |
| | $F_{ll}$ | 层合板与层合板的摩擦系数 | 0.45 | [0.4, 0.5] |
| | $F_{lb}$ | 层合板螺栓孔与螺栓的摩擦系数 | 0.10 | [0.04, 0.16] |
| | $B_{\mathrm{SCSO}}$ | 螺栓杆接触面偏移 | 0μm | [−85, 18.5] |
| | $L_{\mathrm{HCSO}}$ | 层合板孔接触面偏移 | 0μm | [−85, 18.5] |
| | $B_{cf}$ | 螺栓预紧力 | 312.5N | [296.88, 328.13] |
| 输出响应 | BES | 螺栓等效应力/MPa | — | — |
| | $\sigma_{xx}$ | $X$ 轴上的层合板法向应力/MPa | — | — |
| | $\sigma_{yy}$ | $Y$ 轴上的层合板法向应力/MPa | — | — |
| | $\sigma_{zz}$ | $Z$ 轴上的层合板法向应力/MPa | — | — |
| | $\sigma_{xy}$ | $XY$ 平面上的层合板剪切应力/MPa | — | — |
| | $\sigma_{yz}$ | $YZ$ 平面上的层合板剪切应力/MPa | — | — |
| | $\sigma_{xz}$ | $XZ$ 平面上的层合板剪切应力/MPa | — | — |
| | $C_{js}$ | 连接刚度/(kN/mm) | — | — |
| | $F$ | 霍夫曼应力的失效准则 | — | — |

响应 $F$ 是使用霍夫曼破坏准则的复合材料应力分量的组合，并由其他六个应力响应表示为

$$F=\frac{\sigma_{xx}^{2}}{X_tX_c}+\frac{\sigma_{yy}^{2}}{Y_tY_c}+\frac{\sigma_{zz}^{2}}{Z_tZ_c}+\left(\frac{\sigma_{xy}}{S_{xy}}\right)^2+\left(\frac{\sigma_{xz}}{S_{xz}}\right)^2+\left(\frac{\sigma_{yz}}{S_{yz}}\right)^2$$
$$-\left(\frac{1}{X_tX_c}+\frac{1}{Y_tY_c}-\frac{1}{Z_tZ_c}\right)\sigma_{xx}\sigma_{yy}-\left(\frac{1}{Y_tY_c}+\frac{1}{Z_tZ_c}-\frac{1}{X_tX_c}\right)\sigma_{yy}\sigma_{zz} \tag{3-131}$$
$$-\left(\frac{1}{Z_tZ_c}+\frac{1}{X_tX_c}-\frac{1}{Y_tY_c}\right)\sigma_{xx}\sigma_{zz}+\frac{1}{X_tX_c}\sigma_{xx}+\frac{1}{Y_tY_c}\sigma_{yy}+\frac{1}{Z_tZ_c}\sigma_{zz}$$

式中，$\sigma_{xx}$、$\sigma_{yy}$、$\sigma_{zz}$ 分别是层合板在 $x$、$y$、$z$ 方向上的法向应力分量；$\sigma_{xy}$、$\sigma_{xz}$、$\sigma_{yz}$ 分别是 $xy$、$xz$、$yz$ 面相应的层合板剪切应力；$X_t$、$X_c$、$Y_t$、$Y_c$、$Z_t$、$Z_c$ 分别是 $x$、$y$、$z$ 方向上的层合板法向强度；$S_{xy}$、$S_{xz}$、$S_{yz}$ 分别是 $xy$、$xz$、$yz$ 面层合板的剪切强度；下标 $t$ 和 $c$ 分别表示拉伸和压缩。

复合材料孔边缘的应力分布分析既困难又复杂。先前研究指出，特征距离 Rc=2.4mm 处的应力响应也可以用来表示复合材料连接头的失效，如图 3-23 所示[50]。复合材料连接头的有限元模拟非常耗时，因此建立了代理模型，通过最优拉丁超立方体采样设计方法生成的 150 个采样点被用于构建 Kriging 模型，表 3-21 中的拟合精度表明，除了响应函数 $\sigma_{xx}$、$\sigma_{yz}$ 精度较差外，构建的大多数代理模型都可以用于敏感性分析。

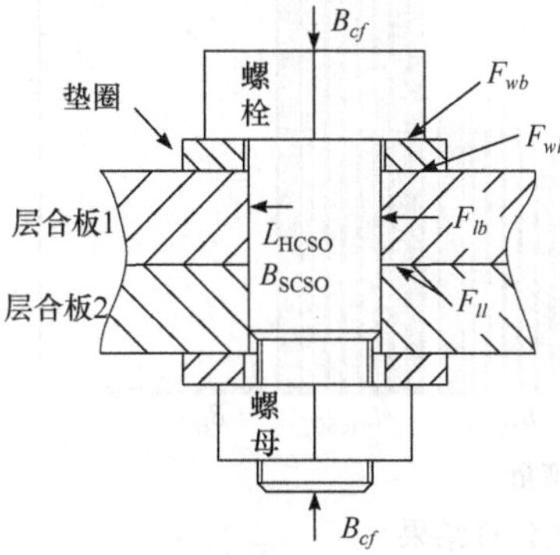


(a) 设计变量示意图

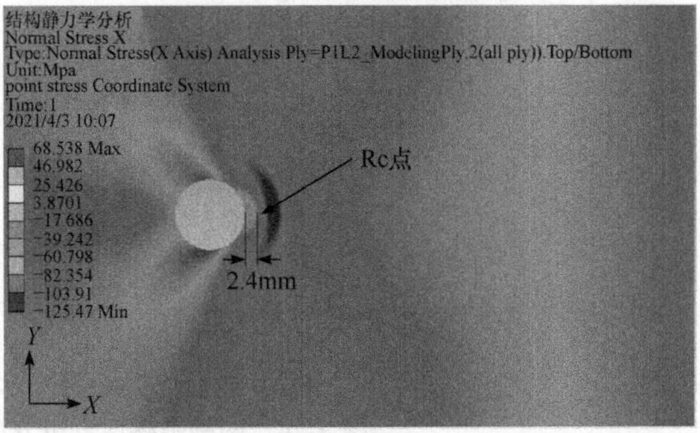


(b) 特征距离

图 3-23　螺栓连接设计变量和 Rc 点[51]

根据拟合 Kriging 模型，使用上述提及的 VCD-GSA 方法量化多个变量对多个响应重要性的敏感性指标，如图 3-24 所示，还列出了使用 Sobol 敏感性度量的七个单一响应的敏感性分析。结果表明：第五个和第六个参数对单个和多个响应的影响最为显著。这两个因素与螺栓和复合孔之间的公差有关。不同的公差配合，如间隙配合、过渡配合和过盈配合，导致复合材料的应力分布完全不同[52,53]。复合材料孔的应力集中对其直径比各向同性材料孔的直径更为敏感。因此，$L_{HCSO}$ 比 $B_{SCSO}$ 更敏感，与关键参数 $L_{HCSO}$ 和 $B_{SCSO}$ 相比，其他参数对复合材料可靠连接的影响不大，在设计复合材料连接时，可以忽略不计。

**表 3-21　九种输出响应的 Kriging 模型拟合精度**

| 序号 | 响应函数 | $R^2$ | RMSE | 评价 |
|---|---|---|---|---|
| 1 | BES | 0.891 | 2.619 | 一般 |
| 2 | $\sigma_{xx}$ | 0.762 | 0.337 | 坏 |
| 3 | $\sigma_{yy}$ | 0.959 | 0.371 | 极好 |
| 4 | $\sigma_{zz}$ | 0.923 | 0.168 | 好 |
| 5 | $\sigma_{xy}$ | 0.902 | 0.258 | 好 |
| 6 | $\sigma_{yz}$ | 0.265 | 0.172 | 极差 |
| 7 | $\sigma_{xz}$ | 0.824 | 0.205 | 一般 |
| 8 | $C_{js}$ | 0.946 | 0.317 | 好 |
| 9 | $F$ | 0.954 | 0.003 | 极好 |

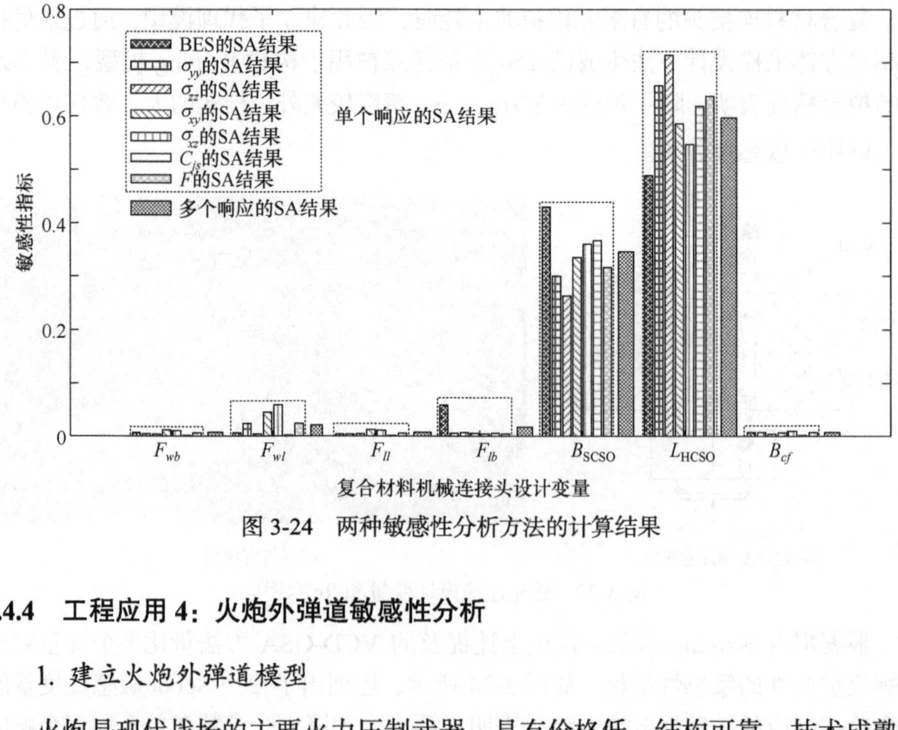


图 3-24　两种敏感性分析方法的计算结果

### 3.4.4　工程应用 4：火炮外弹道敏感性分析

1. 建立火炮外弹道模型

火炮是现代战场的主要火力压制武器，具有价格低、结构可靠、技术成熟等诸多优势；由于火炮在经济性、技术性和杀伤力等方面的表现，在现代战场中具有不可替代的作用。火炮的射击精度问题受到广泛关注，且包含射击密集度和射击准确度的弹丸射击精度，是当前火炮研究和设计的重要技术指标。然而，受弹道、环境、气象等条件的影响，外弹道设计存在很大困难，如何有效地量化炮口参数对落点散布的影响程度对提高火炮打击精度至关重要。因此，本节将基于上述 AHDMR 的全局敏感性近似求解方法对火炮外弹道进行敏感性分析。首先，根据火炮外弹道理论[54]，火炮质心不确定性运动方程可以表示如下：

$$
\begin{cases}
\dfrac{\mathrm{d}v_x}{\mathrm{d}t} = -cH(y)G(v_r,c_s)(v_x - w_x) + \dfrac{v_x v_y}{R}\left(1+\dfrac{y}{R}\right)^{-1} \\
\qquad -2\Omega[(v_z - w_z)\sin\Lambda + v_y\cos\Lambda\sin\alpha] \\
\dfrac{\mathrm{d}v_y}{\mathrm{d}t} = -cH(y)G(v_r,c_s)v_y - g_0\left(1+\dfrac{y}{R}\right)^{-2} + \dfrac{v_x^2}{R}\left(1+\dfrac{y}{R}\right)^{-1} \\
\qquad +2\Omega\cos\Lambda[(v_x - w_x)\sin\alpha + (v_z - w_z)\cos\alpha] \\
\dfrac{\mathrm{d}v_z}{\mathrm{d}t} = -cH(y)G(v_r,c_s)(v_z - w_z) \\
\qquad -2\Omega[v_y\cos\Lambda\cos\alpha - (v_x - w_x)\sin\Lambda] \\
\dfrac{\mathrm{d}x}{\mathrm{d}t} = v_x\left(1+\dfrac{y}{R}\right)^{-1} \\
\dfrac{\mathrm{d}y}{\mathrm{d}t} = v_y \\
\dfrac{\mathrm{d}z}{\mathrm{d}t} = v_z
\end{cases}
\tag{3-132}
$$

结合四阶龙格-库塔算法进行火炮飞行运动学仿真模拟，公式表示如下：

$$
\begin{cases}
\boldsymbol{k}_{x_t}^1 = \boldsymbol{v}_{x_t}\left(1+\dfrac{\boldsymbol{y}_t}{R}\right)^{-1} \\
\boldsymbol{k}_{y_t}^1 = \boldsymbol{v}_{y_t} \\
\boldsymbol{k}_{z_t}^1 = \boldsymbol{v}_{z_t} \\
\boldsymbol{k}_{v_{x_t}}^1 = -cH(y)G(v_r,c_s)\left(\boldsymbol{v}_{x_t} - \boldsymbol{w}_{x_t}\right) + \dfrac{\boldsymbol{v}_{x_t}\boldsymbol{v}_{y_t}}{R}\left(1+\dfrac{\boldsymbol{y}_t}{R}\right)^{-1} \\
\qquad -2\Omega\left[\left(\boldsymbol{v}_{z_t} - \boldsymbol{w}_{z_t}\right)\sin\Lambda + \boldsymbol{v}_{y_t}\cos\Lambda\sin\alpha\right] \\
\boldsymbol{k}_{v_{y_t}}^1 = -cH(y)G(v_r,c_s)\boldsymbol{v}_{y_t} - g_0\left(1+\dfrac{\boldsymbol{y}_t}{R}\right)^{-2} + \dfrac{\boldsymbol{v}_{x_t}{}^2}{R}\left(1+\dfrac{\boldsymbol{y}_t}{R}\right)^{-1} \\
\qquad +2\Omega\cos\Lambda\left[\left(\boldsymbol{v}_{x_t} - \boldsymbol{w}_{x_t}\right)\sin\alpha + \left(\boldsymbol{v}_{z_t} - \boldsymbol{w}_{z_t}\right)\cos\alpha\right] \\
\boldsymbol{k}_{v_{z_t}}^1 = -cH(y)G(v_r,c_s)\left(\boldsymbol{v}_{z_t} - \boldsymbol{w}_{z_t}\right) \\
\qquad -2\Omega\left[\boldsymbol{v}_{y_t}\cos\Lambda\cos\alpha - \left(\boldsymbol{v}_{x_t} - \boldsymbol{w}_{x_t}\right)\sin\Lambda\right]
\end{cases}
\tag{3-133}
$$

$$
\begin{cases}
\boldsymbol{k}_{x_t}^2 = \left(\boldsymbol{v}_{x_t} + 0.5h\cdot\boldsymbol{k}_{x_t}^1\right)\cdot\left(1+\dfrac{\boldsymbol{y}_t + 0.5h\cdot\boldsymbol{k}_{y_t}^1}{R}\right)^{-1} \\
\boldsymbol{k}_{y_t}^2 = \boldsymbol{v}_{y_t} + 0.5h\cdot\boldsymbol{k}_{v_{y_t}}^1 \\
\boldsymbol{k}_{z_t}^2 = \boldsymbol{v}_{z_t} + 0.5h\cdot\boldsymbol{k}_{v_{z_t}}^1 \\
\boldsymbol{k}_{v_{x_t}}^2 = -cH(y)G(v_r,c_s)\left[\boldsymbol{v}_{x_t} + 0.5h\cdot\boldsymbol{k}_{v_{x_t}}^1 - \boldsymbol{w}_{x_t}\right] \\
\qquad + \dfrac{\left(\boldsymbol{v}_{x_t} + 0.5h\cdot\boldsymbol{k}_{v_{x_t}}^1\right)\cdot\left(\boldsymbol{v}_{y_t} + 0.5h\cdot\boldsymbol{k}_{v_{y_t}}^1\right)}{R}\left(1+\dfrac{\boldsymbol{y}_t + 0.5h\cdot\boldsymbol{k}_{y_t}^1}{R}\right)^{-1} \\
\qquad - 2\Omega\left[\left(\boldsymbol{v}_{z_t} + 0.5h\cdot\boldsymbol{k}_{v_{z_t}}^1 - \boldsymbol{w}_{z_t}\right)\sin\Lambda + \left(\boldsymbol{v}_{yt} + 0.5h\cdot\boldsymbol{k}_{v_{y_t}}^1\right)\cos\Lambda\sin\alpha\right] \\
\boldsymbol{k}_{v_{y_t}}^2 = -cH(y)G(v_r,c_s)\left[\boldsymbol{v}_{y_t} + 0.5h\cdot\boldsymbol{k}_{v_{y_t}}^1\right] - g_0\left(1+\dfrac{\boldsymbol{y}_t + 0.5h\cdot\boldsymbol{k}_{y_t}^1}{R}\right)^{-2} \\
\qquad + \dfrac{\left(\boldsymbol{v}_{x_t} + 0.5h\cdot\boldsymbol{k}_{v_{x_t}}^1\right)^2}{R}\left(1+\dfrac{\boldsymbol{y}_t + 0.5h\cdot\boldsymbol{k}_{y_t}^1}{R}\right)^{-1} \\
\qquad + 2\Omega\cos\Lambda\left[\left(\boldsymbol{v}_{x_t} + 0.5h\cdot\boldsymbol{k}_{v_{x_t}}^1 - \boldsymbol{w}_{x_t}\right)\sin\alpha\right. \\
\qquad \left. + \left(\boldsymbol{v}_{z_t} + 0.5h\cdot\boldsymbol{k}_{v_{z_t}}^1 - \boldsymbol{w}_{z_t}\right)\cos\alpha\right] \\
\boldsymbol{k}_{v_{z_t}}^2 = -cH(y)G(v_r,c_s)\left[\boldsymbol{v}_{z_t} + 0.5h\cdot\boldsymbol{k}_{v_{z_t}}^1 - \boldsymbol{w}_{z_t}\right] \\
\qquad - 2\Omega\left[\left(\boldsymbol{v}_{y_t} + 0.5h\cdot\boldsymbol{k}_{v_{y_t}}^1\right)\cos\Lambda\cos\alpha - \left(\boldsymbol{v}_{x_t} + 0.5h\cdot\boldsymbol{k}_{v_{x_t}}^1 - \boldsymbol{w}_{x_t}\right)\sin\Lambda\right]
\end{cases}
\tag{3-134}
$$

$$
\begin{cases}
\boldsymbol{k}_{x_t}^3 = \left(\boldsymbol{v}_{x_t} + 0.5h\cdot\boldsymbol{k}_{v_{x_t}}^2\right)\cdot\left(1+\dfrac{\boldsymbol{y}_t + 0.5h\cdot\boldsymbol{k}_{y_t}^2}{R}\right)^{-1} \\
\boldsymbol{k}_{y_t}^3 = \boldsymbol{v}_{y_t} + 0.5h\cdot\boldsymbol{k}_{v_{y_t}}^2 \\
\boldsymbol{k}_{z_t}^3 = \boldsymbol{v}_{z_t} + 0.5h\cdot\boldsymbol{k}_{v_{z_t}}^2 \\
\boldsymbol{k}_{(v_x,3)} = -cH(y)G(v_r,c_s)\left(\boldsymbol{v}_{x_t} + 0.5h\cdot\boldsymbol{k}_{v_{x_t}}^2 - \boldsymbol{w}_{x_t}\right) \\
\qquad + \dfrac{\left(\boldsymbol{v}_{x_t} + 0.5h\cdot\boldsymbol{k}_{v_{x_t}}^2\right)\cdot\left(\boldsymbol{v}_{y_t} + 0.5h\cdot\boldsymbol{k}_{v_{y_t}}^2\right)}{R}\left(1+\dfrac{\boldsymbol{y}_t + 0.5h\cdot\boldsymbol{k}_{y_t}^2}{R}\right)^{-1} \\
\qquad - 2\Omega\left[\left(\boldsymbol{v}_{z_t} + 0.5h\cdot\boldsymbol{k}_{v_{z_t}}^2 - \boldsymbol{w}_{z_t}\right)\sin\Lambda + \left(\boldsymbol{v}_{y_t} + 0.5h\cdot\boldsymbol{k}_{v_{y_t}}^2\right)\cos\Lambda\sin\alpha\right]
\end{cases}
\tag{3-135a}
$$

$$\begin{cases} \boldsymbol{k}_{(v_y,3)} = -cH(y)G(v_r,c_s)\left(\boldsymbol{v}_{y_t} + 0.5h\cdot\boldsymbol{k}_{v_{y_t}}^2\right) - g_0\left(1+\dfrac{\boldsymbol{y}_t + 0.5h\cdot\boldsymbol{k}_{y_t}^2}{R}\right)^{-2} \\ \qquad + \dfrac{\left(\boldsymbol{v}_{x_t} + 0.5h\cdot\boldsymbol{k}_{v_{x_t}}^2\right)^2}{R}\left(1+\dfrac{\boldsymbol{y}_t + 0.5h\cdot\boldsymbol{k}_{y_t}^2}{R}\right)^{-1} \\ \qquad + 2\Omega\cos\Lambda\left[\left(\boldsymbol{v}_{x_t} + 0.5h\cdot\boldsymbol{k}_{v_{x_t}}^2 - \boldsymbol{w}_{x_t}\right)\sin\alpha\right. \\ \qquad \left. + \left(\boldsymbol{v}_{z_t} + 0.5h\cdot\boldsymbol{k}_{v_{z_t}}^2 - \boldsymbol{w}_{z_t}\right)\cos\alpha\right] \\ \boldsymbol{k}_{(v_z,3)} = -cH(y)G(v_r,c_s)\left[\left(\boldsymbol{v}_{z_t} + 0.5h\cdot\boldsymbol{k}_{v_{z_t}}^2\right) - \boldsymbol{w}_{z_t}\right] \\ \qquad - 2\Omega\left[\left(\boldsymbol{v}_{y_t} + 0.5h\cdot\boldsymbol{k}_{v_{y_t}}^2\right)\cos\Lambda\cos\alpha - \left(\boldsymbol{v}_{x_t} + 0.5h\cdot\boldsymbol{k}_{v_{x_t}}^2 - \boldsymbol{w}_{x_t}\right)\sin\Lambda\right] \end{cases} \tag{3-135b}$$

$$\begin{cases} \boldsymbol{k}_{x_t}^4 = \left(\boldsymbol{v}_{x_t} + h\cdot\boldsymbol{k}_{v_{x_t}}^3\right)\left(1+\dfrac{\boldsymbol{y}_i + h\cdot\boldsymbol{k}_{y_t}^3}{R}\right)^{-1} \\ \boldsymbol{k}_{y_t}^4 = \boldsymbol{v}_{y_t} + h\cdot\boldsymbol{k}_{v_{y_t}}^3 \\ \boldsymbol{k}_{z_t}^4 = \boldsymbol{v}_{z_t} + h\cdot\boldsymbol{k}_{v_{z_t}}^3 \\ \boldsymbol{k}_{v_{x_t}}^4 = -cH(y)G(v_r,c_s)\left(\boldsymbol{v}_{x_t} + h\cdot\boldsymbol{k}_{v_{x_t}}^3 - \boldsymbol{w}_{x_t}\right) \\ \qquad + \dfrac{\left(\boldsymbol{v}_{x_t} + h\cdot\boldsymbol{k}_{v_{x_t}}^3\right)\left(\boldsymbol{v}_{y_t} + h\cdot\boldsymbol{k}_{v_{y_t}}^3\right)}{R}\left(1+\dfrac{\boldsymbol{y}_t + h\cdot\boldsymbol{k}_{y_t}^3}{R}\right)^{-1} \\ \qquad - 2\Omega\left[\left(\boldsymbol{v}_{z_t} + h\cdot\boldsymbol{k}_{v_{z_t}}^3 - \boldsymbol{w}_{z_t}\right)\sin\Lambda + \left(\boldsymbol{v}_{y_t} + h\cdot\boldsymbol{k}_{v_{y_t}}^3\right)\cos\Lambda\sin\alpha\right] \\ \boldsymbol{k}_{v_{y_t}}^4 = -cH(y)G(v_r,c_s)\left(\boldsymbol{v}_{y_t} + h\cdot\boldsymbol{k}_{v_{y_t}}^3\right) - \mathrm{g}_0\left(1+\dfrac{\boldsymbol{y}_t + h\cdot\boldsymbol{k}_{y_t}^3}{R}\right)^{-2} \\ \qquad + \dfrac{\left(\boldsymbol{v}_{x_t} + h\cdot\boldsymbol{k}_{v_{x_t}}^3\right)^2}{R}\left(1+\dfrac{\boldsymbol{y}_t + h\cdot\boldsymbol{k}_{y_t}^3}{R}\right)^{-1} \\ \qquad + 2\Omega\cos\Lambda\left[\left(\boldsymbol{v}_{x_t} + h\cdot\boldsymbol{k}_{v_{x_t}}^3 - \boldsymbol{w}_{x_t}\right)\sin\alpha + \left(\boldsymbol{v}_{z_t} + h\cdot\boldsymbol{k}_{v_{z_t}}^3 - \boldsymbol{w}_{z_t}\right)\cos\alpha\right] \\ \boldsymbol{k}_{v_{z_t}}^4 = -cH(y)G(v_r,c_s)\left(\boldsymbol{v}_{z_t} + h\cdot\boldsymbol{k}_{v_{z_t}}^3 - \boldsymbol{w}_{z_t}\right) \\ \qquad - 2\Omega\left[\left(\boldsymbol{v}_{y_t} + h\cdot\boldsymbol{k}_{v_{y_t}}^3\right)\cos\Lambda\cos\alpha - \left(\boldsymbol{v}_{x_t} + h\cdot\boldsymbol{k}_{v_{x_t}}^3 - \boldsymbol{w}_{x_t}\right)\sin\Lambda\right] \end{cases} \tag{3-136}$$

在 MATLAB 平台上通过编程实现了龙格-库塔微分运算，最终得到火炮不确定性运动轨迹，如图 3-25 所示。

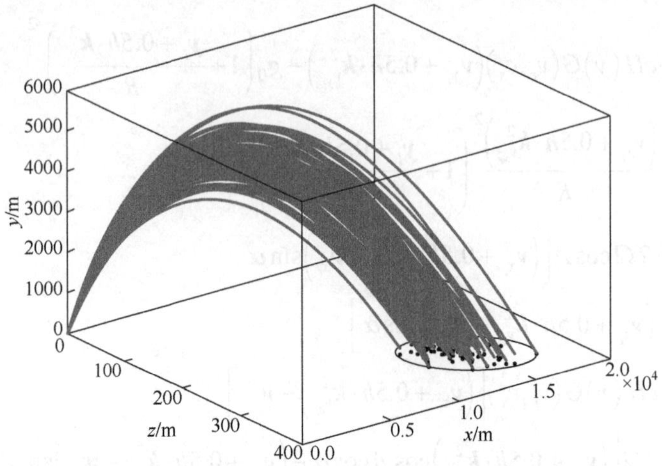


图 3-25　不确定性条件下的火炮外弹道仿真分析

2. 炮口及弹丸参数的敏感性分析

前面构建了火炮外弹道数值仿真模型并建立了炮口以及弹丸参数与落点散布之间的映射关系。本节基于所提 AHDMR 全局敏感性分析方法分别在高斯分布和均匀分布下对火炮外弹道进行敏感性分析，并结合火炮外弹道数值仿真模型，采用 100000 个样本的龙格-库塔仿真计算了综合敏感性指标。在采样过程中，不确定输入变量的平均值为$\left[d,L,m,v_0,\theta,w_x,w_z\right]=\left[0.152,0.6,30,600,45,50,10\right]$，不确定性水平(uncertainty level，UL)为$\mathrm{UL}=\left[0.01,0.02,0.03,0.04.0.05\right]$。最后，在五种不确定性水平下，获得了两种分布的近似敏感性指标，如图 3-26 所示。计算结果表明：

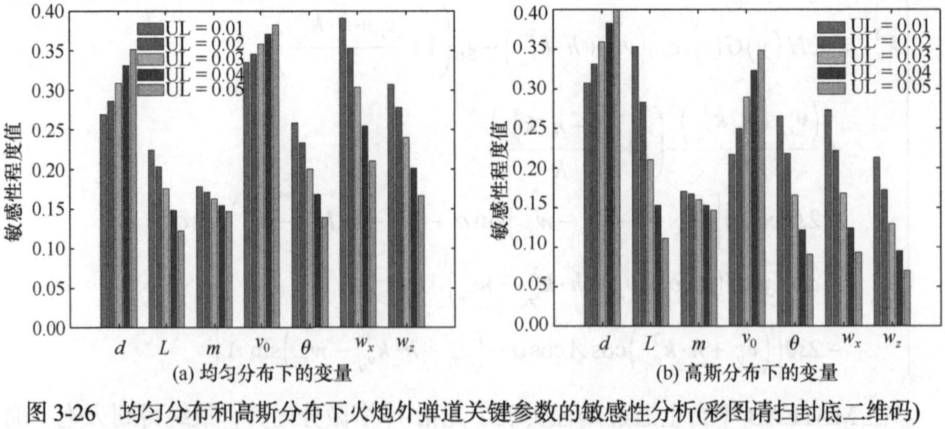


图 3-26　均匀分布和高斯分布下火炮外弹道关键参数的敏感性分析(彩图请扫封底二维码)

(1) 对于高斯分布和均匀分布，参数 $d$、$v_0$ 的敏感性程度随着不确定性水平的增加而提高，而参数$L$、$m$、$w_x$、$\theta$、$w_z$的敏感性程度随着不确定性水平的增加而降低。

(2) 对于相同的不确定性水平，炮口参数$v_0$对弹丸落点散布的影响很大，与实际情况和文献[55]分析结果相一致，火炮外弹道各个参数在高斯分布和均匀分布下的重要性排序，如表 3-22 所示。

**3-22　不同分布和不同不确定性水平下参数的重要性排序**

| 不确定性水平 | 参数的重要性排序 | |
|---|---|---|
| | 均匀分布 | 高斯分布 |
| 0.01 | $w_x > v_0 > w_z > d > \theta > L > m$ | $L > d > w_x > \theta > v_0 > w_z > m$ |
| 0.02 | $w_x > v_0 > d > w_z > \theta > L > m$ | $d > L > v_0 > w_x > \theta > w_z > m$ |
| 0.03 | $v_0 > d > w_x > w_z > \theta > L > m$ | $d > v_0 > L > w_x > \theta > m > w_z$ |
| 0.04 | $v_0 > d > w_x > w_z > \theta > m > L$ | $d > v_0 > L > m > w_x > \theta > w_z$ |
| 0.05 | $v_0 > d > w_x > w_z > m > \theta > L$ | $d > v_0 > m > L > w_x > \theta > w_z$ |

(3) 在均匀分布下，参数$d$、$L$、$\theta$、$w_x$、$w_z$的敏感性程度值随不确定性水平的变化而波动较大，参数$m$、$v_0$受不确定性水平变化的影响较小。

(4) 在高斯分布下，不确定性水平的变化对参数$v_0$、$w_x$、$w_z$、$d$、$L$、$\theta$的敏感性程度值影响很大，对参数$m$影响不大。

## 参 考 文 献


[1] Kucherenko S, Song S. Derivative-based global sensitivity measures and their link with Sobol'sensitivity indices. Monte Carlo and Quasi-Monte Carlo Methods, Cham, 2016: 455-469.

[2] Saltelli A, Bolado R. An alternative way to compute Fourier amplitude sensitivity test (FAST). Computational Statistics & Data Analysis, 1998, 26(4): 445-460.

[3] Sobol I M, Kucherenko S. A new derivative based importance criterion for groups of variables and its link with the global sensitivity indices. Computer Physics Communications, 2010, 181(7): 1212-1217.

[4] Sobol I M. Global sensitivity indices for nonlinear mathematical models and their Monte Carlo estimates. Mathematics and Computers in Simulation, 2001, 55(1-3): 271-280.

[5] Xu L Y, Lu Z Z, Xiao S N. Generalized sensitivity indices based on vector projection for multivariate output. Applied Mathematical Modelling, 2019, 66: 592-610.

[6] Lamboni M. Multivariate sensitivity analysis: Minimum variance unbiased estimators of the first-order and total-effect covariance matrices. Reliability Engineering & System Safety, 2019, 187: 67-92.

[7] Xiao S N, Lu Z Z, Wang P. Multivariate global sensitivity analysis for dynamic models based on wavelet analysis. Reliability Engineering & System Safety, 2018, 170: 20-30.

[8] Cheng K, Lu Z Z, Zhang K C. Multivariate output global sensitivity analysis using multi-output

support vector regression. Structural and Multidisciplinary Optimization, 2019, 59(6): 2177-2187.

[9] Xu C, Zhu P, Liu Z, et al. Mapping-based hierarchical sensitivity analysis for multilevel systems with multidimensional correlations. Journal of Mechanical Design, 2021, 143(1): 011707.

[10] Xu C, Liu Z, Zhu P, et al. Sensitivity-based adaptive sequential sampling for metamodel uncertainty reduction in multilevel systems. Structural and Multidisciplinary Optimization, 2020, 62(3): 1473-1496.

[11] 刘启明. 基于车辆碰撞事故反求的脑损伤评价研究. 长沙: 湖南大学, 2018.

[12] Liu J, Liu Q M, Han X, et al. A new global sensitivity measure based on derivative-integral and variance decomposition and its application in structural crashworthiness. Structural and Multidisciplinary Optimization, 2019, 60(6): 2249-2264.

[13] Wei P F, Lu Z Z, Song J W. A new variance-based global sensitivity analysis technique. Computer Physics Communications, 2013, 184(11): 2540-2551.

[14] Blonigan P J, Wang Q Q. Least squares shadowing sensitivity analysis of a modified Kuramoto-Sivashinsky equation. Chaos, Solitons & Fractals, 2014, 64: 16-25.

[15] Dai C, Li H, Zhang D X. Efficient and accurate global sensitivity analysis for reservoir simulations by use of the probabilistic collocation method. SPE Journal, 2014, 19(4): 621-635.

[16] Sung C H, Kwon J H. Accurate aerodynamic sensitivity analysis using adjoint equations. AIAA Journal, 2000, 38(2): 243-250.

[17] Sudret B, Mai C V. Computing derivative-based global sensitivity measures using polynomial chaos expansions. Reliability Engineering & System Safety, 2015, 134: 241-250.

[18] Cleaves H L, Alexanderian A, Guy H, et al. Derivative-based global sensitivity analysis for models with high-dimensional inputs and functional outputs. SIAM Journal on Scientific Computing, 2019, 41(6): A3524-A3551.

[19] Ishigami T, Homma T. An importance quantification technique in uncertainty analysis for computer models. First International Symposium on Uncertainty Modeling and Analysis, College Park, 1990.

[20] Homma T, Saltelli A. Importance measures in global sensitivity analysis of nonlinear models. Reliability Engineering & System Safety, 1996, 52(1): 1-17.

[21] Melchers R E, Ahammed M. A fast approximate method for parameter sensitivity estimation in Monte Carlo structural reliability. Computers & Structures, 2004, 82(1): 55-61.

[22] Kucherenko S, Rodriguez-Fernandez M, Pantelides C, et al. Monte Carlo evaluation of derivative-based global sensitivity measures. Reliability Engineering & System Safety, 2009, 94(7): 1135-1148.

[23] Gamboa F, Janon A, Klein T, et al. Sensitivity indices for multivariate outputs. Comptes Rendus Mathematique, 2013, 351(7-8): 307-310.

[24] Sudret B, Caniou Y. Analysis of covariance (ANCOVA) using polynomial chaos expansions. Proceedings of the 11th international conference on structural safety and reliability, New York, 2013.

[25] Rabitz H, Aliş Ö F. General foundations of high - dimensional model representations. Journal of Mathematical Chemistry, 1999, 25(13): 197-233.

[26] Wang S W, Georgopoulos P G, Li G Y, et al. Random sampling-high dimensional model representation (RS-HDMR) with nonuniformly distributed variables: Application to an integrated multimedia/multipathway exposure and dose model for trichloroethylene. The Journal of Physical Chemistry A, 2003, 107(23): 4707-4716.

[27] Evans M, Swartz T. Approximating integrals via Monte Carlo and deterministic methods. OUP Catalogue, 2000, (4): 1287.

[28] Li G Y, Wang S W, Rabitz H. Practical approaches to construct RS-HDMR component functions. The Journal of Physical Chemistry A, 2002, 106(37): 8721-8733.

[29] Li G Y, Hu J S, Wang S W, et al. Random sampling-high dimensional model representation (RS-HDMR) and orthogonality of its different order component functions. The Journal of Physical Chemistry A, 2006, 110(7): 2474-2485.

[30] Bailie J A, Ley R P, Pasricha A. A summary and review of composite laminate design guidelines. NASA contract final report NAS1-19347. National Aeronautics and Space Administration, Langley Research Center, 1997.

[31] He K, Hoa S V, Ganesan R. The study of tapered laminated composite structures: A review. Composites Science and Technology, 2000, 60(14):2643-2657.

[32] Mukherjee A, Varughese B. Design guidelines for ply drop-off in laminated composite structures. Composites Part B: Engineering, 2001, 32(2): 153-164.

[33] Allegri G, Kawashita L F, Backhouse R, et al. On the optimization of tapered composite laminates in preliminary structural design. Proceedings of the 17th International Conference on Composite Materials, Edinburgh, 2009.

[34] Irisarri F X, Lasseigne A, Leroy F H, et al. Optimal design of laminated composite structures with ply drops using stacking sequence tables. Composite Structures, 2014, 107: 559-569.

[35] Liu Q, Li Y, Cao L, et al. Structural design and global sensitivity analysis of the composite B-pillar with ply drop-off. Structural and Multidisciplinary Optimization, 2018, 57(3): 965-975.

[36] Liu Q M, Wu X F, Han X, et al. sensitivity analysis and interval multi-objective optimization for an occupant restraint system considering craniocerebral injury. Journal of Mechanical Design, 2020, 142(2): 1-31.

[37] Reichert R, Mohan P, Marzougui D, et al. Validation of a Toyota finite element model for multiple impact configurations. SAE World Congress and Exhibition, Detroit, 2016.

[38] Marzougui D, Samaha R R, Cui C, et al. Extended validation of the finite element model for the 2007 pick-up truck. Ashburn: US National Crash Analysis Center, 2012.

[39] LSTC. Download LSTC Dummy and Barrier Models for LS-DYNA. http://www.lstc.com/download/dummy_and_barrier_models[2018-04-06].

[40] Zhang J Y, Zhang M, Ding R F, et al. Key techniques of multi-body modeling of occupant restraint system of vehicle side impact. Chinese Journal Of Mechanical Engineering (English Edition), 2006, 19(3): 396-400.

[41] Deng X Q, Potula S, Grewal H, et al. Finite element analysis of occupant head injuries: Parametric effects of the side curtain airbag deployment interaction with a dummy head in a side impact crash. Accident Analysis & Prevention, 2013, 55: 232-241.

[42] Versace J. A review of the severity index (No. 710881). SAE Technical Paper Series, Warrendale, 1971.

[43] Takhounts E G, Hasija V, Ridella S A, et al. Kinematic rotational brain injury criterion (BRIC). Proceedings of the 22nd Enhanced Safety of Vehicles Conference, 2011.

[44] Takhounts E G, Craig M J, Moorhouse K, et al. Development of brain injury criteria (BrIC). Stapp Car Crash Journal, 2013, 57: 243-266.

[45] Kimpara H, Iwamoto M. Mild traumatic brain injury predictors based on angular accelerations during impacts. Annals of Biomedical Engineering, 2012, 40(1): 114-126.

[46] Jiang C, Han X. A new uncertain optimization method based on intervals and an approximation management model. Computer Modeling in Engineering and Sciences, 2007, 22(2): 97-118.

[47] Jiang C, Han X, Guan F J, et al. An uncertain structural optimization method based on nonlinear interval number programming and interval analysis method. Engineering Structures, 2007: 29(11): 3168-3177.

[48] Lee Y H, Corman R E, Ewoldt R H, et al. A multiobjective adaptive surrogate modeling-based optimization (MO-ASMO) framework using efficient sampling strategies. International Design Engineering Technical Conferences and Computers and Information in Engineering Conference, Cleveland, 2017.

[49] Chen C, Hu D A, Liu Q M, et al. Evaluation on the interval values of tolerance fit for the composite bolted joint. Composite Structures, 2018, 206: 628-636.

[50] Liu F R, Zhao L B, Mehmood S, et al. A modified failure envelope method for failure prediction of multi-bolt composite joints. Composites Science and Technology, 2013, 83: 54-63.

[51] Bodjona K, Raju K, Lim G H, et al. Load sharing in single-lap bonded/bolted composite joints. Part I: Model development and validation. Composite Structures, 2015, 129: 268-275.

[52] Song D L, Li Y, Zhang K F, et al. Stress distribution modeling for interference-fit area of each individual layer around composite laminates joint. Composites Part B: Engineering, 2015, 78: 469-479.

[53] Kiral B G. Effect of the clearance and interference-fit on failure of the pin-loaded composites. Materials & Design, 2010, 31(1): 85-93.

[54] 张小兵. 枪炮内弹道学. 北京: 北京理工大学出版社, 2014.

[55] Dursun T. Effects of projectile and Gun parameters on the dispersion. Defence Science Journal, 2020, 70(2): 166-174.

# 第 4 章　复杂机械系统不确定性计算反求方法

## 4.1　引　言

在工程实际应用中，反问题是广泛存在的，如裂纹识别、交通事故重建、故障诊断、遥感监测等，然而，测量技术的局限性、传感信息的随机性、物理模型的复杂性以及研究人员认知水平的差异性等导致系统不可避免地存在一定的不确定性，工程反问题中参数不确定性通常会给反问题计算造成较大困难，当以概率形式量化参数的不确定性时，它们通常被看作随机变量处理，当以区间形式量化参数的不确定性时，其通常被看作认知变量处理[1-3]。一般而言，不确定性反问题包括两种，即输出不确定性反问题和模型不确定性反问题。在模型不确定性反问题中，有这样一类工程反问题：已知部分模型参数的分布特性和测量响应，反求其余模型参数。例如，在车辆碰撞事故重建中，车辆结构损伤变形可根据事故勘测标准测量得到，但车胎和路面摩擦系数难以通过测量准确获取，只能通过经验或以往数据通过不确定性的手段进行描述。因此，在不确定性条件下，正确客观地由已知测量和经验信息高效地反求模型或输入参数并评价其影响，具有重要的工程应用价值。

不确定性反问题模型求解通常会涉及双层嵌套求解问题，即内层是迭代优化求解，外层是不确定性传播计算，双层嵌套使得不确定性反问题求解效率极其低下，发展高效的不确定性计算反求方法以提高不确定性反问题的工程实用性具有重要意义，为此，本章将分别从概率和非概率的角度发展两类不确定性计算反求方法。首先考虑参数的相关性影响，提出一种基于点估计与逆 Nataf 转换相结合的不确定性反求方法，通过 Nataf 转换将相关变量转换为独立变量，再利用配置点和对应的浓缩概率对参数的概率密度函数进行估计，从而将这类不确定性反问题转换为若干确定性反问题，有效避免了耗时的双层嵌套求解过程。在此基础上，通过确定性反求计算高效地获得了待反求参数的统计矩。另外，本章提出一种基于区间降维法和自适应配置策略的不确定性计算反求方法，将区间反问题转换为逆传播问题；然后，利用降维法将逆传播函数转换为多个一维逆传播函数，采用自适应配置策略来确定区间内的配置节点，以此为基础进行一维逆传播计算，进而得到待反求参数的区间。

## 4.2 基于点估计和逆 Nataf 转换的不确定性计算反求方法

在工程实际应用中，抽样计算规模大，识别不确定性参数的过程比较耗时，近年来，在不确定性反问题的研究中，Cao 等[4]和 Liu 等[5,6]做了大量工作并取得了一系列研究成果，然而，在许多工程实际问题中，不确定性参数往往不是独立的，这导致对反问题求解难度更大。在考虑相关性的情况下，本节提出一种基于点估计法(point estimation method，PEM)和逆 Nataf 转换(inverse Nataf transformation，INT)相结合的计算反求方法(INT-PEM)。

### 4.2.1 随机不确定性反问题的数学描述

本节针对考虑变量相关的不确定性反问题，首先以式(4-1)表示其正问题模型：

$$\boldsymbol{Y}=\boldsymbol{g}(\boldsymbol{X},\boldsymbol{R}) \tag{4-1}$$

式中，$\boldsymbol{Y}$ 是确定数值大小的测量响应；$\boldsymbol{X}$ 是模型参数，其可以通过反求方法的计算得以确定；$\boldsymbol{g}(\cdot,\cdot)$ 是含多个参量的系统方程，在工程应用中很难具体表达；$\boldsymbol{R}$ 是表示概率分布特征已知情况下的 $n$ 维模型不确定性参数。式(4-1)展开后可以用式(4-2)进行表示：

$$\begin{cases} Y_1=g_1(X_1,X_2,\cdots,X_m,R_1,R_2,\cdots,R_n) \\ Y_2=g_2(X_1,X_2,\cdots,X_m,R_1,R_2,\cdots,R_n) \\ \quad\vdots \\ Y_m=g_m(X_1,X_2,\cdots,X_m,R_1,R_2,\cdots,R_n) \end{cases} \tag{4-2}$$

通常，由不确定性传播理论，模型参数 $\boldsymbol{X}$ 是不确定的，在识别模型参数 $\boldsymbol{X}$ 时，为了量化不确定性参数，不确定性反问题可以表示为

$$\begin{cases} \text{find } f(X_s), \quad s=1,2,\cdots,m \\ \min \text{Err}=\sum\limits_{l=1}^{m}\left\|Y_l-\hat{Y}_l\right\|^2 \\ \text{s.t. } Y_l=g_l(X_1,X_2,\cdots,X_m,R_1,R_2,\cdots,R_n), \quad l=1,2,\cdots,m \\ \qquad R_i,R_j\to\left(f(R_i),f(R_j),\rho_{ij}\right), \quad i,j=1,2,\cdots,n \end{cases} \tag{4-3}$$

式中，$f(R_i)$是不确定性参数 $R_i$ 的概率密度函数(PDF)；$f(X_s)$是模型参数 $X_s$ 的 PDF；$Y_l$ 是采用数值模拟得到的响应；$\hat{Y}_l$ 是实际的响应；$\rho_{ij}$ 是 $R_i$ 和 $R_j$ 的相关系数。由式(4-3)可知，在满足一定条件下，由最小化误差函数可以通过反求识别得到模型参数 $X_s$ 的 PDF。

### 4.2.2　基于 Nataf 算法的变量相关性转换

在变量相关的模型中，可以用 Nataf 转换方法，把相关变量转换为独立变量，通过式(4-4)可以将 $n$ 维相关变量 $\boldsymbol{R}$ 转换为标准正态随机变量 $\boldsymbol{V}_N$：

$$\boldsymbol{V}_N = \Phi^{-1}\left(F\left(\boldsymbol{R}\right)\right) \tag{4-4}$$

式中，$F\left(\boldsymbol{R}\right)$ 是 $\boldsymbol{R}$ 的累积分布函数；$\Phi^{-1}(\cdot)$ 是 $\boldsymbol{V}_N$ 的逆累积分布函数操作器。假设 $\boldsymbol{\rho}_v$ 和 $\boldsymbol{\rho}_\gamma$ 分别是 $\boldsymbol{V}_N$ 和 $\boldsymbol{R}$ 的线性相关系数矩阵，由 Nataf 转换方法，变量之间的相关系数矩阵关系可以用式(4-5)表示：

$$\begin{aligned}\rho_{\gamma ij} &= \int_{-\infty}^{+\infty}\int_{-\infty}^{+\infty}\frac{R_i-\mu_i}{\sigma_i}\cdot\frac{R_j-\mu_j}{\sigma_j}f\left(R_i,R_j\right)\mathrm{d}R_i\mathrm{d}R_j \\ &= \int_{-\infty}^{+\infty}\int_{-\infty}^{+\infty}\frac{F^{-1}\left(\Phi\left(V_i\right)\right)-\mu_i}{\sigma_i}\cdot\frac{F^{-1}\left(\Phi\left(V_j\right)\right)-\mu_j}{\sigma_j}\varphi_2\left(V_i,V_j,\rho_{vij}\right)\mathrm{d}V_i\mathrm{d}V_j\end{aligned} \tag{4-5}$$

式中，$\mu_i$ 和 $\mu_j$ 分别是随机变量 $R_i$ 和 $R_j$ 的均值；$\sigma_i$ 和 $\sigma_j$ 分别是 $R_i$ 和 $R_j$ 的标准差；$F^{-1}$ 是 $\boldsymbol{R}$ 的逆累计分布函数操作器；$\varphi_2\left(V_i,V_j,\rho_{vij}\right)$ 是二维标准正态分布随机变量的累积分布函数；$\rho_{vij}$ 是变量之间的相关系数。为了进一步减小计算成本，提高计算效率，$\rho_{vij}$ 可以由式(4-6)求解获得：

$$\rho_{vij} = \rho_{\gamma ij}\cdot\psi \tag{4-6}$$

式中，$\psi$ 是半经验公式。通常 $\boldsymbol{\rho}_v$ 是正定的，可以用式(4-7)表示：

$$\boldsymbol{\rho}_v = \boldsymbol{B}\cdot\boldsymbol{B}^{\mathrm{T}} \tag{4-7}$$

式中，$\boldsymbol{B}$ 是下三角矩阵，可通过 Cholesky 分解得到，$\boldsymbol{B}^{\mathrm{T}}$ 是转置矩阵。基于矩阵 $\boldsymbol{B}$ 可以得到如式(4-8)所示的独立标准正态随机变量：

$$\boldsymbol{Z} = \boldsymbol{B}^{-1}\boldsymbol{V}_N \tag{4-8}$$

### 4.2.3　基于点估计的不确定性反问题快速求解方法

基于 Nataf 转换方法转换相关变量后，求解这一不确定性反问题涉及不确定性传播和优化识别双层嵌套过程，其求解过程非常耗时，为了提高计算效率，本节将基于 PEM 的不确定性反问题转换为确定性反问题。假设 $f\left(R_h\right)$、$\mu_h$ 和 $\sigma_h$ 分别表示随机变量 $R_h\left(h=1,2,\cdots,n\right)$ 的概率密度函数、均值和标准差，$D_{h,i}$ 是随机变量 $R_h$ 的第 $i$ 阶中心矩，

$$D_{h,i} = \int_{-\infty}^{+\infty}\left(R_h-\mu_h\right)^i f_{R_h}\left(R_h\right)\mathrm{d}R_h \tag{4-9}$$

此外，假设$\gamma_{X_h,i}$是$D_{h,i}$和$(\sigma_h)^i$的比值，如式(4-10)所示：

$$\gamma_{X_h,i}=D_{h,i}/(\sigma_h)^i,\quad i=1,2,3,\cdots \tag{4-10}$$

当$i$取值1和2时，$\gamma_{X_h,i}$分别为0和1；当$i$取值3和4时，$\gamma_{X_h,3}$和$\gamma_{X_h,4}$分别为偏度和峰度。为了实现不确定性反问题的转换，不确定性变量的概率密度函数可以由含有权重比的$q$个估计点来表征，在不确定性参数向量$\boldsymbol{R}$中，不确定性参数$R_h$为估计点的值，其余不确定性参数为均值，即相对应的不确定性参数配置点为

$$R_{h,k}=\left(\mu_1,\mu_2,\cdots,r_{h,k},\cdots,\mu_n\right) \tag{4-11}$$

其中，$r_{h,k}$可以表示为

$$r_{h,k}=\mu_h+\xi_{h,k}\sigma_h,\quad h=1,2,\cdots,n,\quad k=1,2,\cdots,q \tag{4-12}$$

式中，$\xi_{h,k}$是位置系数。$p_{h,k}$是权重系数，也就是浓缩概率，但浓缩概率要满足以下条件：

$$\sum_{h=1}^{n}\sum_{k=1}^{q}p_{h,k}=1 \tag{4-13}$$

$$\sum_{k=1}^{q}p_{h,k}=\frac{1}{n} \tag{4-14}$$

将式(4-1)改写为式(4-15)，可以方便后面公式的推导：

$$\boldsymbol{X}=\overleftarrow{\boldsymbol{g}}(\boldsymbol{Y},\boldsymbol{R}) \tag{4-15}$$

式中，$\overleftarrow{\boldsymbol{g}}(\cdot,\cdot)$是逆向映射；$\boldsymbol{Y}$是测量响应。将式(4-15)在$\boldsymbol{R}=\left(R_1,R_2,\cdots,R_n\right)$进行$2q-1$阶无交叉多元泰勒级数展开，如式(4-16)所示：

$$X_i=\overleftarrow{g}_i(\boldsymbol{Y},\boldsymbol{R})\approx\overleftarrow{g}_i(\boldsymbol{Y},\boldsymbol{\mu})+\sum_{h=1}^{n}\sum_{j=1}^{2q-1}\frac{1}{j!}\overleftarrow{g}_i^{(h,j)}(\boldsymbol{Y},\boldsymbol{\mu})\left(R_h-\mu_h\right)^j \tag{4-16}$$

式中，$\boldsymbol{\mu}=\left(\mu_1,\mu_2,\cdots,\mu_n\right)$是$\boldsymbol{R}$的均值向量；$\overleftarrow{g}_i^{(h,j)}$是逆向系统函数$\overleftarrow{\boldsymbol{g}}(\cdot,\cdot)$对不确定性参数$R_h$在均值$\mu_h$处的第$j$阶导数，再结合式(4-9)和式(4-10)，待识别参数$\boldsymbol{X}$的期望可由式(4-17)得到：

$$\begin{aligned}\mu_{X_i}&=E\left(X_i\right)=E\left(\overleftarrow{g}_i(\boldsymbol{Y},\boldsymbol{R})\right)=\int_k\overleftarrow{g}_i(\boldsymbol{Y},\boldsymbol{R})f(\boldsymbol{R})\mathrm{d}\boldsymbol{R}\\&\approx\overleftarrow{g}_i(\boldsymbol{Y},\boldsymbol{\mu})+\sum_{h=1}^{n}\sum_{j=1}^{2q-1}\frac{1}{j!}\overleftarrow{g}_i^{(h,j)}(\boldsymbol{Y},\boldsymbol{\mu})\int_{-\infty}^{+\infty}\left(R_h-\mu_h\right)^j f\left(R_h\right)\mathrm{d}R_h\\&=\overleftarrow{g}_i(\boldsymbol{Y},\boldsymbol{\mu})+\sum_{h=1}^{n}\sum_{j=1}^{2q-1}\frac{1}{j!}\overleftarrow{g}_i^{(h,j)}(\boldsymbol{Y},\boldsymbol{\mu})\gamma_{h,j}\sigma_h^j\end{aligned} \tag{4-17}$$

式中，$E(\cdot)$是期望的求解。由式(4-13)以及点估计理论，待识别参数$\boldsymbol{X}$的期望可以近似表示为

$$\mu_{X_i}=E\left(X_i\right)=\frac{1}{n}\sum_{h=1}^{n}\overleftarrow{g}_i\left(\boldsymbol{Y},\boldsymbol{R}\right)=\sum_{h=1}^{n}\sum_{k=1}^{q}p_{h,k}\overleftarrow{g}_i\left(\boldsymbol{Y},\boldsymbol{R}\right) \tag{4-18}$$

将式(4-12)和式(4-16)代入式(4-18)可以得到

$$\begin{aligned}\mu_{X_i}&\approx\sum_{h=1}^{n}\sum_{k=1}^{q}p_{h,k}\left[\overleftarrow{g}_i\left(\boldsymbol{Y},\boldsymbol{\mu}\right)+\sum_{j=1}^{2q-1}\frac{1}{j!}\overleftarrow{g}_i^{(h,j)}\left(\boldsymbol{Y},\boldsymbol{\mu}\right)\left(r_{h,k}-\mu_h\right)^j\right]\\&=\sum_{h=1}^{n}\sum_{k=1}^{q}\left[p_{h,k}\overleftarrow{g}_i\left(\boldsymbol{Y},\boldsymbol{\mu}\right)+\sum_{j=1}^{2q-1}\frac{1}{j!}\overleftarrow{g}_i^{(h,j)}\left(\boldsymbol{Y},\boldsymbol{\mu}\right)p_{h,k}\left(\xi_{h,k}\sigma_h\right)^j\right]\end{aligned} \tag{4-19}$$

通过对比式(4-17)和式(4-19)，再结合式(4-14)，可以得到$n\times 2q$个方程组：

$$\begin{cases}\displaystyle\sum_{k=1}^{q}p_{h,k}=\frac{1}{n}\\ \displaystyle\sum_{k=1}^{q}p_{h,k}\xi_{h,k}^{j}=\gamma_{h,j},\ j=1,2,\cdots,2q-1\end{cases} \tag{4-20}$$

由以上方程组求解后可以得到$q$个估计点和对应的浓缩概率值。为了保证求解精度，方便得到位置系数$\boldsymbol{\xi}_h=\left[\xi_{h,1},\xi_{h,2},\xi_{h,3}\right]$和对应浓缩概率$\boldsymbol{p}_h=[p_{h,1},p_{h,2},p_{h,3}]$，一般取$q$=3，即三点估计法。

$$\begin{cases}\xi_{h,k}=\dfrac{\gamma_{h,3}}{2}+\left(-1\right)^{3-k}\sqrt{\gamma_{h,4}-\dfrac{3\gamma_{h,3}^2}{4}}\\ \xi_{h,3}=0\\ p_{h,k}=\dfrac{\left(-1\right)^{3-k}}{\xi_{h,k}\left(\xi_{h,1}-\xi_{h,2}\right)}\\ p_{h,3}=\dfrac{1}{n}-p_{h,1}-p_{h,2}=\dfrac{1}{n}-\dfrac{1}{\gamma_{h,4}-\gamma_{h,3}^2}\end{cases},\quad k=1,2;h=1,2,\cdots,n \tag{4-21}$$

### 4.2.4 INT-PEM 不确定性计算反求方法的基本流程

在建立不确定性反问题模型中，为了考虑变量的相关性，本节将逆 Nataf 转换方法与 PEM 结合，提出基于 INT-PEM 的计算反求方法，其主要步骤如图 4-1 所示，详细的描述如下：

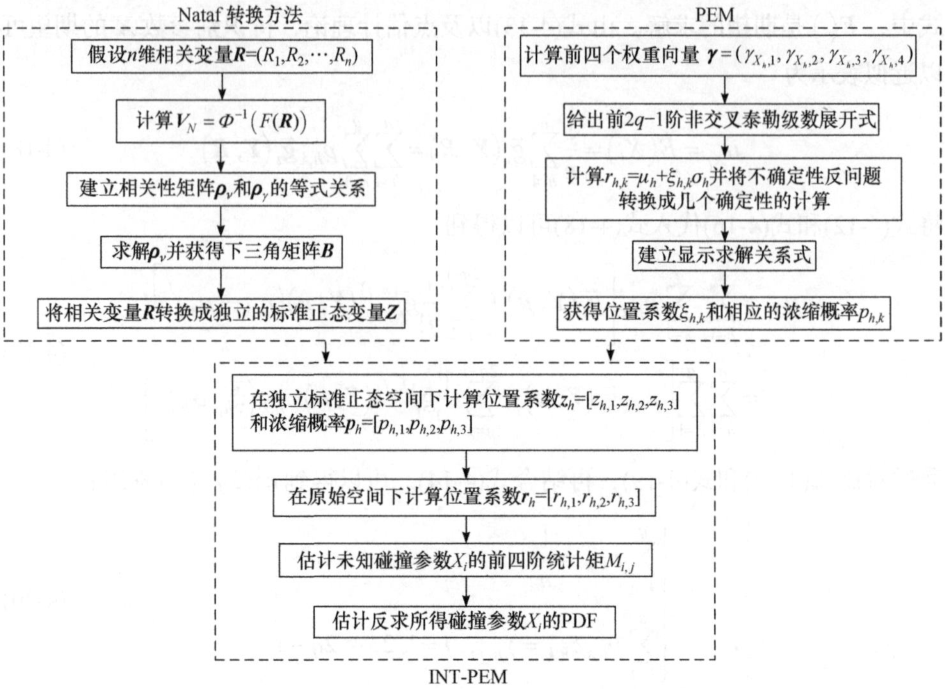


图 4-1　基于点估计和逆 Nataf 转换方法的不确定性计算反求的基本流程

(1) 在独立标准正态空间下，计算估计点的位置系数和浓缩概率值。利用 4.2.2 节中的 Nataf 转换方法可以计算得到独立的标准正态随机变量 $\boldsymbol{Z}$，基于标准正态分布的前四阶统计矩很容易计算得到，均值和标准差分别为 0 和 1，偏度和峰度分别为 0 和 3，由式(4-21)可得到估计点的位置系数和相应的浓缩概率值，即

$$\boldsymbol{z}_h = \left[ z_{h,1}, z_{h,2}, z_{h,3} \right] = \left[ \sqrt{3}, -\sqrt{3}, 0 \right] \tag{4-22}$$

$$\boldsymbol{p}_h = \left[ p_{h,1}, p_{h,2}, p_{h,3} \right] = \left[ \frac{1}{6}, \frac{1}{6}, \frac{1}{n} - \frac{1}{3} \right] \tag{4-23}$$

(2) 原始空间下，计算估计点的位置系数和浓缩概率值。根据逆 Nataf 转换方法，可以计算得到不确定性参数 $\boldsymbol{R}$ 的位置系数为 $\boldsymbol{r}_h = \left[ r_{h,1}, r_{h,2}, r_{h,3} \right]$

$$r_{h,k} = N^{-1}\left( z_{h,k} \right), \quad k = 1,2,3; h = 1, 2, \cdots, n \tag{4-24}$$

式中，$N^{-1}(\cdot)$是逆 Nataf 转换操作。需要指出的是，不同空间对应的浓缩概率是相同的。

(3) 估计待识别模型参量 $\boldsymbol{X}$ 的原点矩。基于三点估计法，未知参数 $X_i$ 的第 $l$ 阶原点矩 $M_{l,i}$ 可以由式(4-25)计算得到：

$$
\begin{aligned}
M_{t,i} &= E\left(X_i^t\right) = \sum_{i=1}^{n}\sum_{k=1}^{3} p_{h,k}\left(\overleftarrow{g}_i\left(\boldsymbol{Y}, \mu_1, \mu_2, \cdots, r_{h,k}, \cdots, \mu_n\right)\right)^t \\
&= \sum_{i=1}^{n}\sum_{k=1}^{3} p_{h,k}\left[\overleftarrow{g}_i\left(\boldsymbol{Y}, N^{-1}(0), N^{-1}(0), \cdots, N^{-1}\left(z_{h,k}\right), \cdots, N^{-1}(0)\right)\right]^t, \quad t=1,2,3,4
\end{aligned}
\tag{4-25}
$$

基于三点估计法和逆 Nataf 转换方法，可以实现基于相关变量的未知模型参数的识别，并且反求计算只需要 $2n+1$ 次，在很大程度上提高了计算效率，减少了计算成本。为了进一步获取识别的模型参数的概率分布，并且评估不确定性参数的影响更为全面，将在 4.2.5 节中使用最大熵原理进一步估计模型参数的概率密度函数。

### 4.2.5 基于最大熵原理估计不确定性反求参量的概率密度函数

将随机变量统计矩作为约束，常用鞍点逼近法[7]、最大熵原理[8]和 Gegenbauer 多项式[9]等方法逼近其概率密度函数，本节以最大熵原理对待反求参数的概率密度函数进行估计。

在满足高阶统计矩的条件下，假设 $f_{X_i}(x_i)$ 为待识别参数 $X_i$ 的连续概率分布函数，基于最大熵原理对概率密度函数进行建模，要满足

$$
\begin{cases}
\max\ H\left(X_i\right) = -\displaystyle\int_{-\infty}^{+\infty} f_{X_i}\left(x_i\right)\ln f_{X_i}\left(x_i\right)\mathrm{d}x_i \\
\text{s.t.}\quad \displaystyle\int_{-\infty}^{+\infty} f_{X_i}\left(X_i\right) = 1 \\
\qquad\ \displaystyle\int_{-\infty}^{+\infty} x_i^{\,j} f_{X_i}\left(x_i\right)\mathrm{d}x_i = M_j\left(x_i\right), \quad j=1,2,\cdots,r
\end{cases}
\tag{4-26}
$$

对于解式(4-26)的优化问题，使用拉格朗日乘子法，式(4-27)是拉格朗日修正函数：

$$
\begin{aligned}
G\left(X_i\right) = &-\int_{-\infty}^{+\infty} f_{X_i}\left(x_i\right)\ln f_{X_i}\left(x_i\right)\mathrm{d}x_i + \left(a_0+1\right)\left(\int_{-\infty}^{+\infty} f_{X_i}\left(x_i\right)-1\right) \\
&+\sum_{j=1}^{r} a_j\left(\int_{-\infty}^{+\infty} x_i^{\,j} f_{X_i}\left(x_i\right)\mathrm{d}x_i - M_j\left(X_i\right)\right)
\end{aligned}
\tag{4-27}
$$

式中，$a_j\left(j=0,1,\cdots,r\right)$ 是拉格朗日待定系数。式(4-27)在稳定点处满足 $\dfrac{\partial G\left(X_i\right)}{\partial f_{X_i}\left(x_i\right)}=0$，因此基于最大熵原理的 PDF 可以用式(4-28)表示：

$$f_{X_i}\left(x_i\right)=\exp\left(-\sum_{j=0}^{r}a_jx^j\right) \tag{4-28}$$

将式(4-28)代入式(4-26)中，能够得到拉格朗日待定系数，在文献[10]中有对拉格朗日待定系数 $a_j\left(j=0,1,\cdots,r\right)$ 的详细求解论述过程。

### 4.2.6 数值算例

构建一个方程组[6]，其表达式如下所示：

$$\begin{cases}Z_1=X_1-X_2^3-U_2\\ Z_2=e^{X_1/2}+10/X_2-U_1\end{cases} \tag{4-29}$$

式中，$Z_1$ 和 $Z_2$ 是通过测量得到的响应，并且 $Z_1=3$、$Z_2=1$；$X_1$ 和 $X_2$ 是待反求参量；$U_1$ 和 $U_2$ 是已知的模型参量，$U_1$ 满足(35，8)的对数正态分布，$U_2$ 满足(16，3)的正态分布。根据三点估计法，要得到待识别参量 $X_1$ 和 $X_2$ 的前四阶原点矩需要 5 次确定性反求。表 4-1 列出了分别基于 MCS 与 PEM 的反求结果，其中基于 MCS 方法执行了 10000 次确定性反求。在表 4-1 中把待反求参量的前四阶原点矩转换为均值和标准差、偏度、峰度，从表中的结果可以看出，基于 PEM 和 MCS 方法得到的结果非常相近，这也说明在前面不确定性反问题的求解中，运用 PEM 能够满足精度要求。在表 4-1 中，$X_2$ 为一个近似的无偏分布，两者的数值结果都接近于 0，从而导致基于三点估计法和 MCS 方法反求得到的偏度误差较大。

表 4-1 待反求参数 $X_1$ 和 $X_2$ 的统计矩信息

| 统计特征 | $X_1$ | | | $X_2$ | | |
|---|---|---|---|---|---|---|
| | MCS | PEM | 相对误差/% | MCS | PEM | 相对误差/% |
| 均值 | 5.2190 | 5.2096 | 0.1823 | 3.1976 | 3.1980 | 0.0094 |
| 标准差 | 0.4587 | 0.4577 | −0.2180 | 0.0923 | 0.0927 | 0.4334 |
| 偏度 | −0.7697 | −0.6356 | −17.4224 | 0.0544 | 0.0219 | −59.7426 |
| 峰度 | 4.2353 | 3.1315 | −26.0619 | 3.0179 | 2.8504 | −5.5502 |

## 4.3 基于区间分析的不确定性计算反求方法

### 4.3.1 区间不确定性反问题的数学描述

一般反问题模型可以表述为

$$\boldsymbol{Z}=\boldsymbol{g}(\boldsymbol{X}),Z_i=g_i(X_1,X_2,\cdots,X_n),\quad i=1,2,\cdots,m \tag{4-30}$$

式中，$\boldsymbol{X}$ 是需要通过反求计算识别的 $n$ 维结构参数向量；$\boldsymbol{g}$ 是系统函数向量；$\boldsymbol{Z}$ 是能够通过测量获得的结构响应向量；$m$ 是函数的个数；$n$ 是要识别的参数，一般来说，$m$ 应大于或等于 $n$，以保证等式(4-30)有正定解。假设结构的某些参数或输入存在不确定性，则其区间不确定性反问题可表述为

$$\boldsymbol{Z}=\boldsymbol{g}(\boldsymbol{X},\boldsymbol{U}),\quad Z_i=g_i\left(X_1,X_2,\cdots,X_n,U_1,U_2,\cdots,U_q\right),\quad i=1,2,\cdots,m \tag{4-31}$$

其中，

$$\boldsymbol{U}\in\boldsymbol{U}^{\mathrm{I}}=\left[\boldsymbol{U}^{\mathrm{L}},\boldsymbol{U}^{\mathrm{R}}\right],\quad U_k=\left[U_k^{\mathrm{L}},U_k^{\mathrm{R}}\right],\quad k=1,2,\cdots,q \tag{4-32}$$

式中，区间向量 $\boldsymbol{U}^{\mathrm{I}}$ 用于描述参数向量 $\boldsymbol{U}$ 的不确定性；上标 I、L 和 R 分别是区间、区间的下界和上界；$q$ 是区间参数的个数；$\boldsymbol{Z}$ 是确定性响应向量。

式(4-31)称为模型不确定性反问题。对于确定性反问题，可以通过确定性反求计算获得识别参数，对于区间参数，识别出的参数可能值将形成一个解集，这里用区间向量来描述。因此，相应的区间反问题可以进一步表示为

$$\begin{cases}F:\boldsymbol{U}^{\mathrm{I}}\to\boldsymbol{X}^{\mathrm{I}}\\ \boldsymbol{Z}=\boldsymbol{g}(\boldsymbol{X},\boldsymbol{U})\end{cases} \tag{4-33}$$

式中，$F$ 表示不确定性参数向量 $\boldsymbol{U}^{\mathrm{I}}$ 到已识别参数向量 $\boldsymbol{X}^{\mathrm{I}}$ 的区间传播映射关系。式(4-33)是在 $\boldsymbol{Z}=\boldsymbol{g}(\boldsymbol{X},\boldsymbol{U})$ 条件下，根据区间参数计算识别参数的区间。在实际工程问题中，经常遇到解不唯一的“病态”问题，对于该问题，通常可以采用正则化方法[11-13]将“病态”问题转换为“适定”问题，也可以采用基于“适定”反问题的方法求解“病态”反问题。本节主要研究式(4-33)中双循环嵌套在求解过程中经常遇到的计算效率问题，嵌套双循环包括外环和内环，其中外环是区间分析，内环为反求计算，在求解这一问题的过程中，区间传播(外环)反复调用逆计算(内环)，因此计算过程耗时，计算效率较低。

### 4.3.2　反求函数降维模型

按照区间数学[14,15]的表示方法，区间向量 $\boldsymbol{U}^{\mathrm{I}}$ 可以表示为式(4-34)所示形式：

$$\boldsymbol{U}^{\mathrm{I}}=\left[\boldsymbol{U}^{\mathrm{L}},\boldsymbol{U}^{\mathrm{R}}\right]=\left[\boldsymbol{U}^{\mathrm{C}}-\boldsymbol{U}^{\mathrm{W}},\boldsymbol{U}^{\mathrm{C}}+\boldsymbol{U}^{\mathrm{W}}\right]=\boldsymbol{U}^{\mathrm{C}}+[-1,1]\boldsymbol{U}^{\mathrm{W}} \tag{4-34}$$

式中，上标 C 和 W 分别表示区间中点和区间半径；$\boldsymbol{U}^{\mathrm{C}}$ 和 $\boldsymbol{U}^{\mathrm{W}}$ 可通过以下方式获得：

$$\begin{cases}\boldsymbol{U}^{\mathrm{C}}=\dfrac{\boldsymbol{U}^{\mathrm{L}}+\boldsymbol{U}^{\mathrm{R}}}{2},\quad U_j^{\mathrm{C}}=\dfrac{U_j^{\mathrm{L}}+U_j^{\mathrm{R}}}{2},\quad j=1,2,\cdots,n\\[2ex] \boldsymbol{U}^{\mathrm{W}}=\dfrac{\boldsymbol{U}^{\mathrm{R}}-\boldsymbol{U}^{\mathrm{L}}}{2},\quad U_j^{\mathrm{W}}=\dfrac{U_j^{\mathrm{R}}-U_j^{\mathrm{L}}}{2},\quad j=1,2,\cdots,n\end{cases} \tag{4-35}$$

为了便于表达，式(4-31)的反求传播表达式可以转换为

$$\boldsymbol{X} = \overleftarrow{\boldsymbol{g}}(\boldsymbol{Z}, \boldsymbol{U}) \tag{4-36}$$

式中，$\overleftarrow{\boldsymbol{g}}$ 表示逆函数向量，通过该函数待识别参数向量 $\boldsymbol{X}$ 可以由确定性响应向量 $\boldsymbol{Z}$ 和不确定性参数向量 $\boldsymbol{U}$ 获得，$\overleftarrow{\boldsymbol{g}}$ 的显式表达式通常不存在，它表示从区间参数 $\boldsymbol{U}$ 到识别参数 $\boldsymbol{X}$ 的映射关系。如图 4-2 所示，表示从两个不确定性参数到两个待识别参数的映射关系。

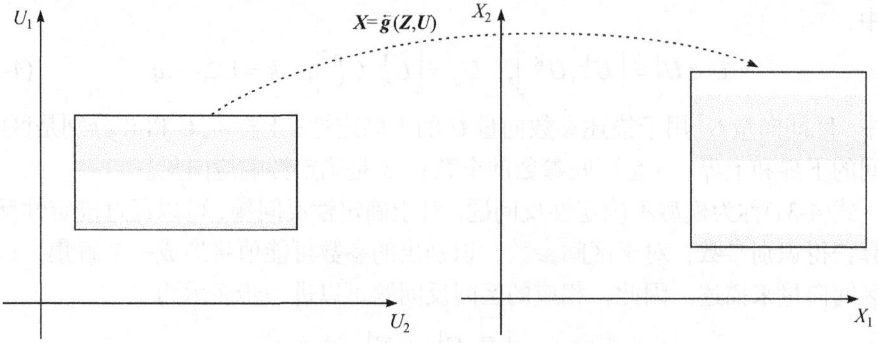


图 4-2　区间不确定性参数到待识别参数的映射关系[11]

在概率分析方法中，降维法[16]是一种计算响应矩的有效积分方法，该方法广泛应用于概率分析问题[17,18]和不确定性设计优化问题[19,20]，主要是逐一处理不确定性参数，同时将原始函数转换为多个一维函数，解决这些一维函数比解决原始函数效率更高，因此简化了集成问题，提高了计算效率。近年来，降维法已扩展到区间分析领域，以有效计算[21-23]函数区间的响应范围，这类方法具有良好的准确性和高效性。区间降维模型可以表示为

$$\begin{aligned}\tilde{f}(\boldsymbol{U}) = {} & f\left(U_1, U_2^{\mathrm{C}}, \cdots, U_q^{\mathrm{C}}\right) + f\left(U_1^{\mathrm{C}}, U_2, \cdots, U_q^{\mathrm{C}}\right) \\ & + \cdots + f\left(U_1^{\mathrm{C}}, U_2^{\mathrm{C}}, \cdots, U_q\right) - (q-1) f\left(\boldsymbol{U}^{\mathrm{C}}\right)\end{aligned} \tag{4-37}$$

根据泰勒级数展开原始函数和降维函数，降维函数的残留误差可以表示为

$$\begin{aligned}f(\boldsymbol{U}) - \tilde{f}(\boldsymbol{U}) = {} & \sum_{i=1}^{q} \sum_{j=1, j\neq i}^{q} \frac{\partial^2 f\left(U_1^{\mathrm{C}}, U_2^{\mathrm{C}}\right)}{\partial U_i \partial U_j}\left(U_i - U_i^{\mathrm{C}}\right)\left(U_j - U_j^{\mathrm{C}}\right) \\ & + \sum_{i=1}^{q} \sum_{j=1, j\neq i}^{q} \frac{1}{2!} \frac{\partial^3 f\left(U_1^{\mathrm{C}}, U_2^{\mathrm{C}}\right)}{\partial U_i^2 \partial U_j}\left(U_i - U_i^{\mathrm{C}}\right)^2\left(U_j - U_j^{\mathrm{C}}\right) \\ & + \sum_{i=1}^{q} \sum_{j=1, j\neq i}^{q} \sum_{\substack{k=1, k\neq i, \\ k\neq j}}^{q} \frac{\partial^3 f\left(U_1^{\mathrm{C}}, U_2^{\mathrm{C}}\right)}{\partial U_i \partial U_j \partial U_k}\left(U_i - U_i^{\mathrm{C}}\right)\left(U_j - U_j^{\mathrm{C}}\right)\left(U_k - U_k^{\mathrm{C}}\right) + \cdots\end{aligned} \tag{4-38}$$

可以看出，区间降维函数的残差主要存在于交叉项中。此外，这里将降维法推广到了区间反问题，基于式(4-36)和式(4-37)反函数可以转换为降维形式：

$$\begin{aligned}\boldsymbol{X}=\overleftarrow{\boldsymbol{g}}(\boldsymbol{Z},\boldsymbol{U})&=\overleftarrow{\boldsymbol{g}}_1\left(\boldsymbol{Z},U_1,U_2^{\mathrm{C}},\cdots,U_q^{\mathrm{C}}\right)+\overleftarrow{\boldsymbol{g}}_2\left(\boldsymbol{Z},U_1^{\mathrm{C}},U_2,\cdots,U_q^{\mathrm{C}}\right)\\&\quad+\cdots+\overleftarrow{\boldsymbol{g}}_q\left(\boldsymbol{Z},U_1^{\mathrm{C}},U_2^{\mathrm{C}},\cdots,U_q\right)-(q-1)\overleftarrow{\boldsymbol{g}}\left(\boldsymbol{Z},U_1^{\mathrm{C}},U_2^{\mathrm{C}},\cdots,U_q^{\mathrm{C}}\right)\end{aligned}\tag{4-39}$$

式中，$\overleftarrow{\boldsymbol{g}}\left(\boldsymbol{Z},U_1^{\mathrm{C}},U_2^{\mathrm{C}},\cdots,U_q^{\mathrm{C}}\right)$是可通过确定性逆计算直接获得的确定性反求传播问题；$\overleftarrow{\boldsymbol{g}}_k\left(\boldsymbol{Z},U_1^{\mathrm{C}},\cdots,U_k,\cdots,U_q^{\mathrm{C}}\right)(k=1,2,\cdots,q)$ 是一维反函数。

式(4-39)称为反函数的降维模型，基于降维法将式(4-36)转换为多个一维反函数的累加，一维逆函数的个数由区间参数的个数决定。为了简化表达式，定义 $\boldsymbol{X}_k(k=1,2,\cdots,q)$ 为逆函数向量 $\overleftarrow{\boldsymbol{g}}_k(k=1,2,\cdots,q)$ 的输出向量，并且定义 $\boldsymbol{X}^{\mathrm{C}}$ 为逆函数向量 $\overleftarrow{\boldsymbol{g}}\left(\boldsymbol{Z},U_1^{\mathrm{C}},\cdots,U_k^{\mathrm{C}},\cdots,U_q^{\mathrm{C}}\right)$ 的输出向量，如下所示：

$$\begin{cases}\boldsymbol{X}_k=\overleftarrow{\boldsymbol{g}}_k\left(\boldsymbol{Z},U_1^{\mathrm{C}},\cdots,U_k,\cdots,U_q^{\mathrm{C}}\right)\\\boldsymbol{X}^{\mathrm{C}}=\overleftarrow{\boldsymbol{g}}\left(\boldsymbol{Z},U_1^{\mathrm{C}},\cdots,U_k^{\mathrm{C}},\cdots,U_q^{\mathrm{C}}\right)\end{cases}\tag{4-40}$$

待识别参数向量 $\boldsymbol{X}$ 可通过以下方式获得：

$$\boldsymbol{X}=\boldsymbol{X}_1+\boldsymbol{X}_2+\cdots+\boldsymbol{X}_q-(q-1)\boldsymbol{X}^{\mathrm{C}}\tag{4-41}$$

根据式(4-41)，待识别参数向量 $\boldsymbol{X}$ 可以转换为多个区间向量 $\boldsymbol{X}_k$ 的和。每个逆传播问题 $\overleftarrow{\boldsymbol{g}}_k\left(\boldsymbol{Z},U_1^{\mathrm{C}},\cdots,U_k,\cdots,U_q^{\mathrm{C}}\right)$都包含一个区间参数 $U_k$，因此一维逆传播问题 $\overleftarrow{\boldsymbol{g}}_k\left(\boldsymbol{Z},U_1^{\mathrm{C}},\cdots,U_k,\cdots,U_q^{\mathrm{C}}\right)$可以单独求解，也可以采用并行计算来求解式(4-41)。基于降维法将区间逆问题转换为多个一维逆问题，尽管有很多区间分析方法，但是对于反函数的强非线性，很少有方法可以直接恰当地用于解决这里讨论的反问题。因此，在求解每个一维反函数 $\overleftarrow{\boldsymbol{g}}_k\left(\boldsymbol{Z},U_1^{\mathrm{C}},\cdots,U_k,\cdots,U_q^{\mathrm{C}}\right)$ 的过程中，选择区间参数 $U_k$ 中的点来计算待识别参数向量 $\boldsymbol{X}_k$ 的可能值，例如，在区间参数 $U_k$ 中选择的 $a_k$ 点可以获得如下可能的 $a_k$ 向量：

$$\begin{cases}\boldsymbol{X}_k^1=\overleftarrow{\boldsymbol{g}}_k\left(\boldsymbol{Z},U_1^{\mathrm{C}},\cdots,U_k^1,\cdots,U_q^{\mathrm{C}}\right)\\\boldsymbol{X}_k^2=\overleftarrow{\boldsymbol{g}}_k\left(\boldsymbol{Z},U_1^{\mathrm{C}},\cdots,U_k^2,\cdots,U_q^{\mathrm{C}}\right)\\\qquad\vdots\\\boldsymbol{X}_k^{a_k}=\overleftarrow{\boldsymbol{g}}_k\left(\boldsymbol{Z},U_1^{\mathrm{C}},\cdots,U_k^{a_k},\cdots,U_q^{\mathrm{C}}\right)\end{cases}\tag{4-42}$$

根据式(4-42)，由确定性反求计算可以获得确定性待识别参数向量 $\boldsymbol{X}_k^1$，$\boldsymbol{X}_k^2,\cdots,\boldsymbol{X}_k^{a_k}$。由式(4-42)可将待识别参数向量所有可能向量组合成矩阵，如下所示：

$$\boldsymbol{A}_k=\left(\boldsymbol{X}_k^1,\boldsymbol{X}_k^2,\cdots,\boldsymbol{X}_k^{a_k}\right),\quad k=1,2,\cdots,q \tag{4-43}$$

每个待识别参数向量 $\boldsymbol{X}_k$ 的上界和下界分别由每行矩阵 $\boldsymbol{A}_k$ 的最大值和最小值确定：

$$\begin{cases} X_{k,1}^{\mathrm{L}}=\min\left(\boldsymbol{A}_{k,1}\right),X_{k,1}^{\mathrm{R}}=\max\left(\boldsymbol{A}_{k,1}\right) \\ X_{k,2}^{\mathrm{L}}=\min\left(\boldsymbol{A}_{k,2}\right),X_{k,2}^{\mathrm{R}}=\max\left(\boldsymbol{A}_{k,2}\right) \\ \vdots \\ X_{k,n}^{\mathrm{L}}=\min\left(\boldsymbol{A}_{k,n}\right),X_{k,n}^{\mathrm{R}}=\max\left(\boldsymbol{A}_{k,n}\right) \end{cases} \tag{4-44}$$

式中，$\boldsymbol{A}_{k,i}(i=1,2,\cdots,n)$ 是矩阵的第 $i$ 行；$X_{k,i}^{\mathrm{L}}$ 和 $X_{k,i}^{\mathrm{R}}$ 分别是区间向量 $\boldsymbol{X}_k$ 中第 $i$ 个待识别参数 $X_i$ 的上界和下界。基于式(4-44)，可以得到区间向量的上下限向量：

$$\begin{gathered} \boldsymbol{X}_k\in\boldsymbol{X}_k^{\mathrm{I}}=\left[\boldsymbol{X}_k^{\mathrm{L}},\boldsymbol{X}_k^{\mathrm{R}}\right],\quad \boldsymbol{X}_k^{\mathrm{L}}=\left[X_{k,1}^{\mathrm{L}},X_{k,2}^{\mathrm{L}},\cdots,X_{k,n}^{\mathrm{L}}\right] \\ \boldsymbol{X}_k^{\mathrm{R}}=\left[X_{k,1}^{\mathrm{R}},X_{k,2}^{\mathrm{R}},\cdots,X_{k,n}^{\mathrm{R}}\right] \end{gathered} \tag{4-45}$$

基于所有的区间向量 $\boldsymbol{X}_k^{\mathrm{I}}$，可通过式(4-41)获得待识别参数向量 $\boldsymbol{X}^{\mathrm{I}}$ 的区间向量。选取点的个数为

$$f\left(a_k,q\right)=\sum_{k=1}^{q}a_k \tag{4-46}$$

式中，$a_k$ 是区间参数 $U_k$ 中选定点的数量。从式(4-46)可以看出，计算效率取决于 $q$ 和 $a_k$。在每个点上，可以构造确定性逆问题，并且运用确定性反求计算获得待识别参数的可能值，因此需要 $\sum_{k=1}^{q}a_k$ 次确定性反求计算来获得待识别参数的区间，然而，在实际计算过程中，$a_k$ 很难确定，而且计算结果的准确性受 $a_k$ 的影响很大，为此，提出了一种自适应配置策略，在保证精度的前提下，确定区间参数的最小点数。

### 4.3.3 基于自适应配置方法的快速反求计算策略

自适应策略在可靠性分析方法中得到广泛使用[24-27]，该方法可以有效提高可靠性分析方法的计算效率。本节将自适应方法的思想推广到区间反求传播分析问题中，提出一种新的计算方法即自适应配置方法，以提高区间反求传播分析的计算效率。该方法的计算精度取决于每个区间参数 $U_k$ 的点数 $a_k$，从理论上讲，在区间参数中选择的点越多，精度通常会越高，但是，在一个区间内选取的点越多，确定性的反求也就越大，计算量也就越大。因此，本节提出一种自适应配置方法来确定每个区间参数中的点数，使用最小数量的点来达到令人满意的精度，从而

可以大大减少所需的点数，并且可以大大提高求解反问题的效率。

例如，自适应配置方法可以解决一维逆传播问题 $\overleftarrow{g}_k\left(\boldsymbol{Z},U_1^{\mathrm{C}},\cdots,U_k,\cdots,U_q^{\mathrm{C}}\right)$。如图 4-3 所示，描述了该迭代机制的前三个迭代步骤：在第一个迭代步骤中，选择区间参数的中点和两个顶点(用圆点表示)来计算区间向量 $\boldsymbol{X}_k$。在此基础上，将区间逆问题转换为若干确定性逆问题，并用式(4-43)和式(4-44)得到 $\boldsymbol{X}_k^{\mathrm{L}(1)}$ 和 $\boldsymbol{X}_k^{\mathrm{R}(1)}$，其中括号中的上标表示迭代步骤；在步骤 2 中，将两个相邻的圆点的中点(描绘为正方形点)相加来计算 $\boldsymbol{X}_k^{\mathrm{L}(2)}$ 和 $\boldsymbol{X}_k^{\mathrm{R}(2)}$，并且只需要正方形点来计算。如果满足收敛准则，则终止迭代，并且 $\boldsymbol{X}_k^{\mathrm{L}(2)}$ 和 $\boldsymbol{X}_k^{\mathrm{R}(2)}$ 分别是 $\boldsymbol{X}_k$ 的下界和上界；否则，在步骤 3 中添加相邻点的中点(在步骤 3 中表示为三角形点)。迭代过程将继续进行，直到满足收敛条件为止。

$$\left(\left\|\boldsymbol{X}_k^{\mathrm{L}(s+1)}-\boldsymbol{X}_k^{\mathrm{L}(s)}\right\|+\left\|\boldsymbol{X}_k^{\mathrm{R}(s+1)}-\boldsymbol{X}_k^{\mathrm{R}(s)}\right\|\right)\leqslant\varepsilon \tag{4-47}$$

式中，$s$ 是迭代步骤；并且 $\boldsymbol{X}_k^{\mathrm{L}(s)}$ 和 $\boldsymbol{X}_k^{\mathrm{R}(s)}$ 是第 $s$ 步的下限和上限；$\boldsymbol{X}_k^{\mathrm{L}(s+1)}$ 和 $\boldsymbol{X}_k^{\mathrm{R}(s+1)}$ 是在第 $s+1$ 个迭代步骤中获得的上下边界；$\varepsilon$ 是较小的值，并设置 $\varepsilon=0.001$，通过式(4-47)，保证 $\boldsymbol{X}_k$ 的上下界是收敛的，其计算过程可以描述如下。

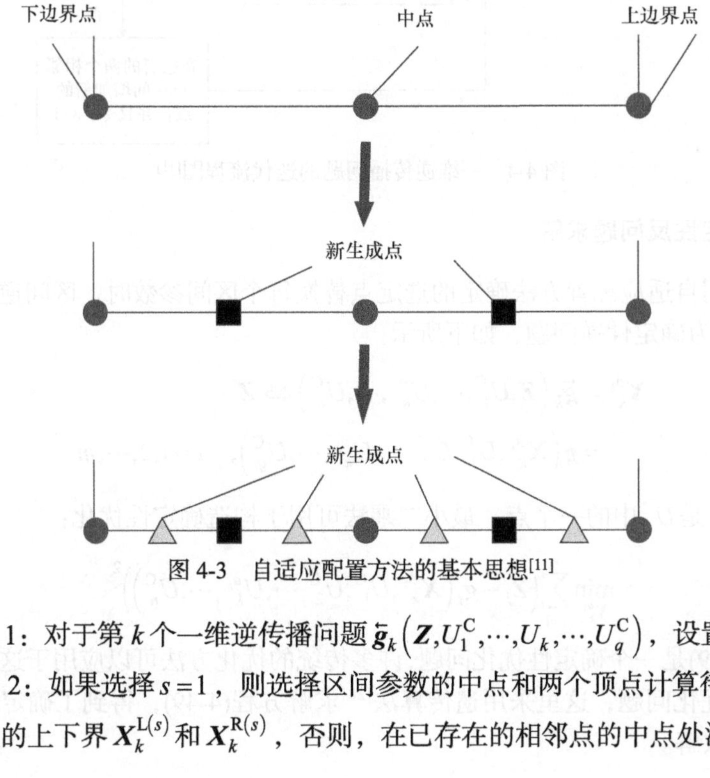


图 4-3　自适应配置方法的基本思想[11]

步骤 1：对于第 $k$ 个一维逆传播问题 $\overleftarrow{g}_k\left(\boldsymbol{Z},U_1^{\mathrm{C}},\cdots,U_k,\cdots,U_q^{\mathrm{C}}\right)$，设置 $s=1$；

步骤 2：如果选择 $s=1$，则选择区间参数的中点和两个顶点计算待识别参数向量 $\boldsymbol{X}_k^{(s)}$ 的上下界 $\boldsymbol{X}_k^{\mathrm{L}(s)}$ 和 $\boldsymbol{X}_k^{\mathrm{R}(s)}$，否则，在已存在的相邻点的中点处添加新点，

分别计算待识别参数向量 $\boldsymbol{X}_k^{(s)}$ 的上下界 $\boldsymbol{X}_\mathrm{k}^{\mathrm{L}(s)}$ 和 $\boldsymbol{X}_k^{\mathrm{R}(s)}$；

步骤 3：检查收敛性，如果满足收敛准则式(4-47)，则终止迭代，并分别获得上下边界向量 $\boldsymbol{X}_k^{\mathrm{L}(s)}$ 和 $\boldsymbol{X}_k^{\mathrm{R}(s)}$，否则 $s=s+1$ 并且返回步骤 2。

一维逆传播的迭代流程图如图 4-4 所示，基于 $\boldsymbol{X}_k(k=1,2,\cdots,q)$，通过式(4-41)获得待识别参数 $\boldsymbol{X}$ 的区间。通常情况下，自适应配置方法只需迭代几次即可达到收敛，并提供具有可接受精度的解决方案，这可以在下面的示例中得到证明。该方法将原区间逆问题解耦为多个确定性逆问题，避免了双环策略，从而保证了该方法的高效性。在实际工程问题中，不确定性总是相对较小的，因此迭代机制可以处理大部分的工程问题，对于其他系统，特别是复杂的系统或结构，所提出的机制可能会遇到一个收敛问题，该问题可能会确定局部区间解。对于这个问题，可以在迭代的第一步选择足够多的点，以尽可能地克服收敛问题。此外，在第一步中选取的样本越多，需要越多的确定性反求来获得待识别区间，并且基于第一步迭代的点数，该方法的效率也会相应地降低到一定程度。

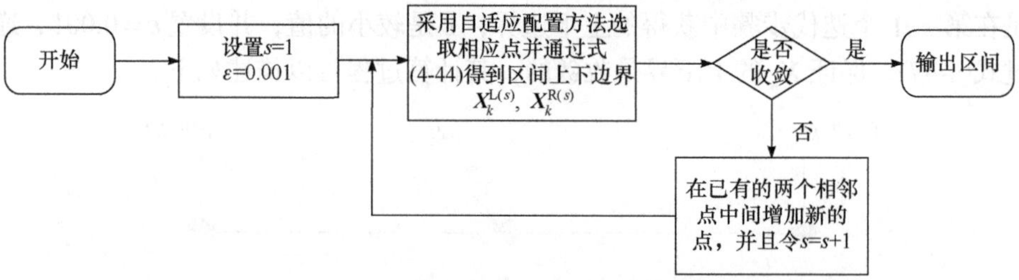


图 4-4 一维逆传播问题的迭代流程图[11]

### 4.3.4 确定性反问题求解

当采用自适应配置方法确定的选定点替换每个区间参数时，区间逆系统方程(4-36)退化为确定性逆问题，如下所示：

$$
\begin{aligned}
\boldsymbol{X}_k^{a_k} &= \overleftarrow{\boldsymbol{g}}_k\left(\boldsymbol{Z},U_1^{\mathrm{C}},\cdots,U_k^{a_k},\cdots,U_q^{\mathrm{C}}\right) \Leftrightarrow \boldsymbol{Z} \\
&= \boldsymbol{g}\left(\boldsymbol{X}_k^{a_k},U_1^{\mathrm{C}},U_2^{\mathrm{C}},\cdots,U_k^{a_k},\cdots,U_q^{\mathrm{C}}\right), \quad i=1,2,\cdots,m
\end{aligned} \tag{4-48}
$$

式中，$U_k^{a_k}$ 是 $U_k$ 中的一个点。最小二乘法可用于构造确定性优化：

$$
\min_{\boldsymbol{X}_k^{a_k}} \sum_{i=1}^{n}\left(Z_i - g_i\left(\boldsymbol{X}_k^{a_k},U_1^{\mathrm{C}},U_2^{\mathrm{C}},\cdots,U_k^{a_k},\cdots,U_n^{\mathrm{C}}\right)\right)^2 \tag{4-49}
$$

式(4-49)是一个确定性优化问题，许多传统的优化方法可以应用于这个无约束的确定性优化问题，这里采用遗传算法[28]求解方程(4-49)，得到了确定性反问题的全局收敛解。

### 4.3.5 区间不确定性计算反求方法的基本流程

前面介绍了一维反函数的自适应配置方法和迭代过程，通过这些过程可以有效求解一维反函数。对于多维逆问题，必须求解所有变换的一维逆函数，然后将结果集合起来，得到待识别参数。解决多维逆问题的过程，如图 4-5 所示。

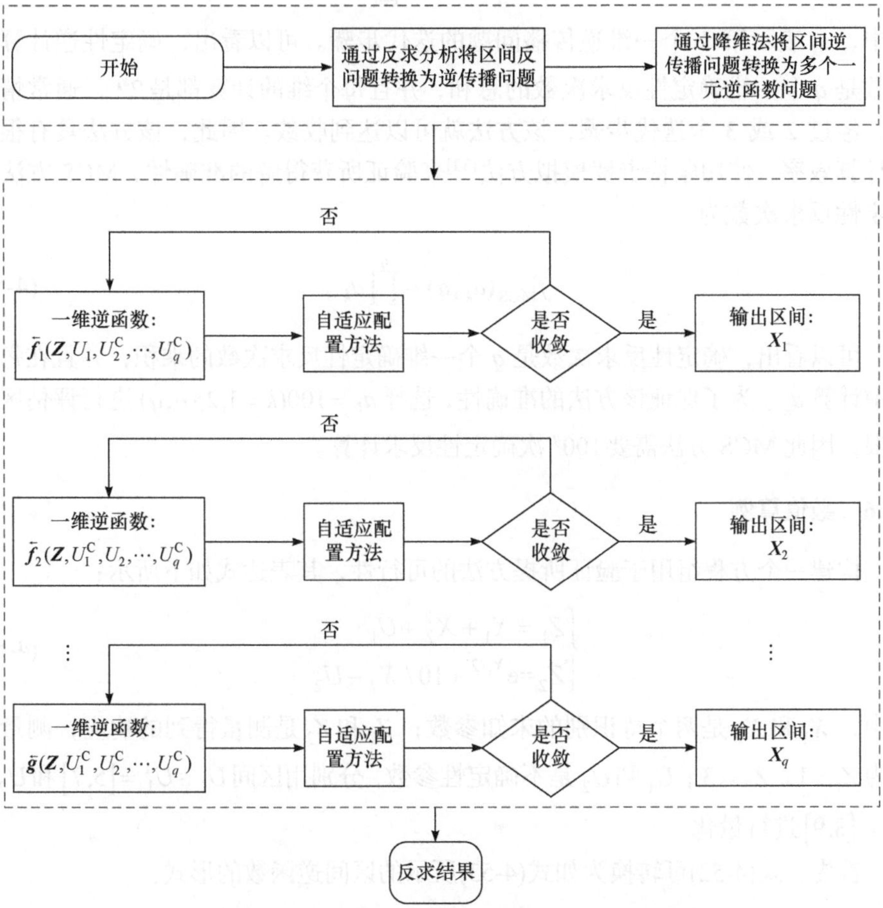


图 4-5　模型不确定性计算反求算法的基本流程[11]

步骤 1：通过区间逆分析方法将逆问题转换为式(4-36)所示的逆传播问题；

步骤 2：通过降维法将逆传播问题转换为若干一维逆传播问题，如式(4-39)所示；

步骤 3：用自适应配置方法求解所有一维逆传播问题，得到 $\boldsymbol{X}_k=\overleftarrow{\boldsymbol{f}}_k(\boldsymbol{Z},U_1^{\mathrm{C}},\cdots,U_k,\cdots,U_q^{\mathrm{C}})$；

步骤 4：对所有 $\boldsymbol{X}_k$ 进行如式(4-41)所示的组合。

在迭代过程中，将多维逆问题转换为若干个相互独立的一维逆传播问题，通常，使用并行计算方法[29-32]同时计算所有变换后的一维逆传播问题，可以进一步提高区间反求的效率。$q$ 维反问题方法的确定性反求计算次数可以表示为

$$f_{\mathrm{Pro}}(s_k,q)=1+\sum_{k=1}^{q}2^{s_k} \tag{4-50}$$

式中，$s_k$ 表示第 $k$ 个一维逆传播问题的迭代步骤。可以看出，确定性逆计算的次数是 $q$ 个一维确定性反求次数的总和，并且每个维的计算都是 $2^{s_k}$。通常情况下，经过 2 或 3 个迭代步骤，该方法就可以达到收敛。因此，该方法具有很高的计算效率，使用蒙特卡罗模拟方法[33]来验证所获得解的准确性，MCS 方法的确定性反求次数为

$$f_{\mathrm{MCS}}(a_k,q)=\prod_{k=1}^{q}a_k \tag{4-51}$$

可以看出，确定性反求次数是 $q$ 个一维确定性反求次数的乘积，并且在每个维中计算 $a_k$。为了保证该方法的准确性，选择 $a_k=100(k=1,2,\cdots,q)$ 进行评估区间界限，因此 MCS 方法需要 $100^q$ 次确定性反求计算。

### 4.3.6 数值算例

构建一个方程组用于验证所提方法的可行性，其表达式如下所示：

$$\begin{cases}Z_1=X_1+X_2^2+U_1\\ Z_2=\mathrm{e}^{X_1/2}+10/X_2-U_2\end{cases} \tag{4-52}$$

式中，$X_1$ 和 $X_2$ 是两个待识别的未知参数；$Z_1$ 和 $Z_2$ 是测量得到的响应，测量结果为 $Z_1=1$、$Z_2=3$；$U_1$ 和 $U_2$ 是不确定性参数，分别用区间 $U_1\in U_1^{\mathrm{I}}=[5,7]$ 和 $U_2\in U_2^{\mathrm{I}}=[8,9]$ 进行量化。

首先，式(4-52)可转换为如式(4-53)所示的区间逆函数的形式：

$$(X_1,X_2)^{\mathrm{T}}=\overleftarrow{\boldsymbol{g}}(Z_1,Z_2,U_1,U_2) \tag{4-53}$$

基于式(4-39)的降维方法，式(4-53)可转换为两个一维区间反函数问题：

$$(X_1,X_2)^{\mathrm{T}}=\overleftarrow{\boldsymbol{g}}_1\left(Z_1,Z_2,U_1,U_2^{\mathrm{C}}\right)+\overleftarrow{\boldsymbol{g}}_2\left(Z_1,Z_2,U_1^{\mathrm{C}},U_2\right)-\overleftarrow{\boldsymbol{g}}\left(Z_1,Z_2,U_1^{\mathrm{C}},U_2^{\mathrm{C}}\right) \tag{4-54}$$

式中，$\overleftarrow{\boldsymbol{g}}\left(Z_1,Z_2,U_1^{\mathrm{C}},U_2^{\mathrm{C}}\right)$ 是确定性反问题，可直接用遗传算法求解[28]。通过求解 $\overleftarrow{\boldsymbol{g}}\left(Z_1,Z_2,U_1^{\mathrm{C}},U_2^{\mathrm{C}}\right)$，可以得到 $\boldsymbol{X}^{\mathrm{C}}=[3.7906,2.0638]$。$\overleftarrow{\boldsymbol{g}}_1\left(Z_1,Z_2,U_1,U_2^{\mathrm{C}}\right)$ 包含一个区间参数 $U_1$，不能通过遗传算法直接获得[34]，因此本节提出自适应配置来解决这

一问题。首先，根据自适应配置策略，选择$U_1^{\mathrm{L}}$、$U_1^{\mathrm{R}}$和$U_1^{\mathrm{C}}$三个点来估计可能的值，如下所示：

$$\begin{cases} \boldsymbol{X}_1^1 = \overleftarrow{\boldsymbol{g}}_1\left(Z_1,Z_2,U_1^{\mathrm{L}},U_2^{\mathrm{C}}\right) = (3.7255,1.9769) \\ \boldsymbol{X}_1^2 = \overleftarrow{\boldsymbol{g}}_1\left(Z_1,Z_2,U_1^{\mathrm{C}},U_2^{\mathrm{C}}\right) = (3.7906,2.0638) \\ \boldsymbol{X}_1^3 = \overleftarrow{\boldsymbol{g}}_1\left(Z_1,Z_2,U_1^{\mathrm{R}},U_2^{\mathrm{C}}\right) = (3.8438,2.1432) \end{cases} \tag{4-55}$$

根据式(4-43)和式(4-55)中的向量组合成矩阵：

$$\boldsymbol{A}_1 = \left(\boldsymbol{X}_1^1,\boldsymbol{X}_1^2,\boldsymbol{X}_1^3\right) = \begin{bmatrix} 3.7255 & 3.7906 & 3.8438 \\ 1.9769 & 2.0638 & 2.1432 \end{bmatrix} \tag{4-56}$$

根据式(4-56)，行向量$\boldsymbol{A}_1$如下所示：

$$\begin{cases} \boldsymbol{A}_{1,1} = [3.7255 \quad 3.7906 \quad 3.8438] \\ \boldsymbol{A}_{1,2} = [1.9769 \quad 2.0638 \quad 2.1432] \end{cases} \tag{4-57}$$

根据式(4-44)和式(4-57)，可得出所识别参数$\boldsymbol{X}_1$的上下界：

$$\begin{cases} X_{1,1}^{\mathrm{L}(1)} = \min\left(\boldsymbol{A}_{1,1}\right) = 3.7255 \\ X_{1,1}^{\mathrm{R}(1)} = \max\left(\boldsymbol{A}_{1,1}\right) = 3.8438 \\ X_{1,2}^{\mathrm{L}(1)} = \min\left(\boldsymbol{A}_{1,2}\right) = 1.9769 \\ X_{1,2}^{\mathrm{R}(1)} = \max\left(\boldsymbol{A}_{1,2}\right) = 2.1432 \end{cases} \tag{4-58}$$

第一步的间隔可以得到

$$\begin{cases} \boldsymbol{X}_1^{(1)} = \left(X_{1,1}^{(1)},X_{1,2}^{(1)}\right) \\ X_{1,1}^{(1)} \in X_{1,1}^{\mathrm{I}(1)} = [3.7255,3.8438], \quad X_{1,2}^{(1)} \in X_{1,2}^{\mathrm{I}(1)} = [1.9769,2.1432] \end{cases} \tag{4-59}$$

如图 4-5 所示，在第 2 步的现有点之间添加两个新点，间隔更新为

$$\begin{cases} X_{1,1}^{\mathrm{I}(2)} = [3.7255,3.8438] \\ X_{1,2}^{\mathrm{I}(2)} = [1.9769,2.1432] \end{cases} \tag{4-60}$$

在这一步，满足收敛准则，迭代终止，得到了区间$X_{1,1}^{\mathrm{I}} = [3.7255,3.8438]$和$X_{1,2}^{\mathrm{I}} = [1.9769,2.1432]$。与$\overleftarrow{\boldsymbol{g}}_1\left(Z_1,Z_2,U_1,U_2^{\mathrm{C}}\right)$相同，通过自适应搭配策略$\overleftarrow{\boldsymbol{g}}_2\left(Z_1,Z_2,U_1^{\mathrm{C}},U_2\right)$也可以得到如下解：

$$\begin{cases} X_{2,1}^{\mathrm{I}} = [3.6243, 3.9433] \\ X_{2,2}^{\mathrm{I}} = [2.0507, 2.0754] \end{cases} \tag{4-61}$$

根据式(4-60)和式(4-61)，可得出识别参数的上下界：

$$\begin{cases} X_1^{\mathrm{I}} = X_{1,1}^{\mathrm{I}} + X_{1,2}^{\mathrm{I}} - X_1^{\mathrm{C}} = [3.5592, 3.9964] \\ X_2^{\mathrm{I}} = X_{2,1}^{\mathrm{I}} + X_{2,2}^{\mathrm{I}} - X_2^{\mathrm{C}} = [1.9638, 2.1550] \end{cases} \tag{4-62}$$

根据上述分析，两种一维逆传播在第 2 步迭代时都是收敛的，因此基于式(4-50)，该方法仅需进行 9 次确定性反求，即可得到待识别参数 $X_1$ 和 $X_2$ 的区间解。为了验证区间解的准确性，将 MCS 的计算结果作为参考解，并与本节方法的计算结果进行了比较，如表 4-2 所示。根据式(4-51)，通过 MCS 进行 10000 次确定性反求以获得参考解。实验结果表明，MCS 方法与本节方法的计算结果基本一致，表明本节方法在精度和效率上都具有良好的性能。

**表 4-2　数值算例中精度和效率的比较**[11]

| 待反求参数 | MCS 方法 | 本节方法 | 误差/% |
|---|---|---|---|
| $X_1^{\mathrm{I}}$ | [3.555,3.989] | [3.559,3.996] | [0.11,0.18] |
| $X_2^{\mathrm{I}}$ | [1.963,2.153] | [1.964,2.155] | [0.05,0.09] |
| 确定性反求次数 | 10000 | 9 | — |

# 4.4　工 程 应 用

### 4.4.1　工程应用 1：车-车碰撞事故重建

1. 车-车碰撞事故案例分析

本节选用碰撞事故伤害研究和工程协作网项目数据库 CIREN 的案例，图 4-6 为事故现场示意图，在该案例中涉及两辆车和 4 名乘客。车辆一：2014 年丰田凯美瑞轿车($V_1$)中有三名人员，其中一位是身高 173cm，体重 80kg，年龄为 24 岁的男性驾驶员，另外一位是在副驾驶座位上的 28 岁女性乘客，第三位是在后排座位上的 5 岁儿童。该车在车辆前方、双膝部以及第一二排双侧配备安全气囊，并且在车辆左右两侧配备窗帘，其中左侧气囊以及窗帘会在车辆发生碰撞事故时迅速打开。车辆二：车型为 2007 年雪佛兰皮卡车($V_2$)，该车内只有驾驶员一人，在表 4-3 中列出了上述两辆车的基本参数。

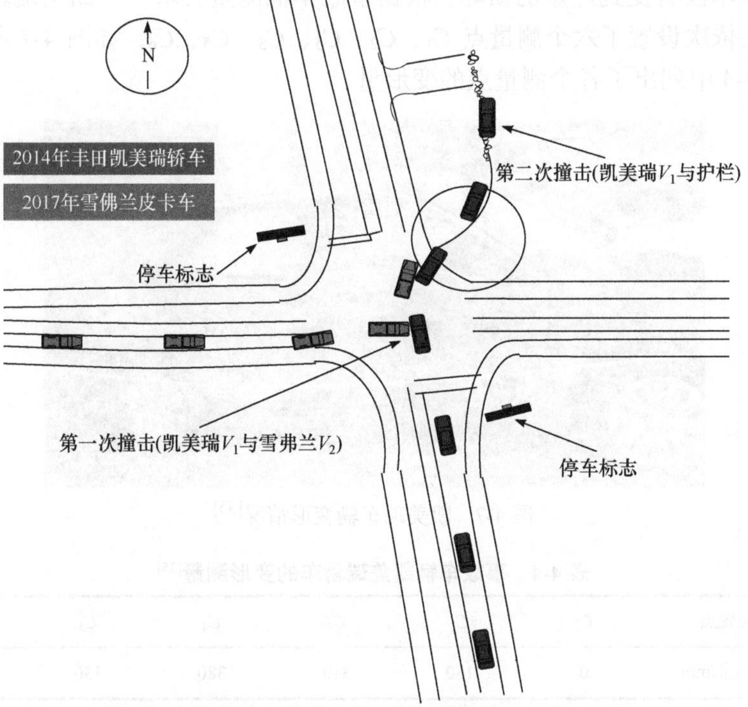


图 4-6　车-车碰撞事故现场示意图[35](彩图请扫封底二维码)

**表 4-3　肇事车辆主要参数信息**

| 车型 | 主要参数 | | | | | |
|---|---|---|---|---|---|---|
| 2014 年丰田凯美瑞轿车 | 名称 | WB/cm | OL/cm | MW/cm | CW/kg | AT/cm |
| | 尺寸 | 277 | 481 | 182 | 1441 | 159 |
| | 名称 | FO/cm | RO/cm | UEW/cm | EC | ED/L |
| | 尺寸 | 96 | 108 | 160 | 4 | 2.5 |
| 2017 年雪佛兰皮卡车 | 名称 | WB/cm | OL/cm | MW/cm | CW/kg | AT/cm |
| | 尺寸 | 365 | 571 | 202 | 2262 | 167 |
| | 名称 | FO/cm | RO/cm | UEW/cm | EC | ED/L |
| | 尺寸 | 101 | 105 | — | 8 | 4.8 |

注：WB 表示车轴距，OL 表示总车长，MW 表示最大车宽，CW 表示整备重量，AT 表示轮距，FO 表示前悬，RO 表示后悬，UEW 表示碰撞前末端宽度，EC 表示发动机缸数，ED 表示发动机排量。

在此起车辆碰撞事故中，凯美瑞轿车主要在左侧的前后门发生了变形，雪佛兰皮卡车没有受到严重的损坏。根据事故车辆测量要求[37]，凯美瑞轿车从车尾到车头依次设置了六个测量点 $C_1$、$C_2$、$C_3$、$C_5$、$C_5$、$C_6$，如图 4-7 所示，并且在表 4-4 中列出了各个测量点的变形量。

图 4-7　凯美瑞车辆变形情况[35]

**表 4-4　事故车辆凯美瑞轿车的变形测量[35]**

| 测量位置点 | $C_1$ | $C_2$ | $C_3$ | $C_4$ | $C_5$ | $C_6$ |
|---|---|---|---|---|---|---|
| 车辆变形量/mm | 0 | 180 | 310 | 380 | 130 | 0 |

2. *车辆碰撞事故关键参量的重要性评估*

在事故现场调查过程中，不可避免地会出现很多的不确定性，进而导致确定碰撞前的速度非常困难，这些不确定性包括车辆与地面之间的摩擦系数，碰撞车辆的质心位置以及撞击位置和方向等。但是，并不是所有的不确定性参数都会引起车辆碰撞的变形，因此有选择性地分析不确定性参数的影响对于减小计算量非常重要。在分析不确定性参数的过程中，通常设定较为宽泛的不确定性影响因素值，由于不同路面之间摩擦系数的差异性，通常在 0.2～0.8 取值(图 4-8)；考虑到车辆的载重情况，车辆的质心位置通常在 0～200mm(图 4-9)。将不确定性参数的最值代入车辆碰撞的有限元模型中，进行仿真计算得到车体的变形量。由图 4-8 和图 4-9 可以明显地看出，基于六个测量点的两组变形曲线比较接近，差异性较小。

结果表明，摩擦系数和质心位置对碰撞前速度识别的影响可以忽略，然而，车辆的碰撞角和碰撞位置会对碰撞前速度的反求结果产生很大的影响，另外，车辆的质心零点是指空载时的质心位置点。因此，下面将分别以碰撞位置和碰撞角度为不确定性参数进行碰前速度的反求计算。

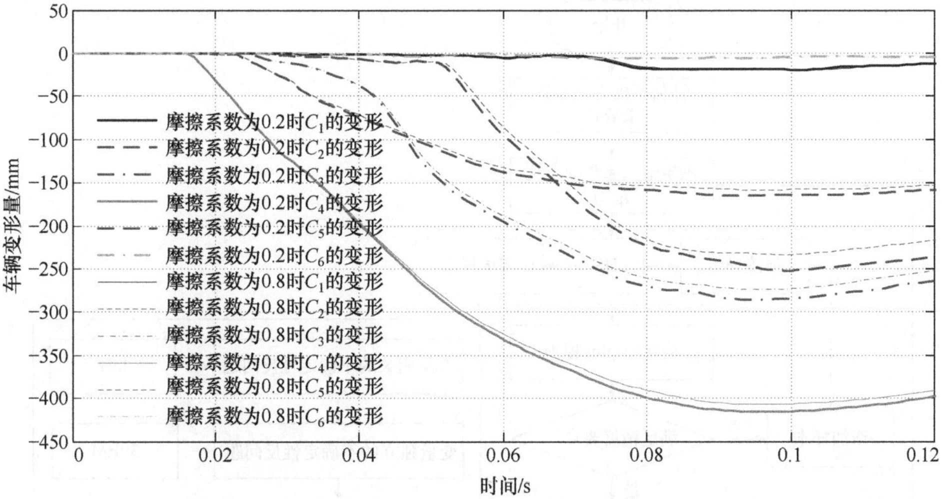


图 4-8　取 0.2 和 0.8 的摩擦系数时车辆不同测量位置的变形(彩图请扫封底二维码)

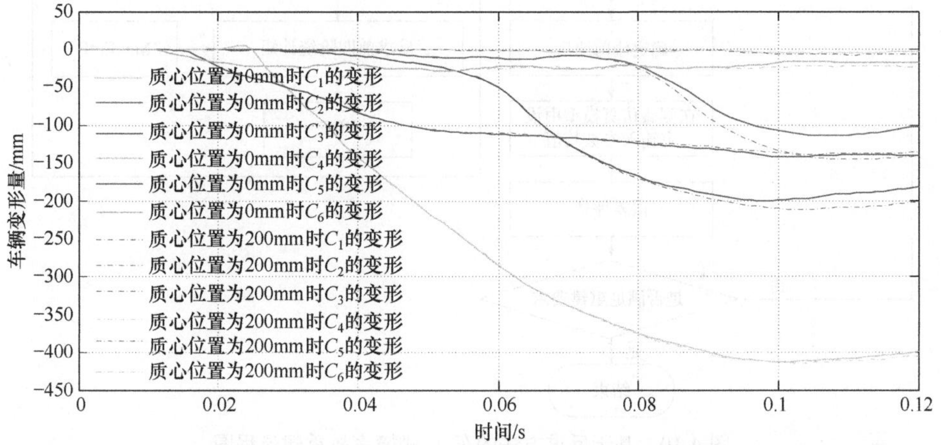


图 4-9　取 0mm 和 200mm 的质心位置时车辆不同测量位置的变形(彩图请扫封底二维码)

### 3. 车辆碰前速度的反求计算

本节将对车辆碰撞事故案例进行反求计算，图 4-10 是重建过程的流程图，根据测量点变形量的差值，建立了车辆碰撞变形的误差函数，如式(4-3)所示，并以式(4-3)为目标函数进行寻优求解，以便于得到车辆的碰前速度。为了提高计算效率，同时保证一定的精度，选择了 Kriging 代理模型来近似代替物理模型或仿真模型，在代理模型的基础上建立关键变量和假人受伤程度的数学关系，以便于分析计算。通过对碰撞事故数据初步分析和仿真试算，得到了如表 4-5 所示的输入参数的变化范围。

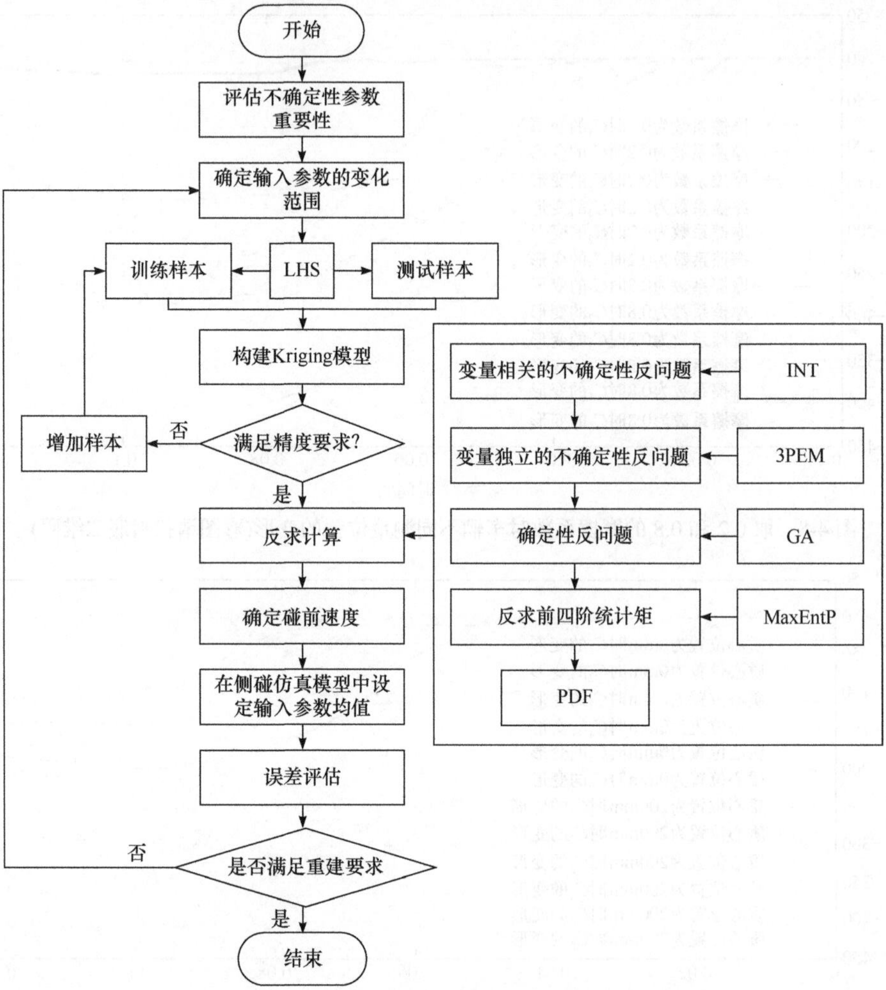


图 4-10　基于反求方法的车-车碰撞事故重建流程图

**表 4-5　所有输入参数的变化范围**

| 碰撞参数 | 碰撞速度 $V_1$/(km/h) | 碰前速度 $V_2$/(km/h) | 碰撞角 $A$/(°) | 碰撞位置 $L$/mm |
|---|---|---|---|---|
| 范围 | [40, 60] | [24, 32] | [90, 105] | [−100, 100] |

注：碰撞零点位置是前门把手与后视镜间且距离前门把手 880mm 位置。

采用拉丁超立方抽样(latin hypercube sampling，LHS)方法得到了 30 个训练样本，然后基于有限元模型进行仿真运算，得到测量点的变形数据，如表 4-6 所示。

**表 4-6　基于 LHS 生成的 30 个训练样本**

| 编号 | $V_1$/(km/h) | $V_2$/(km/h) | $A$/(°) | $L$/mm | $C_1$/mm | $C_2$/mm | $C_3$/mm | $C_4$/mm | $C_5$/mm | $C_6$/mm |
|---|---|---|---|---|---|---|---|---|---|---|
| 1 | 57.24 | 24.83 | −51.72 | 98.79 | 1.64 | 139.57 | 212.51 | 332.55 | 61.30 | 12.87 |
| 2 | 59.31 | 30.34 | −37.93 | 101.90 | 8.50 | 180.90 | 248.21 | 426.90 | 132.76 | 26.15 |
| 3 | 55.86 | 25.38 | 31.03 | 91.03 | 8.74 | 217.85 | 218.85 | 291.88 | 53.25 | 8.62 |
| 4 | 58.62 | 29.52 | 65.52 | 99.83 | 7.58 | 156.58 | 222.60 | 401.40 | 127.72 | 127.72 |
| 5 | 43.45 | 30.90 | −65.52 | 94.14 | 13.28 | 141.04 | 256.23 | 392.03 | 138.27 | 21.33 |
| 6 | 48.97 | 31.45 | −58.62 | 100.86 | 8.47 | 115.51 | 224.69 | 416.93 | 151.28 | 66.61 |
| 7 | 46.90 | 24.28 | 58.62 | 97.24 | 6.42 | 103.25 | 181.07 | 334.35 | 99.26 | 20.83 |
| 8 | 40.69 | 30.62 | 17.24 | 100.34 | 5.22 | 15.99 | 119.33 | 322.59 | 156.73 | 93.43 |
| 9 | 54.48 | 25.66 | 10.34 | 104.48 | 2.57 | 72.32 | 182.51 | 375.74 | 119.02 | 61.30 |
| 10 | 46.21 | 27.03 | −100.0 | 95.17 | 6.51 | 165.89 | 218.23 | 363.12 | 93.18 | 13.73 |
| 11 | 52.41 | 27.59 | −86.21 | 103.45 | 5.21 | 113.71 | 199.49 | 412.96 | 141.44 | 28.67 |
| 12 | 42.07 | 26.48 | 37.93 | 103.97 | 4.21 | 17.13 | 105.39 | 300.49 | 171.03 | 87.78 |
| 13 | 60.00 | 28.97 | −10.34 | 93.62 | 10.13 | 238.52 | 252.14 | 345.06 | 67.91 | 10.46 |
| 14 | 42.76 | 28.14 | 93.10 | 96.72 | 4.47 | 19.03 | 116.57 | 313.24 | 139.15 | 75.34 |
| 15 | 53.10 | 32.00 | −3.45 | 94.66 | 9.85 | 202.45 | 265.83 | 409.10 | 125.99 | 17.89 |
| 16 | 55.17 | 29.79 | −93.10 | 95.69 | 12.69 | 215.15 | 248.09 | 385.79 | 91.67 | 13.04 |
| 17 | 53.79 | 29.24 | 79.31 | 92.59 | 7.56 | 207.79 | 251.12 | 369.07 | 105.77 | 15.60 |
| 18 | 51.03 | 27.31 | 100.00 | 102.41 | 5.87 | 70.18 | 171.26 | 364.58 | 129.32 | 76.83 |
| 19 | 47.59 | 24.00 | −31.03 | 93.10 | 6.58 | 171.11 | 197.69 | 311.40 | 55.88 | 8.10 |
| 20 | 44.83 | 26.21 | 51.72 | 90.52 | 10.75 | 139.29 | 223.06 | 332.22 | 92.63 | 13.72 |
| 21 | 49.66 | 28.69 | −24.14 | 90.00 | 7.26 | 224.16 | 246.89 | 345.27 | 77.99 | 9.76 |
| 22 | 51.72 | 30.07 | 24.14 | 105.00 | 6.98 | 45.78 | 144.20 | 339.04 | 184.21 | 80.87 |
| 23 | 48.28 | 31.72 | 86.21 | 99.31 | 5.75 | 21.32 | 146.29 | 344.54 | 164.92 | 87.50 |
| 24 | 44.14 | 31.17 | 44.83 | 92.07 | 7.27 | 59.49 | 252.28 | 389.46 | 142.33 | 51.30 |
| 25 | 45.52 | 24.55 | −44.83 | 101.38 | 4.78 | 57.66 | 165.99 | 353.24 | 112.91 | 27.14 |
| 26 | 50.34 | 27.86 | 3.45 | 97.76 | 6.14 | 158.07 | 222.06 | 380.54 | 117.90 | 22.73 |
| 27 | 41.38 | 28.41 | −72.41 | 102.93 | 3.91 | 23.53 | 159.51 | 355.40 | 160.12 | 78.73 |
| 28 | 56.55 | 25.93 | −79.31 | 91.55 | 6.65 | 219.90 | 222.82 | 288.03 | 37.88 | 6.54 |
| 29 | 57.93 | 25.10 | 72.41 | 98.28 | 3.31 | 142.96 | 201.38 | 347.38 | 87.67 | 16.20 |
| 30 | 40.00 | 26.76 | −17.24 | 96.21 | 7.13 | 75.26 | 196.76 | 351.36 | 125.59 | 30.68 |

采用拉丁超立方抽样方法再生成如表 4-7 所示的 7 个测试样本，验证 Kriging 代理模型的拟合精度，结果表明，拟合精度均大于 95%。因此，代理模型可以替代有限元模型进行反求计算，此外，在反求计算过程中，选用遗传算法进行寻优计算，使得目标函数最小化。

**表 4-7　LHS 生成的 7 个测试样本**

| 编号 | $V_1$/(km/h) | $V_2$/(km/h) | $A$/(°) | $L$/mm | $C_1$/mm | $C_2$/mm | $C_3$/mm | $C_4$/mm | $C_5$/mm | $C_6$/mm |
|---|---|---|---|---|---|---|---|---|---|---|
| 1 | 57.78 | 28.44 | −11.11 | 90.00 | 8.63 | 241.63 | 257.84 | 313.31 | 48.35 | 4.42 |
| 2 | 48.89 | 30.22 | 100.00 | 91.67 | 7.25 | 96.42 | 250.40 | 379.07 | 129.19 | 46.66 |
| 3 | 44.44 | 31.11 | −77.78 | 96.67 | 12.14 | 147.52 | 251.81 | 409.06 | 146.99 | 27.74 |
| 4 | 53.33 | 25.78 | 77.78 | 98.33 | 6.86 | 130.99 | 202.16 | 352.21 | 102.96 | 25.51 |
| 5 | 51.11 | 24.89 | −100.0 | 95.00 | 6.24 | 172.06 | 213.85 | 319.56 | 50.33 | 6.64 |
| 6 | 60.00 | 27.56 | −55.56 | 101.67 | 3.46 | 155.77 | 237.91 | 382.05 | 97.37 | 17.71 |
| 7 | 46.67 | 24.00 | −33.33 | 105.00 | 2.89 | 28.72 | 131.33 | 336.00 | 120.36 | 59.72 |

当两车的碰撞速度区间分别为 $V_1 = 48\sim52\text{km/h}$ ，$V_2 = 26\sim28\text{km/h}$ 时，变形误差值趋于最小，仿真结果与实际事故案例的变形结果较为接近，如图 4-11 所示。

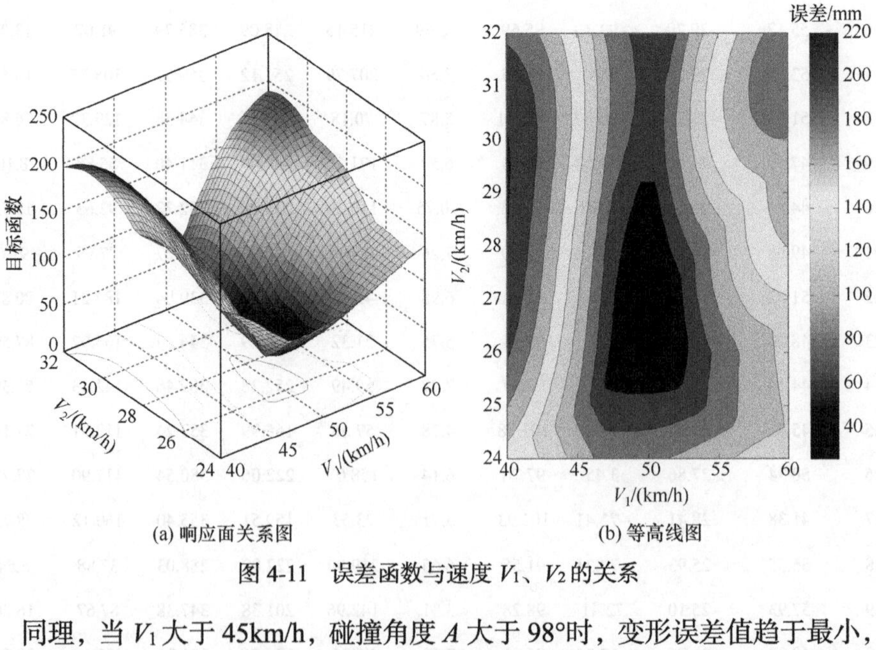


(a) 响应面关系图　　(b) 等高线图

图 4-11　误差函数与速度 $V_1$、$V_2$ 的关系

同理，当 $V_1$ 大于 45km/h，碰撞角度 $A$ 大于 98°时，变形误差值趋于最小，如图 4-12 所示。当 $V_1 = 47\sim54\text{km/h}$ 时，碰撞位置 $L$ 大于−80mm 时，变形误差值趋

近于最小，如图 4-13 所示。当 $V_2 = 25 \sim 29\text{km/h}$，碰撞角度 $A = 100° \sim 105°$ 时，变形误差值趋近于最小，如图 4-14 所示。当 $V_2 = 25 \sim 28\text{km/h}$，碰撞位置 $L$ 在−70～70mm 取值时，变形误差值趋近于 0，如图 4-15 所示。当 $A = 98° \sim 105°$，碰撞位置 $L$ 在−80～100mm 取值时，变形误差值趋近于最小，如图 4-16 所示。从上述图中可以粗略估计各个参数的最优取值范围，但无法得到具体取值，需要进行寻优计算。

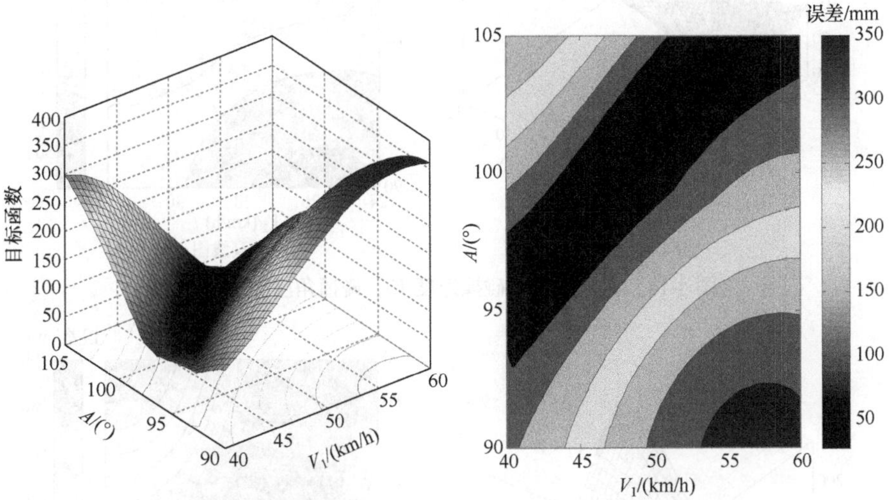


(a) 响应面关系图　　(b) 等高线图

图 4-12　误差函数与碰撞速度 $V_1$、碰撞角度 $A$ 的关系

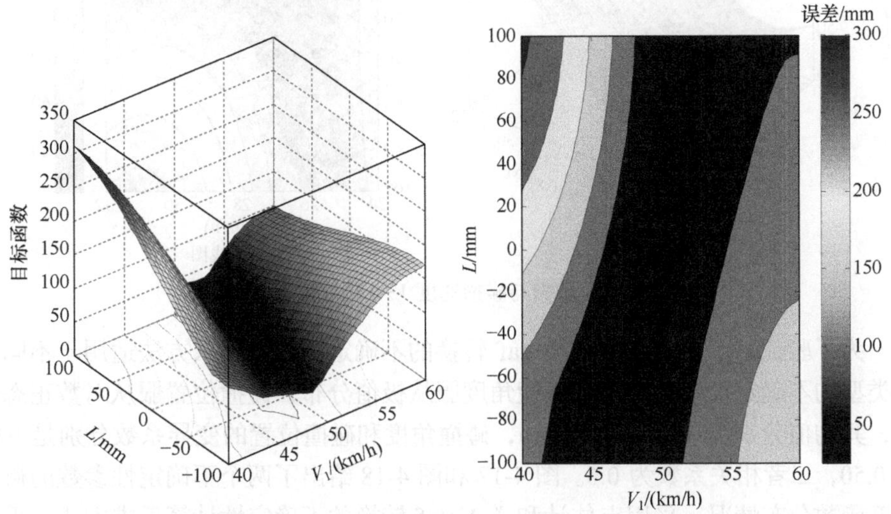


(a) 响应面关系图　　(b) 等高线图

图 4-13　误差函数与碰撞速度 $V_1$、碰撞位置 $L$ 的关系

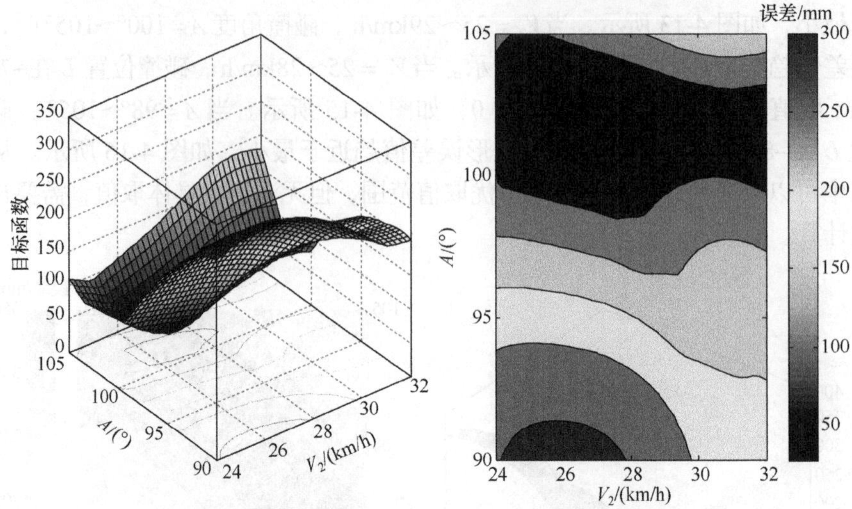


(a) 响应面关系图　　(b) 等高线图

图 4-14　误差函数与碰撞速度 $V_2$、碰撞角度 $A$ 的关系

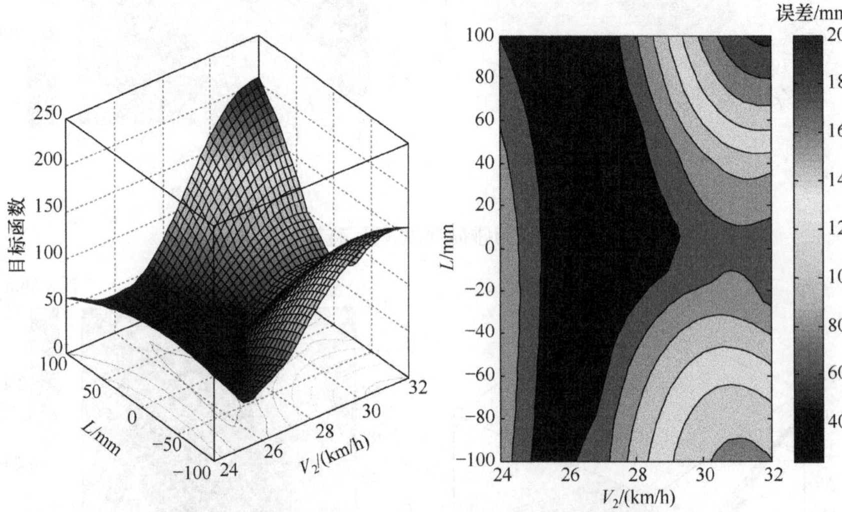


(a) 响应面关系图　　(b) 等高线图

图 4-15　误差函数与碰撞速度 $V_2$、碰撞位置 $L$ 的关系

为了验证基于点估计和逆 Nataf 转换的不确定性计算反求方法适用于不同分布类型的不确定性参数，假设碰撞角度服从极值分布，碰撞位置服从对数正态分布，其均值分别为 101.5°和 20mm，碰撞角度和碰撞位置的变异系数分别是 0.03 和 0.50，二者相关系数为 0.6。图 4-17 和图 4-18 给出了两个不确定性参数的概率密度函数分布情况。采用点估计和逆 Nataf 转换的不确定性计算反求方法，得到了两辆事故车碰前速度的前四阶统计矩，基于最大熵原理得到了碰前速度的概率

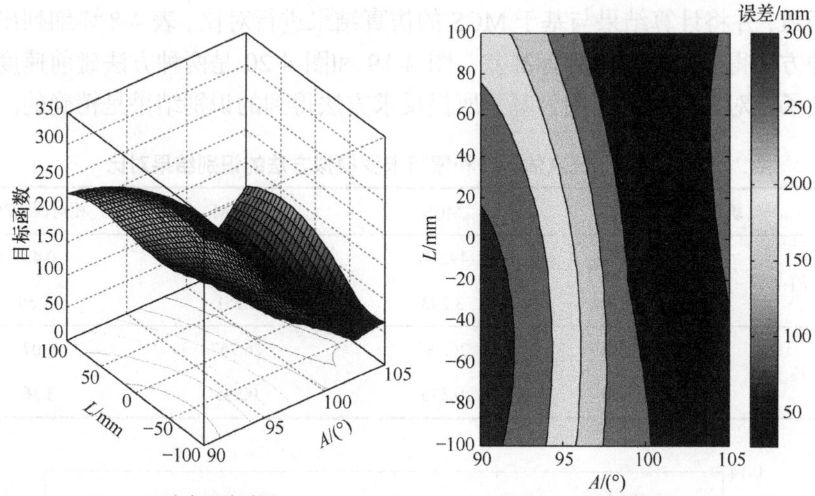


(a) 响应面关系图　　(b) 等高线图

图 4-16　误差函数与碰撞角度 $A$、碰撞位置 $L$ 的关系

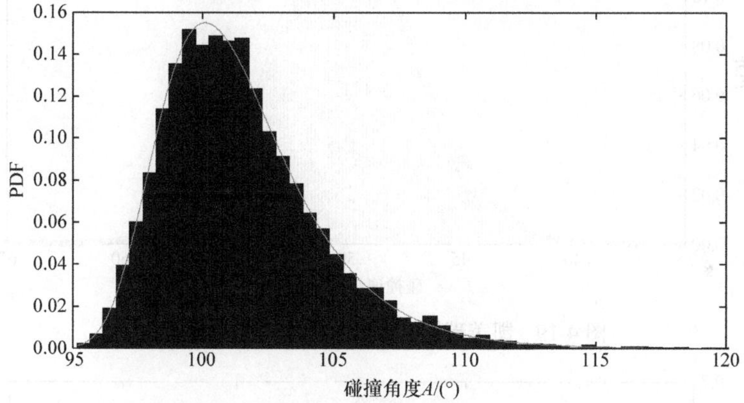


图 4-17　车辆碰撞角度的概率密度函数

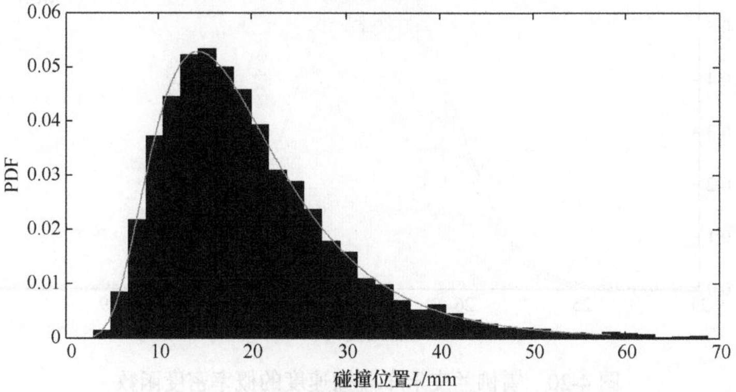


图 4-18　车辆碰撞位置的概率密度函数

密度函数，并将计算结果与基于 MCS 的仿真结果进行对比。表 4-8 详细列出了使用两种方法得到的平均值和标准差，图 4-19 和图 4-20 是两种方法碰前速度的概率密度函数对比，结果表明，基于所提反求方法得到的识别结果是精确的。

**表 4-8　基于三点估计法和蒙特卡罗模拟方法的识别结果对比**

| 统计矩 | | MCS | 3PEM | 相对误差/% |
|---|---|---|---|---|
| $V_1$ | 平均值 | 49.997 | 50.237 | 0.48 |
| | 标准差 | 3.293 | 2.951 | 11.59 |
| $V_2$ | 平均值 | 26.787 | 26.767 | 0.07 |
| | 标准差 | 0.575 | 0.595 | 3.36 |

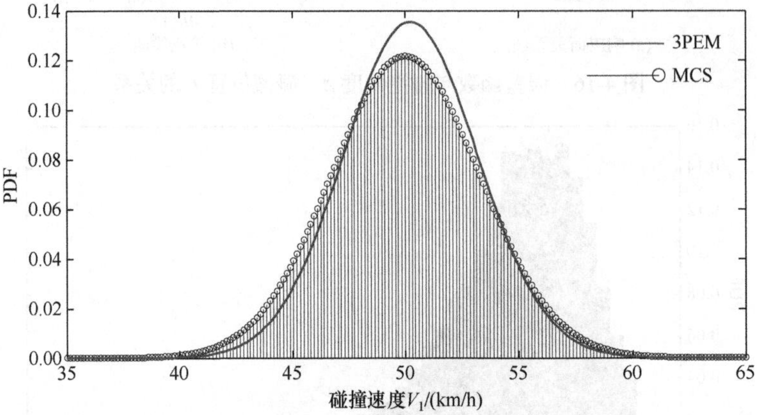


图 4-19　凯美瑞轿车碰撞速度的概率密度函数

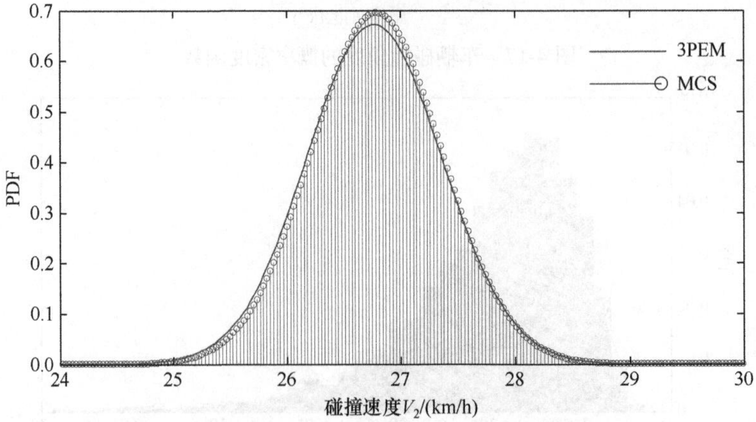


图 4-20　雪佛兰皮卡车碰撞速度的概率密度函数

### 4.4.2 工程应用 2：乘员约束系统模型参数识别

乘员约束系统[36,37]是发生车辆碰撞事故时保护乘员的重要装置，近年来，乘员的安全问题越来越受到人们的重视，乘员约束系统也得到了广泛研究。两个假人模型分别是 50 百分位的男生和 5 百分位的女生。多体动力学模型如图 4-21 所示，其中包括假人模型、安全带、安全气囊和车身，碰撞速度为 35km/h，排气孔的尺寸参数$U$为间隔参数，间隔中点为 43mm，间隔半径为 5mm，刚度缩放系数为$X_1$，流率缩放系数为$X_2$。选择加权损伤标准 WIC 作为测量响应，WIC 的表达式可以写成[38]

$$\mathrm{WIC}=0.6(\mathrm{HIC}/1000)+0.35(C_{3\mathrm{ms}}/60)+0.05(F_{\mathrm{left}}+F_{\mathrm{right}})/20.0 \tag{4-63}$$

式中，HIC 是头部损伤标准；$C_{3\mathrm{ms}}$是胸部损伤的标准；$F_{\mathrm{left}}$和$F_{\mathrm{right}}$分别是左腿力量指数和右腿力量指数。为了提高计算效率，构造函数的二阶响应面[6]为

$$\begin{cases}\mathrm{WIC}_1=0.7074+0.0971X_1-0.3248X_2-1.0934U-0.0067X_1^2\\ \qquad +0.1923X_2^2+75.3548U^2-0.0331X_1X_2+0.0014X_1U-5.3158X_2U\\ \mathrm{WIC}_2=0.8210+0.0743X_1-0.7137X_2+0.1177U-0.0095X_1^2\\ \qquad +0.3942X_2^2+21.2557U^2-0.0400X_1X_2-0.0219X_1U-3.8657X_2U\end{cases} \tag{4-64}$$

式中，$\mathrm{WIC}_1$是 50 百分位男生假人的加权损伤标准，该指数测量为$\mathrm{WIC}_1=0.51629$；$\mathrm{WIC}_2$是 5 百分位女生假人的加权损伤标准，该指数测量为$\mathrm{WIC}_2=0.44425$。

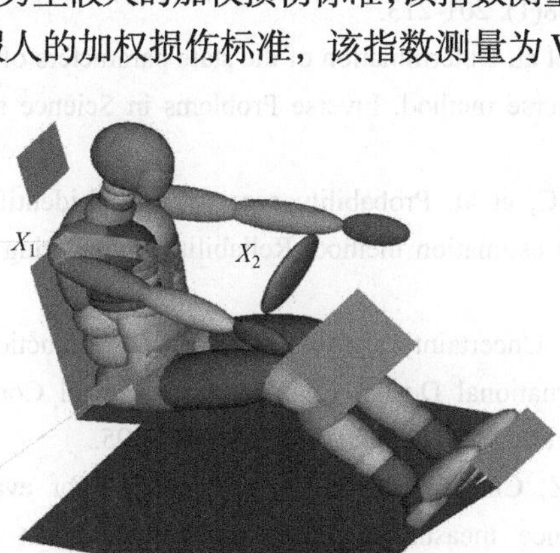


图 4-21　乘员约束系统模型[36,37]

表 4-9 列出了基于区间分析的不确定性计算反求方法的识别结果，可以看出，所提方法仅采用 5 个确定性反求计算来获得相对准确的解。此外，需要注意的是，待识别参数$X_1^{\mathrm{I}}$的变化远大于待识别参数$X_2^{\mathrm{I}}$的变化，这反映出排气口尺寸参数$U$的不确定性对缩放因子$X_1$的影响较大。因此，在不确定性因素的影响下，乘员

约束系统的设计开发应对织带刚度缩放因子 $X_1$ 加大关注力度。

**表 4-9 乘员约束系统关键参数识别精度和效率比较**[11]

| 待识别参数 | MCS 方法 | 本节方法 | 误差/% |
|---|---|---|---|
| $X_1^I$ | [0.001,0.588] | [0.001,0.588] | [0.00,0.14] |
| $X_2^I$ | [0.689,0.786] | [0.689,0.785] | [0.00,0.04] |
| 确定性反求次数 | 100 | 5 | — |

## 参 考 文 献


[1] Beven K, Young P. A guide to good practice in modeling semantics for authors and referees. Water Resources Research, 2013, 49(8): 5092-5098.

[2] Elshall A S, Tsai F T C. Constructive epistemic modeling of groundwater flow with geological structure and boundary condition uncertainty under the Bayesian paradigm. Journal of Hydrology, 2014, 517: 105-119.

[3] Gupta H V, Clark M P, Vrugt J A, et al. Towards a comprehensive assessment of model structural adequacy. Water Resources Research, 2012, 48(8): W08301.

[4] Cao L X, Liu J, Han X, et al. An efficient evidence-based reliability analysis method via piecewise hyperplane approximation of limit state function. Structural and Multidisciplinary Optimization, 2018, 58(1): 201-213.

[5] Liu J, Xu C, Han X, et al. Determination of the state parameters of explosive detonation products by computational inverse method. Inverse Problems in Science and Engineering, 2016, 24(1): 22-41.

[6] Liu J, Hu Y F, Xu C, et al. Probability assessments of identified parameters for stochastic structures using point estimation method. Reliability Engineering & System Safety, 2016, 156: 51-58.

[7] Huang B R, Du X P. Uncertainty analysis by dimension reduction integration and saddlepoint approximations. International Design Engineering Technical Conferences and Computers and Information in Engineering Conference, Long Beach, 2005.

[8] Zhang L G, Lu Z Z, Cheng L, et al. A new method for evaluating Borgonovo moment-independent importance measure with its application in an aircraft structure. Reliability Engineering & System Safety, 2014, 132: 163-175.

[9] Huang X Z, Zhang Y M. A probability estimation method for reliability analysis using mapped Gegenbauer polynomials. Proceedings of the Institution of Mechanical Engineers, Part O: Journal of Risk and Reliability, 2014, 228(1): 72-82.

[10] Elshall A S, Pham H V, Tsai F T C, et al. Parallel inverse modeling and uncertainty quantification for computationally demanding groundwater-flow models using covariance matrix adaptation. Journal of Hydrologic Engineering, 2015, 20(8): 04014087.

[11] Tang J C, Cao L X, Mi C J, et al. Interval assessments of identified parameters for uncertain

structures. Engineering with Computers, 2021: 1-13.

[12] Golub G H, Hansen P C, O'Leary D P. Tikhonov regularization and total least squares. SIAM Journal on Matrix Analysis and Applications, 1999, 21(1): 185-194.

[13] Liu J, Han X, Jiang C, et al. Dynamic load identification for uncertain structures based on interval analysis and regularization method. International Journal of Computational Methods, 2011, 8(4): 667-683.

[14] Moore R E. Methods and Applications of Interval Analysis. Philadelphia: Society for Industrial and Applied Mathematics, 1979.

[15] Jaulin L, Kieffer M, Didrit O, et al. Interval analysis//Applied Interval Analysis. London: Springer, 2001.

[16] Rahman S, Xu H. A univariate dimension-reduction method for multi-dimensional integration in stochastic mechanics. Probabilistic Engineering Mechanics, 2004, 19(4): 393-408.

[17] Ma X, Zabaras N. An adaptive high-dimensional stochastic model representation technique for the solution of stochastic partial differential equations. Journal of Computational Physics, 2010, 229(10): 3884-3915.

[18] Huang X Z, Zhang Y M. Reliability-sensitivity analysis using dimension reduction methods and saddlepoint approximations. International Journal for Numerical Methods in Engineering, 2013, 93(8): 857-886.

[19] Lee G, Yook S, Kang K, et al. Reliability-based design optimization using an enhanced dimension reduction method with variable sampling points. International Journal of Precision Engineering and Manufacturing, 2012, 13(9): 1609-1618.

[20] Ren X C, Yadav V, Rahman S. Reliability-based design optimization by adaptive-sparse polynomial dimensional decomposition. Structural and Multidisciplinary Optimization, 2016, 53(3): 425-452.

[21] Chen S H, Ma L, Meng G W, et al. An efficient method for evaluating the natural frequencies of structures with uncertain-but-bounded parameters. Computers & Structures, 2009, 87(9-10): 582-590.

[22] Xu M H, Du J K, Wang C, et al. A dimension-wise analysis method for the structural-acoustic system with interval parameters. Journal of Sound and Vibration, 2017, 394: 418-433.

[23] Tang J C, Fu C M. A dimension-reduction interval analysis method for uncertain problems. Computer Modeling in Engineering & Sciences, 2017, 113(3): 239-259.

[24] Bucher C G. Adaptive sampling—An iterative fast Monte Carlo procedure. Structural Safety, 1988, 5(2): 119-126.

[25] Mori Y, Ellingwood B R. Time-dependent system reliability analysis by adaptive importance sampling. Structural Safety, 1993, 12(1): 59-73.

[26] Bollapragada R, Byrd R, Nocedal J. Adaptive sampling strategies for stochastic optimization. SIAM Journal on Optimization, 2018, 28(4): 3312-3343.

[27] Au S K, Beck J L. A new adaptive importance sampling scheme for reliability calculations. Structural Safety, 1999, 21(2): 135-158.

[28] Golberg D E. Genetic Algorithms in Search, Optimization, and Machine Learning. Boston:

Addion-wesley, 1989.

[29] Kumar V, Grama A, Gupta A, et al. Introduction to Parallel Computing. Boston: Addison-Wesley, 2003.

[30] Phillips J C, Braun R, Wang W, et al. Scalable molecular dynamics with NAMD. Journal of Vomputational Chemistry, 2005, 26(16): 1781-1802.

[31] Coelho P G, Cardoso J B, Fernandes P R, et al. Parallel computing techniques applied to the simultaneous design of structure and material. Advances in Engineering Software, 2011, 42(5): 219-227.

[32] Gao W J, Kemao Q. Parallel computing in experimental mechanics and optical measurement: A review. Optics and Lasers in Engineering, 2012, 50(4): 608-617.

[33] Rubinstein R Y, Kroese D P. Simulation and the Monte Carlo Method. Hoboken: John Wiley & Sons, 2016.

[34] Wu T J, Sepulveda A. The weighted average information criterion for order selection in time series and regression models. Statistics & probability letters, 1998, 39(1): 1-10.

[35] NHTSA. CIREN Case Viewer-Case Number: 317837284. https://www.nass.nhtsa.dot.gov/gov/nass/ciren/Caseform.aspx?xsl=main.xsl&CaseID=317837284[2018-04-06].

[36] Radja G A. National Automotive Sampling System-Crashworthiness Data System, 2011 Analytical User's Manual. Crashworthiness, 2012.

[37] Liu J, Cai H, Jiang C, et al. An interval inverse method based on high dimensional model representation and affine arithmetic. Applied Mathematical Modelling, 2018, 63: 732-743.

[38] Wu T J, Chen P, Yan Y J. The weighted average information criterion for multivariate regression model selection. Signal Processing, 2013, 93(1): 49-55.

# 第 5 章　复杂机械系统不确定性分析软件平台

## 5.1　引　　言

不确定性从概率理论提出并发展至今已经接近百年，其涉及的领域较广，如机械设计、材料合成、人工智能、优化控制等。随着计算机性能的快速提升和样本数据的不断增加，在科学研究和工程应用中，学者对不确定性的重视程度越来越高。在工程实际中，不确定性已经与敏感性分析、反问题、代理模型、优化设计、可靠性分析、抽样技术、数值模拟等交叉融合，形成一套完整的理论体系，几乎可以处理工程中面临的所有不确定性问题。然而，目前，用于处理不确定性问题的软件平台非常少，即便是工具包，大多数都是单一化模块，其实用性、维护性都很差。国外学者围绕不确定性分析软件平台开发开展了一些工作，其平台也在不断拓展，de Rocquigny 等[1]于 2008 年提出了不确定性量化理论框架，Sudret 团队[2,3]在其基础上开发了一款不确定性量化分析软件 UQLab，经过十多年的维护和不断更新，该软件已经由单一模块向多模块方向拓展，处理问题的手段也多样化，处理问题的效率也越来越高，是不确定性分析软件开发领域最成功的一个。近十多年也有很多其他不确定性小工具包被开发，然而，其持续性和功能性还有待提高。国内关于不确定性分析软件的研究还鲜有提及，从事不确定性研究工作的基本都是高校科研人员，通常是在第三方平台通过编程处理相关问题，这类处理方式效率极低，不仅对科研工作者要求很高，而且不利于不确定性分析软件的推广应用。因此，开发一个具有自主知识产权的不确定性分析软件非常迫切，该软件不仅要求功能多，而且要求操作便捷、兼容性好、易维护，这对复杂条件下开发高端机械装备具有重要的意义和工程实用价值，也对其他工程问题的模块化处理提供了一种便捷的手段。

## 5.2　不确定性量化软件平台 UQLab

### 5.2.1　不确定性量化软件的基本框架

不确定性量化软件 UQLab 集成在 MATLAB 平台上，采用模块化设计理念，其功能包括蒙特卡罗模拟采样、敏感性分析、可靠性分析和不确定性量化等，此外，还包括混沌多项式展开、克里金(Kriging)、低秩张量近似等代理模型的构建，并且该软件平台还处于不断地拓展和更新中。一般不确定性问题的基本框架，如图 5-1 所示，具体分析步骤如下。

步骤 1：定义物理模型和分析的物理量，如土木结构关键点的位移。它是任意复杂物理模型的确定性表示，如有限元模型。

步骤 2：识别并量化作为步骤 1 系统输入的不确定性来源。它们由一组随机变量及其联合概率密度函数表示。

步骤 3：将不确定性通过模型(步骤 1)从输入随机变量(在步骤 2 中量化)传播到输出响应，如结构可靠性分析。

步骤 4：选择性步骤，利用步骤 3 中输入输出之间的关系，根据其输入变量重要性的量化权重对不确定性来源进行排序，如敏感性分析。

UQLab 在任意不确定性问题中主要有三个部分：计算模型、输入参数和输出响应，在 UQLab 中建立不确定性量化问题只需创建所需的模块，其中，输入模块表示不确定性输入参数的联合概率密度函数，对应于步骤 2(量化不确定性来源)；模型模块是指对从输入中提取的样本进行操作并计算输出响应的函数，对应于步骤 1(建立系统模型)；分析模块主要是响应函数进行相应的运算操作，如失效准则相关的可靠性分析。目前，可用的模块如图 5-2 所示，确定好所有的模块，就会启动并在定义的模块上执行分析，对应于步骤 3(不确定性传播)。对于每个模块，软件平台都提供了一个广泛的测试脚本库和实际算例，以便于使用者熟悉 UQLab 软件操作。5.2.2 节将以基于混沌多项式展开的代理模型为例，详细阐述其建模过程及程序实现。

### 5.2.2 基于混沌多项式展开的代理模型

不确定性量化成为一个日益重要的领域，确定性的基于场景的预测模型正逐渐被随机模型所取代，以解释物理现象和测量中不可避免的不确定性。然而，这种平稳过渡是以处理大量信息为代价的(如蒙特卡罗模拟)，通常导致需要重复执行昂贵的计算模型评估。元模型(或替代模型)试图通过廉价的替代品替代昂贵的计算模型(如有限元模型)来抵消随机模型增加的成本。混沌多项式展开(PCE)是一种强大的元建模技术，旨在通过多项式函数的谱表示提供计算模型的函数逼近。

PCE 作为一种强大的元建模工具，在许多工程和应用数学领域有重要的应用，主要可用于结构可靠性、敏感性分析、蒙特卡罗仿真等[3,4]。但是，PCE 公式的潜在复杂性，使得这种技术在这些领域之外的应用相对较少。UQLab 为解决这类问题，在其平台内部提供了非侵入性、稀疏和自适应的 PCE 算法。

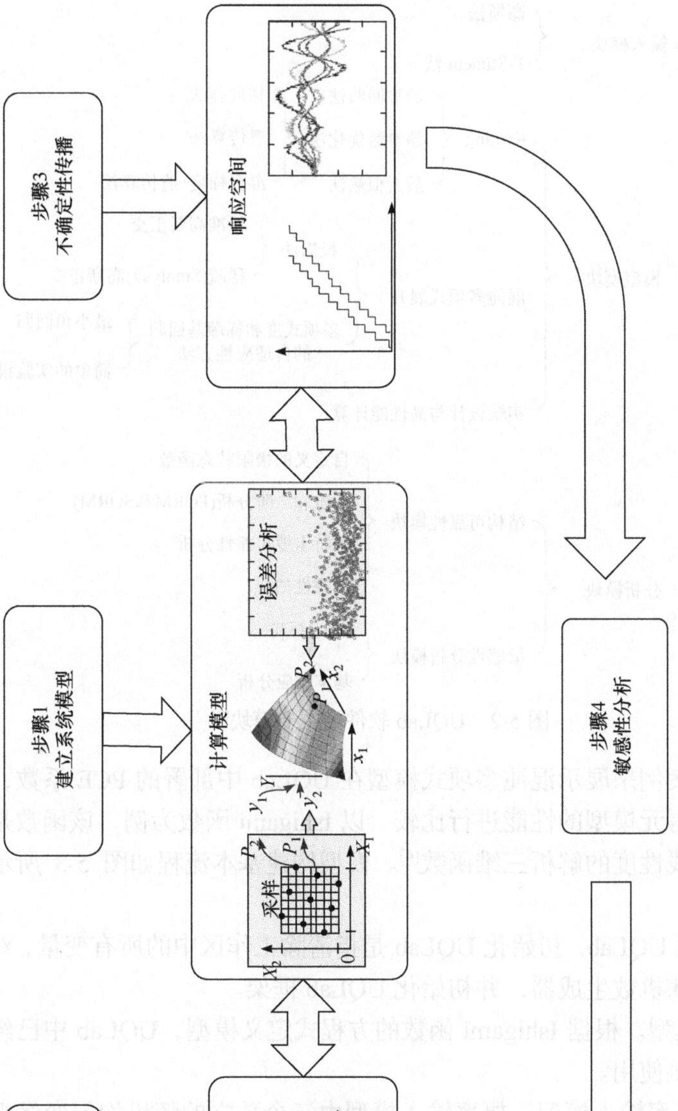

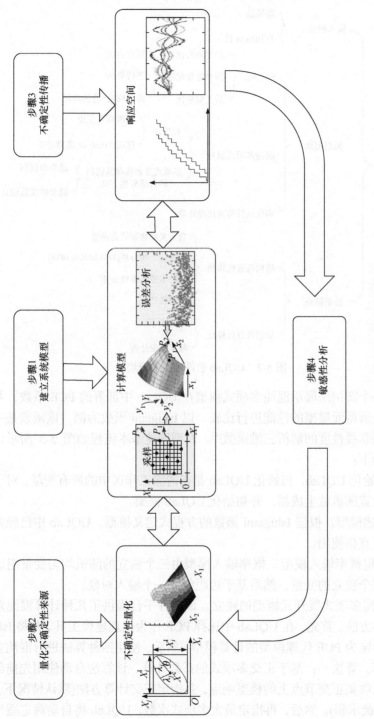


图 5-1　UQLab软件基本理论框架[2]

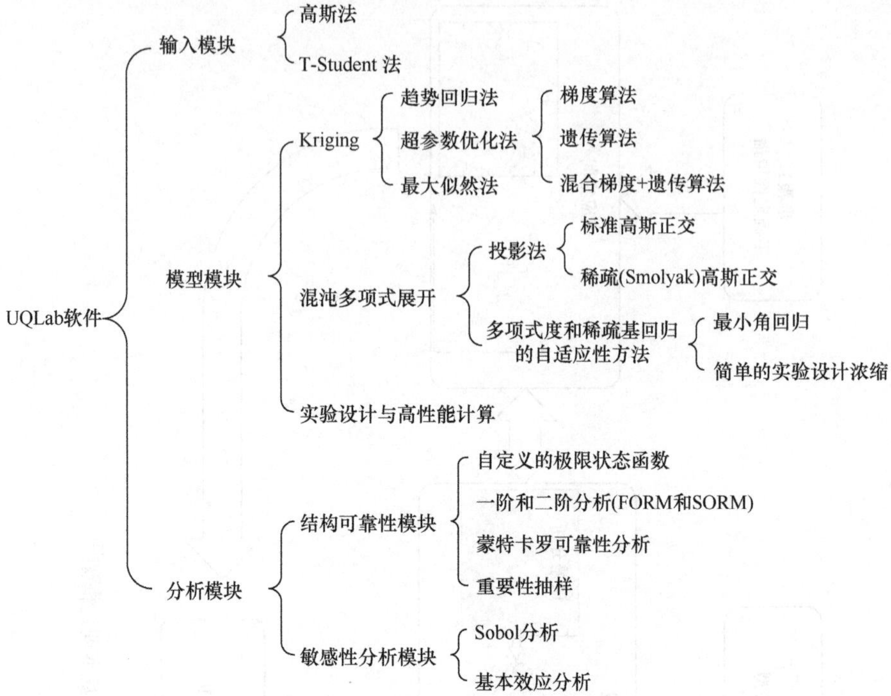


图 5-2　UQLab 软件的主要模块[2]

通过一个案例来展示混沌多项式模型在 UQLab 中部署的 PCE 系数，并同时对多种方法所得元模型的性能进行比较。以 Ishigami 函数为例，该函数是一个非单调性和高非线性度的解析三维函数[4]。模型构建基本流程如图 5-3 所示，具体实现过程如下：

(1) 初始化 UQLab。初始化 UQLab 是指清除工作区中的所有变量，对于可再现的结果设置随机数生成器，并初始化 UQLab 框架。

(2) 创建模型。根据 Ishigami 函数的方程式定义模型，UQLab 中已经含有该函数，可以直接使用。

(3) 确定概率输入模型。概率输入模型由三个独立的随机均匀变量组成，需要定义这三个独立的变量，然后基于边距创建一个输入对象。

(4) 混沌多项式展开元模型的建立。该软件平台提供了几种计算混沌多项式展开系数的方法。首先，在 UQLab 中选择 PCE 作为代理建模工具，并将 Ishigami 函数模型指定为 PCE 代理模型的计算模型。然后，使用四种算法进行混沌多项式系数的计算。算法一：基于正交多项式的系数计算。该算法自动使用先前创建的计算模型来收集正交节点上的模型响应，并指定正交计算方法(默认情况下，使用 Smolyak 稀疏求积)。然后，再指定最大多项式次数，UQLab 将自动确定适当的正交水平来创建基于正交多项式的 PCE 代理模型。算法二：基于最小二乘法的系数计算。该算法允许对 PCE 系数进行适应性计算，其依赖对实验设计的模型响应的评估，将 UQLab 配置为一个基于输入模型的拉丁超立方抽样(也可用 MC、Sobol、Halton)生成的实验设计，从而创建基于最小二乘法的 PCE 元模型。算法三：基于稀疏最小角回归法的系数计算。与最小二乘法类似，UQLab 支持稀疏最小角回归方法的启用，稀疏最小角回归方法可以进行 PCE 系数的自适应计算。相对于正交多项式法和最小二乘法，该算法还需要指定一个稀疏截断方案($q$=0.75 的双曲范数)，并且稀疏 PCE 需要数量极少的样本点以适当地收敛。算法四：基于正交匹配追踪法的系数计算。与其他 PCE 计算方法类似，UQLab 可直接启用正交匹配追踪法，采用正交匹配追踪法自适应地计算 PCE 系数，同样需要指定一个稀疏截断方案($q$=0.75 的双曲范数)，来创建基于正交匹配追踪法的 PCE 代理模型。

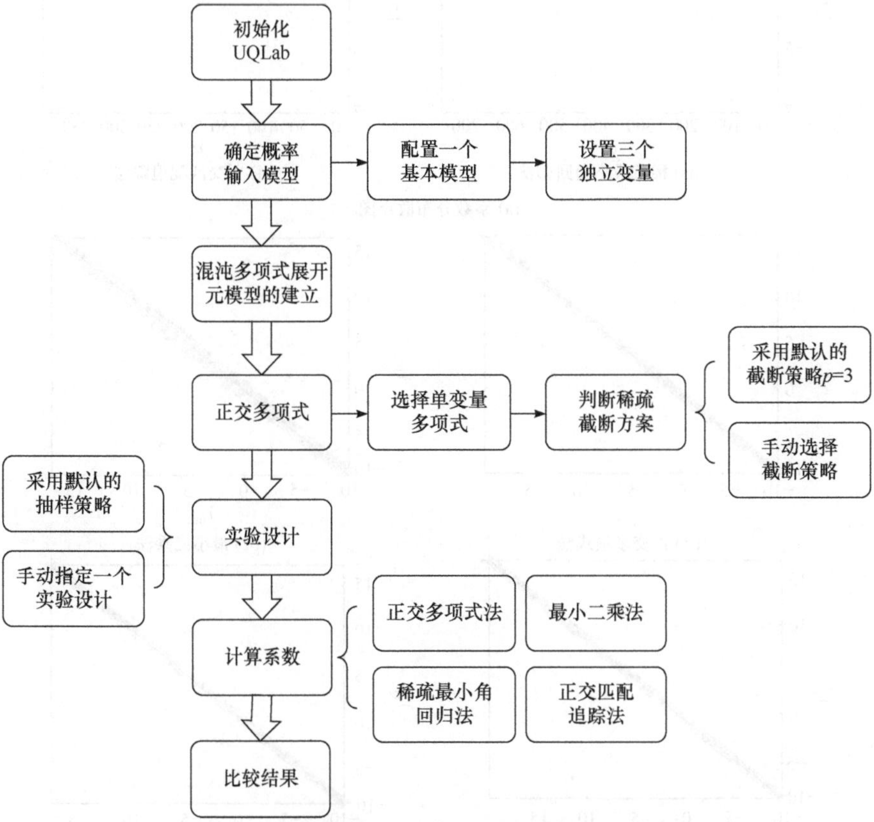


图 5-3　基于混沌多项式展开的代理模型基本流程图

(5) 结果对比。启动程序得到如图 5-4(a)所示四种方法的结果分布图，同时生成一个验证集合并评估样本点全模型，其结果对比图如图 5-4(b)所示。

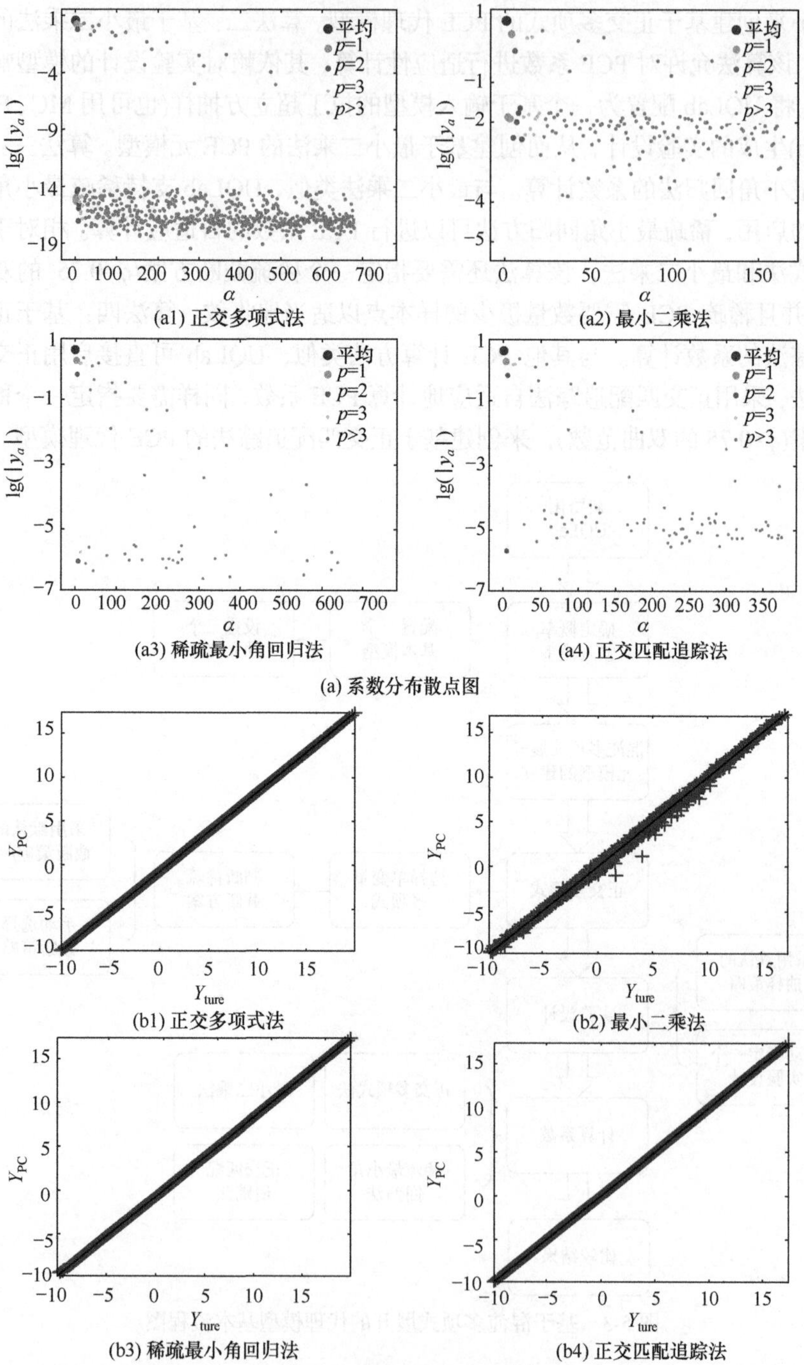


(a1) 正交多项式法　(a2) 最小二乘法

(a3) 稀疏最小角回归法　(a4) 正交匹配追踪法

(a) 系数分布散点图

(b1) 正交多项式法　(b2) 最小二乘法

(b3) 稀疏最小角回归法　(b4) 正交匹配追踪法

(b) 响应分布对比

图 5-4　四类 PCE 代理模型构建法的结果对比

最后，根据上述 PCE 代理模型的步骤描述，将构建 PCE 代理模型的核心代码进行分类解释，如图 5-5 所示。

初始化UQLab
```
clearvars
rng(100,'twister')
Uqlab
```

建立计算模型
```
ModelOpts.mFile = 'uq_ishigami';
myModel = uq_createModel(ModelOpts);
```

建立概率模型
```
for ii=1:3
    InputOpts.Marginals(ii).Type ='Uniform' ;
    InputOpts.Marginals(ii).Parameters = [-pi pi];
end
myInput = uq_createInput(InputOpts);
```

建立混沌多项式展开元模型
```
MetaOpts.Type = 'Metamodel';
MetaOpts.MetaType = 'PCE';
MetaOpts.FullModel = myModel;
```

基于正交多项式法的系数计算
```
MetaOpts.Method ='Quadrature';
MetaOpts.Degree = 14;
myPCE_Quadrature = uq_createModel(MetaOpts);
uq_print(myPCE_Quadrature)
uq_display(myPCE_Quadrature)
```

基于最小二乘法的系数计算
```
MetaOpts.Method = 'OLS';
MetaOpts.Degree = 3:15;
MetaOpts.ExpDesign.NSamples = 500;
MetaOpts.ExpDesign.Sampling = 'LHS';
myPCE_OLS = uq_createModel(MetaOpts);
uq_print(myPCE_OLS)
uq_display(myPCE_OLS)
```

基于稀疏最小角回归法的系数计算
```
MetaOpts.Method ='LARS';
MetaOpts.Degree = 3:15;
Metaopts.TruncOptions.qNorm = 0.75;
MetaOpts.ExpDesign.NSamples = 150;
myPCE_LARS = uq_createModel(MetaOpts);
uq_print(myPCE_LARS)
uq_display(myPCE_LARS)
```

基于正交匹配追踪法的系数计算
```
MetaOpts.Method = 'OMP';
MetaOpts.Degree = 3:15;
MetaOpts.TruncOptions.qNorm = 0.75;
myPCE_OMP = uq_createModel(MetaOpts);
uq_print(myPCE_OMP)
uq_display(myPCE_OMP)
```

评估上述四种方法建立的元模型
```
Xval = uq_getSample(1e4);
Yval = uq_evalModel(myModel,Xval);
YQuadrature = uq_evalModel(myPCE_Quadrature,Xval);
YOLS = uq_evalModel(myPCE_OLS,Xval);
YLARS = uq_evalModel(myPCE_LARS,Xval);
YOMP = uq_evalModel(myPCE_OMP,Xval);
YPCE = {YQuadrature, YOLS, YLARS, YOMP};
```

比较结果
```
uq_figure
methodLabels = {'Quadrature', 'OLS', 'LARS', 'OMP'};
for i = 1:length(YPCE)
    subplot(2,2,i)
    uq_plot(Yval, YPCE{i},'+')
    hold on
    uq_plot([min(Yval) max(Yval)], [min(Yval) max(Yval)], 'k')
    hold off
    axis equal
    axis([min(Yval) max(Yval) min(Yval) max(Yval)])
    title(methodLabels{i})
    xlabel('$\mathrm{Y_{true}}$')
    ylabel('$\mathrm{Y_{PC}}$')
end
```

图 5-5 UQLab 基于混沌多项式展开的代理模型主要代码[3]

# 5.3 基于蒙特卡罗模拟的敏感性分析与不确定性分析软件

SimLab 是一款基于蒙特卡罗模拟的不确定性和敏感性分析软件，该软件算法采用蒙特卡罗模拟方法生成伪随机数，重点是从联合概率分布中抽取抽样点，通常用“样本分布”来表示。基于蒙特卡罗模拟的不确定性分析和敏感性分析是基于对概率选择的模型输入进行多个模型评估，然后使用这些评估的结果来确定模型预测中的不确定性。一般来说，蒙特卡罗模拟不确定性分析主要包括五个步骤：第一步，为每个输入变量选择一个范围和分布，这些选择将用于第二步根据输入变量生成样本，如果分析主要是探索性的，那么相当粗略的分布假设就足够了。

第二步，根据第一步中指定的输入分布生成点的样本，此步骤的结果是一系列样本元素。第三步，向模型提供样本元素，并生成一组模型输出。本质上，这些模型评估创建了从输入空间到输出空间的映射，此映射是后续不确定性和敏感性分析的基础。第四步，将模型评估结果作为不确定性分析的基础，描述不确定性的一种方法是使用均值和方差。第五步，将模型评估结果作为敏感性分析的基础。SimLab由三个模块组成，这些模块涵盖了以上总结的所有步骤，统计预处理模块执行第一步和第二步，模型执行模块完成第三步，统计后处理模块执行第四步和第五步。

### 5.3.1 统计预处理模块

图 5-6 是 SimLab 的主界面，其中统计预处理模块的作用是配置参数范围和分布，生成参数样本，模型执行模块的作用是向模型提供参数样本，并生成模型输出结果，统计后处理模块的作用是根据模型执行结果进行敏感性和不确定性分析。生成新样本的过程可分为三个步骤，如图 5-7 所示：第一步，输入变量选择取值范围，确定概率分布函数；第二步，选择抽样方法进行抽样，选择不同抽样方法，对后续执行敏感分析有显著影响；第三步，根据输入的概率分布函数生成样本，统计预处理模块将指导用户选择概率分布函数并可视化样本。

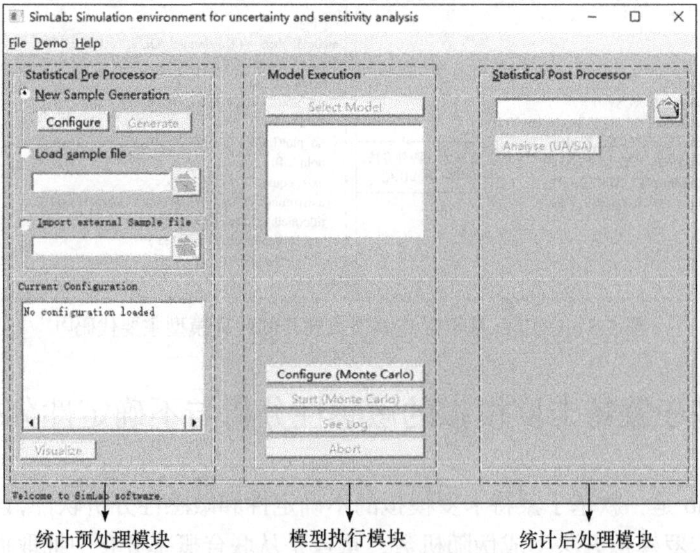


图 5-6 SimLab 的主界面

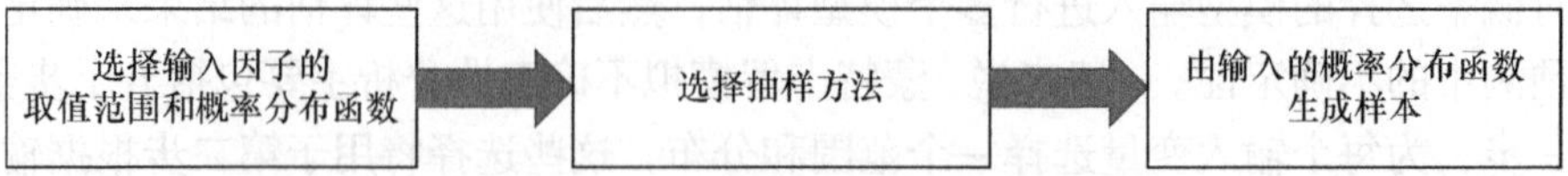


图 5-7 生成新样本的主要流程

在图 5-8 中的统计预处理模块，用户可以进行下列操作：①加载统计预处理器主面板，进一步使用该面板创建新的输入因子配置，指定输入因子的数量、概率分布函数、范围和相关性等来定义输入因子。②加载由 SimLab 生成的已存示例文件，扩展名为.sam。③导入其他应用程序创建的示例文件，SimLab 为 ASCII 格式。④可视化样本集的图表，分别有散点图、蜘蛛网图、直方图和表格。⑤配置文件完成后生成样本。

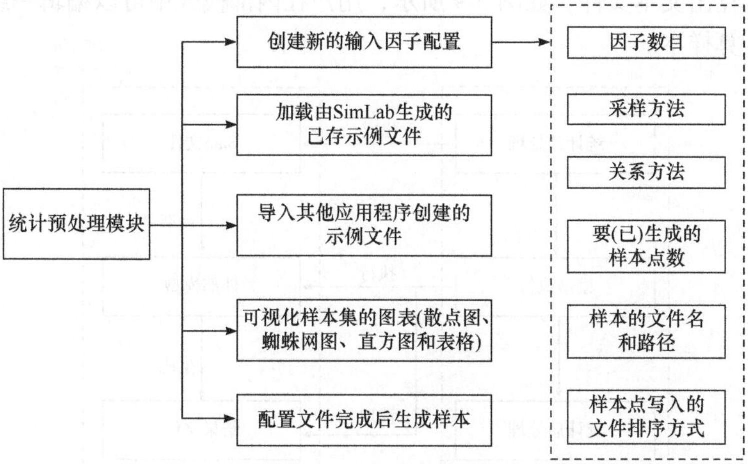


图 5-8　统计预处理模块[5]

通过单击图 5-6 中的“配置”(Configure)按钮，用户可以设置样本的配置。打开的“统计预处理-主面板”，可以进行以下设置：输入因子的统计属性(分布、范围和截断值)。分布方式分别有正态分布、均匀分布、对数均匀分布、韦布尔分布、$\gamma$ 分布和三角分布，可以自由设置其值。这种截断会影响在无限宽区间上定义分布的所有因子，截断值也可以针对单因素进行修改，选择采样方式，选择将要保存样本的文件名。

建立因子间相关性模型的依赖树方法[5,6]与影响图有关，用户可以指定形成树结构输入因素之间的相关性，无论用户以这种方式施加什么相关值，都可以保证存在联合概率密度函数，在所有满足用户给定标准的联合分布中具有最少的信息。通过选择相关树按钮，用户可以归纳出输入因子之间所需的相关性，如下所示：

(1) 因子树区域。该区域将当前使用的树相关结构进行可视化。

(2) 因素列表区域。此区域显示了尚未相关的可用输入因素列表。要定义新的关联，用户可以从列表中拖出一个项，并将其覆盖在因子树元素上。两个实体之间的关联值范围为[−1,1]，用户可以自由设置其值。

(3) 选择“相关性”。选择一个所需的相关方法[7]。

(4) 关联图。选择相关结构后，单击此按钮，SimLab 将显示一对所选因子的

100 个相关点的散点图。

### 5.3.2 模型执行模块和统计后处理模块

在上述统计预处理模块中输入变量后，用户可以设置并执行一个完整的蒙特卡罗模拟分析。首先从内部或者外部选择模型，在外部模式，用户使用独立的应用程序执行模型，此应用程序需读取样本文件，然后，根据 SimLab 软件平台指定的格式输出文本文件，如图 5-9 所示，用户在内部模式中可以编辑一组方程，并直接计算样本。

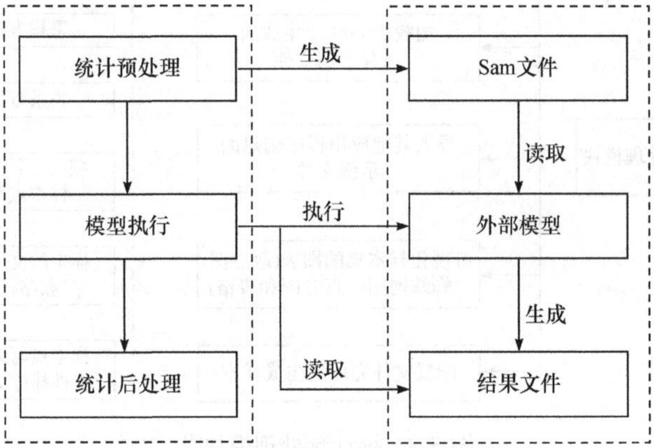


图 5-9　模型执行模块流程图[5]

## 5.4 基于高维模型表示的全局敏感性分析平台

HDMR 方法是 Rabitz 等[8]为了表达具有大量输入变量的复杂模型的输入输出关系而探索的一套工具，开发 GUI-HDMR 软件是为了将现有的 RS-HDMR 工具和开发的 RS-HDMR 扩展结合起来，使所有感兴趣的用户能方便地使用。软件采用 MATLAB 编写，需要基本的 MATLAB 软件包，该软件带有图形用户界面(graphical user interface，GUI)，但也可以在没有 GUI 的情况下作为基于脚本的方法使用[9]。在这两种情况下，用户只需要提供两个文件。第一个包含缩放后的输入值 ($0 \leqslant x_i \leqslant 1$)，第二个包含相应的输出值。两个文件的形式都是矩阵格式的 ASCII 文件，这些行表示样本数($1, 2, \cdots, N$)，列代表不同的输入($i=1, 2, \cdots, N$)或分别考虑输出的数量，如果只考虑一个输出，那么输出文件就是一个列向量，输入值可以是任意的蒙特卡罗样本或测量数据。如果输入参数可以控制，则准随机抽样方法如 Sobol 序列优先使用，这保证了比使用随机值更均匀地覆盖整个输入空间，并提供了更快的收敛速度[10]。另外，第二组输入和输出值格式与第一组相同，为了显示所构建代理模型的准确性，计算了多个样本的相对误差和确定系数。如果提供了一组不同的输入值和输出值，那么将针对未用于构造 HDMR 扩展的值对元模型进行测试。如果没有提供第二组，则使用同一组输入值和输出值进行精度测试，并且可以提供原始输入参数范围，以便用正确的范围而不是重新缩放的范围来产生分量函数的图。此外，可以仅使用所提供的一组样本构造原函数的代理模型，还可以计算出一阶和二阶敏感性指标，绘制一阶和二阶分量函数，并与散点图进行比较。图 5-10 为 GUI-HDMR 主界面，从主界面可以开始计算并显示进度。从主界面可以访问其他三个窗口：设置窗口、显示最优多项式阶次和代理模型精度的结果窗口及全局敏感性分析窗口。

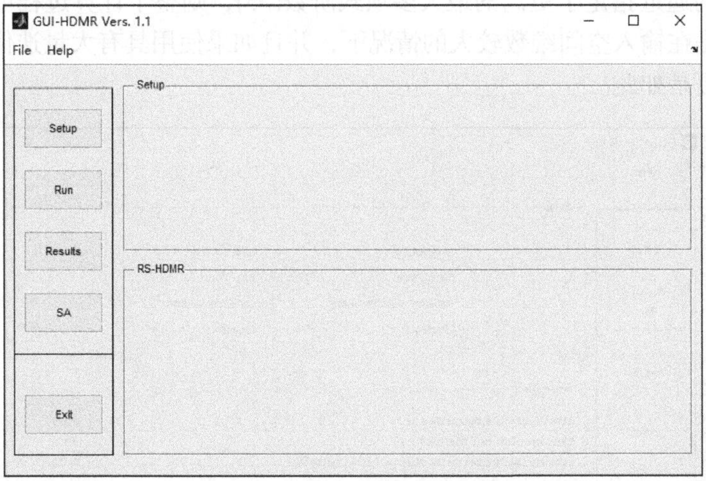


图 5-10　GUI-HDMR 主界面[11]

在主界面中，可以通过单击左侧的“设置”(Setup)按钮来访问设置窗口，在设置窗口中，可以加载基于已执行模型运行的样本输入和输出文件，并可以应用不同的 HDMR 分析设置。可以在设置窗口中设置用于构建 HDMR 扩展的样本大小，最大样本对应于输入和输出文件中提供的样本数量。此外，可以定义用于精度测试(相对误差和确定系数的计算)和散点图的样本数量。通过选择样本输入和输出文件，可以构造 HDMR 的二阶元模型，并计算基于方差的敏感性指数。同时，可以加载第二组输入和输出样本，以便基于相对误差和确定系数来进行准确度测试。加载输入和输出文件后，设置窗口的“样本文件”部分将显示一个摘要，说明输入和输出的数量以及每个文件中提供的样本数量。HDMR 图形用户界面软件中包含了自动计算每个多项式最佳阶数的优化方法，可以为一阶和二阶分量函数的近似值定义最大多项式阶数，并且该软件最多支持十阶多项式。此外，可以采用方差缩减法来控制蒙特卡罗积分误差。用户可以选择两种方法：相关法和比率控制变量法，在这两种情况下，可以为一阶和二阶 HDMR 分量函数设置迭代次数。最后，可以应用一个阈值，用于从 HDMR 展开中排除不重要的分量函数，阈值以百分比形式给出，如果模型具有大量输入参数，则该阈值特别有用。

### 5.4.1 高维模型表示构建平台

在加载输入文件和输出文件并应用所有设置后，主界面的“设置”部分会进行显示，通过单击“运行”(Run)按钮进行 HDMR 分析，主界面的“RS-HDMR”部分显示了计算进度，如图 5-11 所示，如果应用了方差缩减法，还会显示当前迭代次数和总迭代次数，来进行计算一阶和二阶分量函数的最佳阶数。如果为二阶分量函数的逼近指定了更高的最大多项式阶数(≥5)，则整个计算过程可能非常耗时，尤其是在输入空间维数较大的情况下，并且如果使用具有大量迭代的方差缩减法，则更是如此。

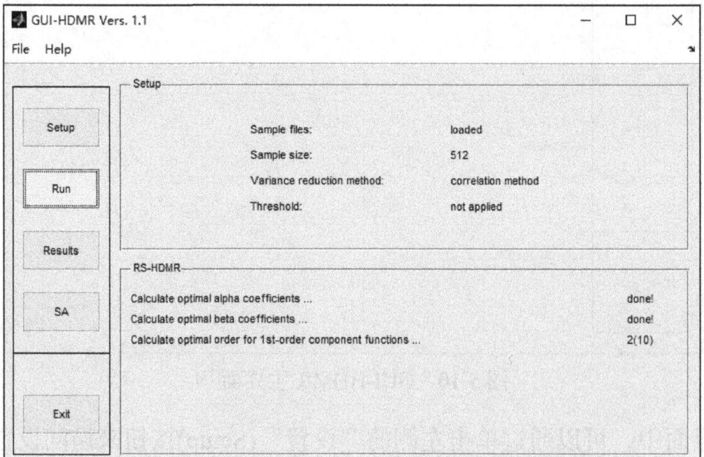


图 5-11　GUI-HDMR 主界面-显示设置和计算进度[11]

在完成计算或加载结果文件后，通过单击主窗口中的“结果”(Results)按钮，可以访问构建的 HDMR 展开的结果。“结果”窗口展示多项式逼近的分量函数的数量，以及一阶和二阶的阶数，如图 5-12 所示。

此外，采用多种方法验证所构建的一阶和二阶 HDMR 元模型的准确性。如果提供一组额外的样本输入和输出，则使用一组未用于构建 HDMR 扩展的样本计算相对误差和测定系数。否则，元模型将针对用于构建它的同一组样本进行测试。此结果还提供了两种图形方法：显示原始模型和 HDMR 元模型之间关系的散点图，以及原始模型和 HDMR 元模型的经验概率分布函数的比较。通过“精度”菜单中的“一阶”(1st-order)按钮，使用设置中定义的样本数计算一阶 HDMR

元模型的相对误差和确定系数。此外，还构建了散点图、概率密度函数图(或直方图)。在“精度”菜单中单击“二阶”(2nd-order)按钮，可以得到二阶 HDMR 代理模型的相对误差、确定系数和图形。如果考虑了多个输出(样本输出文件有多个列)，那么可以通过在“输出”字段中输入相应的数字来选择需要的输出，然后就会得到所选输出的结果和精度。

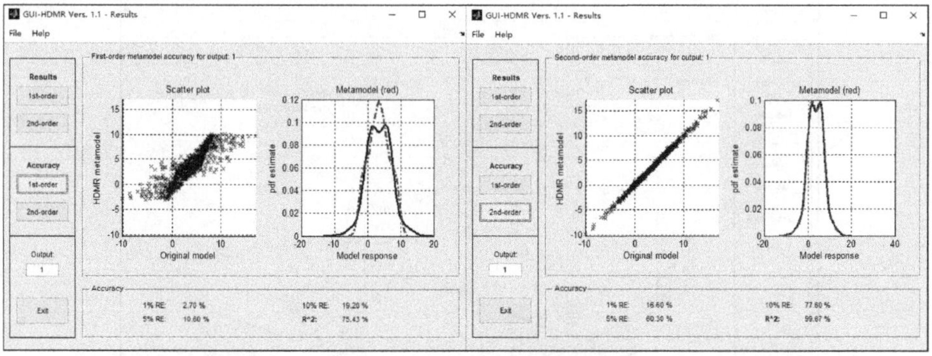


图 5-12　HDMR 拟合精度[11]

### 5.4.2　HDMR 敏感性指标计算

单击主窗口中的“SA”按钮，将会打开全局敏感性分析窗口，单击右侧“结果”菜单中的“一阶”(1st-order)按钮，将构建五个最重要输入参数(一阶效果)的排序，并显示在“敏感性指标”部分，如图 5-13 所示。五个参数中的每一个都由其输入的数值(输入样本文件中的列数)和给定的一阶敏感性指数 $S_i$ 来标识，还会计算并显示所有一阶敏感性指数的总和。单击“结果”菜单中的“二阶”(2nd-order)

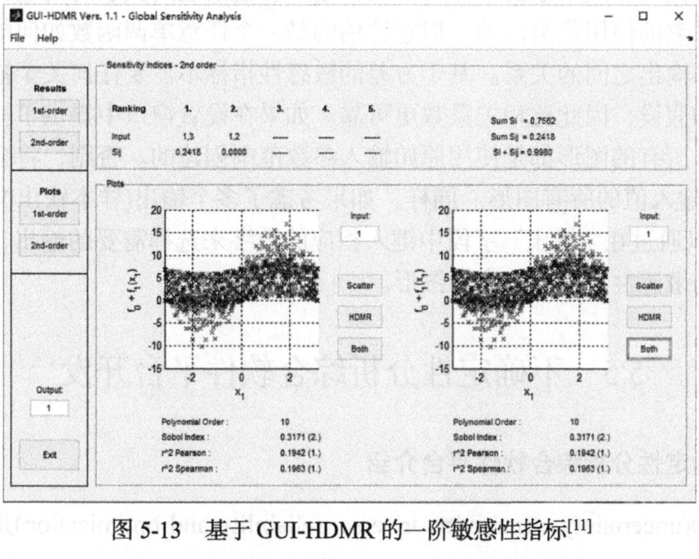


图 5-13　基于 GUI-HDMR 的一阶敏感性指标[11]

按钮，将构建五个最重要的输入参数交互作用(二阶效果)的排序，并显示在敏感性指标部分中，如图 5-14 所示。每一个参数交互是由其输入数字组合(输入样本文件中的列数)和给定的二阶敏感性指数 $S_{ij}$ 确定的。此外，还可以计算并显示各二阶敏感性指标之和以及各一、二阶敏感性指标之和。

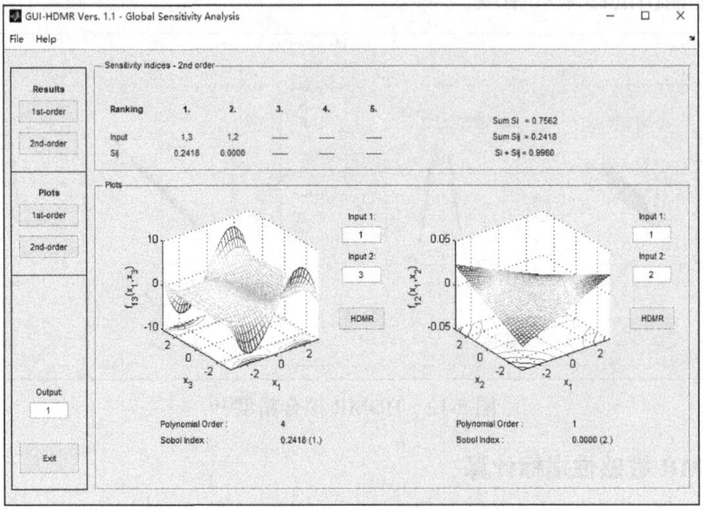


图 5-14　基于 GUI-HDMR 的二阶敏感性指标[11]

为了说明某个输入参数和所考虑的输出之间的关系，还可以绘制每个分量函数，此外，在每个图中还包含下列信息：用于逼近相应分量函数的多项式阶；一阶敏感性指标及其等级；确定系数值及其等级。Pearson 相关系数衡量输入和输出之间的相关性，相关系数的平方可以用作输入和输出之间关联的度量。Spearman 等级相关系数的使用是类似的，但它评估的是一个任意单调函数如何能够很好地描述输入和输出之间的关系。基于方差的敏感性指标不需要任何关于输入和输出之间关系的假设，因此比相关系数更可靠。如果在设置窗口中提供了输入范围的文件，那么所有的图形都是使用原始输入参数范围创建的。否则，将会创建基于 0～1 缩放输入值的所有图形。同样，如果考虑了多个输出(样本输出文件有多个列)，则可以通过在“输出”字段中键入相应的数字来选择需要的输出，然后显示所选输出的敏感性指标和相应的图形。

# 5.5　不确定性分析综合软件平台开发

## 5.5.1　不确定性分析综合软件平台介绍

USIRO(uncertainty, sensitivity, inverse, reliability and optimization)是一个综合

的不确定性分析软件平台，集成了本书中所提的不确定性分析、敏感性分析、反问题、可靠性分析、优化设计以及与其相关的一系列方法和技术，涵盖了复杂机械系统所面临的常规不确定性问题。USIRO 是基于 MATLAB 开发的，能够独立安装在 64 位 Windows 系统上，USIRO 通过交互界面实现变量采样、代理模型建立、敏感性分析、不确定性反求等。用户也能通过 MATLAB 平台安装 USIRO，MATLAB 作为 USIRO 的开发工具，其底层模块包含了所有相关的不确定性分析方法，用户能够直接访问源代码。USIRO 也能够通过添加对应底层模块的类方法方便地扩展新的不确定性分析方法，方便用户对核心算法进行维护和修改。

### 5.5.2 采样技术

对于复杂机械系统，获取样本的代价是高昂的，这要求样本数量尽可能得少，在不确定性分析过程中，通常是建立代理模型来替代物理或仿真系统，采样结果要尽可能地充满整个样本空间，以保证变量在取值范围内尽可能接近真实的响应值。USIRO 为用户提供了三种常用的采样技术，包括全因子采样、拉丁超立方采样和最优拉丁超立方采样，一般情况下，优先推荐使用最优拉丁超立方采样方法。以下单独介绍了三种采样方式的优缺点，用户可根据实际情况进行选择。

全因子采样中，要指定每个因子的级别数，并研究所有级别的所有因子的所有组合。其优点为：对于 $p$ 水平，可以评估所有 $p$–1 阶效应，也可以评估所有可能的因素相互作用。其缺点为：对于多个级别的多个因素，其采样成本非常高，例如，在 5 个级别研究 5 个因素需要 3125 个设计点。

拉丁超立方采样中，每个因子的级别数等于具有随机组合的点数。其优点为：允许更多的点，并且可以为每个因素研究更多的组合。用户可以自由选择要运行的设计数量，只要数量大于要素数量即可。其缺点为：除非连续使用相同的随机种子(固定种子)，否则不可复制。随着点数的减少，错过样本空间某些区域的机会也会增加。

最优拉丁超立方采样中，每个因子的级别数等于点的数量，其组合经过优化以在 $n$ 个因子定义的 $n$ 维空间内平均分布点。其优点为：允许为每个因子研究更多的点和更多的组合，实验点均匀分布，可以捕获更高阶的效果。用户可以自由选择要运行的设计数量，只要数量大于要素数量即可。其缺点为：优化初始随机拉丁超立方采样所需的时间将随着因子数量和样本点数的增加而增加，除非连续使用同一种因子，否则不可复制，其开发界面如图 5-15 所示。

其主要操作步骤如下：

(1) 在选择选项卡中的下拉菜单中选择一个采样方式，输入需要的样本点个数，并确定是否使用固定的随机种子，以确定能重现上一次采样结果。

(2) 在因子选择选项卡中输入变量名称及其上下界。

(3) 在样本选项卡中单击“生成”按钮，单击“导出”按钮可将采样结果导出为 Excel 文件，或者单击“复制”按钮保存在后台文本中。

图 5-15　采样技术平台开发界面

### 5.5.3　代理模型构建平台

通常情况下，复杂机械系统的输入与输出结果需要通过物理实验或仿真获取，代理模型的建立能够有效降低计算成本，有效反映输入与输出之间的关系，便于执行敏感性分析、不确定性分析、优化设计等工作。当变量之间的关系不是单调的或者测量值任意或不规则地分布时，代理模型能够清晰地表示两个(或多个)变量之间的关系，并表示通过了解其他变量的值或与其他变量的关联程度可以预测因变量的程度，实际上，代理模型是真实计算模型的替代。因此，应该计算系数 $R^2$ 来确定所建代理模型的精度是否满足要求，并且如果 $R^2$ 低(约小于 0.85)，则不应使用。USIRO 提供了三种可供选择的代理模型，分别为响应面模型、克里金模型以及径向基函数(radial basis function，RBF)神经网络，三种模型分别具有不同的特点，可以根据实际情况进行选择。

(1) 响应面模型。基于多项式拟合的 RSM 近似，该多项式拟合是将输出参数与输入参数进行最小二乘回归。根据多项式的选定顺序(线性、二次、三次)，逼近的初始化将需要评估一定数量的设计点。

(2) 克里金模型。克里金近似是一种插值技术。可以选择用于构建元模型的广泛相关函数，因此克里金近似方法非常灵活。此外，根据相关函数的选择，代理模型可以“保留数据”，以提供数据的精确插值，或“平滑数据”，以提供不精确的插值。

(3) RBF 神经网络。径向基函数逼近是一种神经网络，它使用径向单位的隐藏层和线性单位的输出层。RBF 近似值的特征在于网络紧凑，容易训练，可用于近似广泛的非线性空间。RBF 近似模型的初始化至少需要评估 $2n+1$ 个设计点，其中 $n$ 是输入变量个数。关于代理模型平台的开发界面如图 5-16 所示。

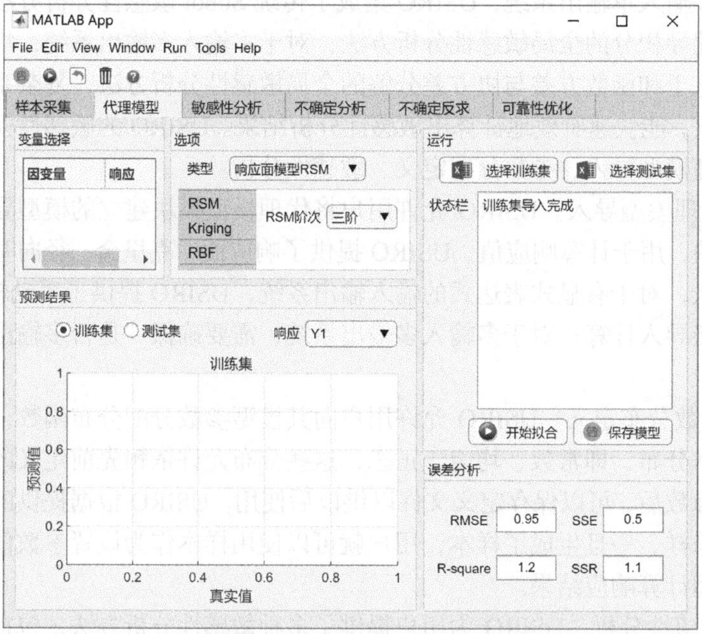


图 5-16　代理模型平台开发界面

主要操作步骤如下：

(1) 在运行选项卡中，分别单击“选择训练集”和“选择测试集”按钮，将样本集添加进系统中，等待状态栏中显示对应的数据集导入完成，所选择的 Excel 需要保持和采样样本同样的数据格式，并将响应数据添加在末尾列。

(2) 样本集导入后，变量选择选项卡中因变量和响应同步更新，选择需要操作的因变量和响应。

(3) 变量选项卡的下拉菜单中选择需要使用的代理模型，并确定与之对应的设置参数。

(4) 在运行选项卡中，单击“开始拟合”按钮，代理模型开始拟合，观察状态栏中模型拟合过程，直到显示模型拟合完成。响应面模型作为显式模型，可将其表达式直接在状态栏中显示。

(5) 单击“保存”按钮以保存训练完成的模型。

(6) 在预测结果选项卡中直接查看训练集和测试集上的训练结果，单击“响应”下拉按钮选择需要查看的对应响应的预测结果。

(7) 在误差分析选项卡中查看对应的误差分析指标是否满足代理模型的使用要求，如果不满足，可更改代理模型参数后重新训练或者尝试更换代理模型方法。

### 5.5.4 全局敏感性分析平台

对于多输入单输出系统，USIRO 集成了传统 Sobol 敏感性分析方法和基于方差分解和偏导积分的全局敏感性分析方法；对于多输入多输出系统，集成了本书所提出的基于和函数方差与协方差分解的全局敏感性分析方法，复杂系统推荐选择近似求解，能快速有效地计算出敏感性分析结果。USIRO 的敏感性模块有三个部分：代理模型导入、参数分布定义、敏感性分析。

(1) 代理模型导入。USIRO 允许用户将代理模型模块建立的模型导入到敏感性分析模块，用于计算响应值。USIRO 提供了响应面、克里金、径向基三种代理模型的导入，对于有显式表达式的输入输出系统，USIRO 提供了手动输入方式，以便于直接导入计算；对于多输入多输出系统，需要确保“是否多输出系统”已经勾选。

(2) 参数分布定义。USIRO 允许用户向其模型参数分配分布函数，并且提供了三种基本分布，即常数、均匀、正态，这些分布允许依赖先前定义的参数。定义完所有参数后，可以保存定义文件以供以后使用。USIRO 根据提供的分布函数进行随机采样，一旦生成了样本，用户就可以使用样本作为设置参数值的输入，从代理模型计算响应结果。

(3) 敏感性分析。USIRO 为用户提供了多种敏感性分析方法，包括 Sobol 敏感性分析、改进 Sobol 敏感性分析及近似敏感性分析等，用于计算敏感性指标，并且对变量的敏感性进行优先排序。计算 Pearson 相关系数、Spearman 相关系数，这些分析的结果可以直接显示在界面上，也可以保存到文件中以供以后检查，从而允许用户识别参数和响应之间的关系。“显示敏感性分析结果”按钮为用户提供了直观显示敏感性分析结果的功能。针对本书提出的多输入多输出系统全局敏感性分析方法，为了便于理解和软件集成，本书提供了主要分析流程，如图 5-17 所示；并且提供了伪代码以便于理解和推广应用，见附录 B。

本书所提多输入多输出系统全局敏感性分析方法适用于简单的 0～1 均匀分布、一般的高斯分布及其具有相关性的参数，其主要步骤如下所示：

(1) 根据式(3-53)定义一组求和函数。

(2) 通过一系列计算得到这些求和函数的 HDMR。

(3) 所有输出响应都用这些 HDMR 表示。

(4) 计算所有输出响应的方差以及它们之间的协方差。

(5) ①对 0～1 均匀分布，结合式(3-63)给出了每组求和函数的方差分解；

② 对于具有高斯分布特性的变量，可根据 3.3.1 节中第三部分的推导给出每组求和函数的方差分解；

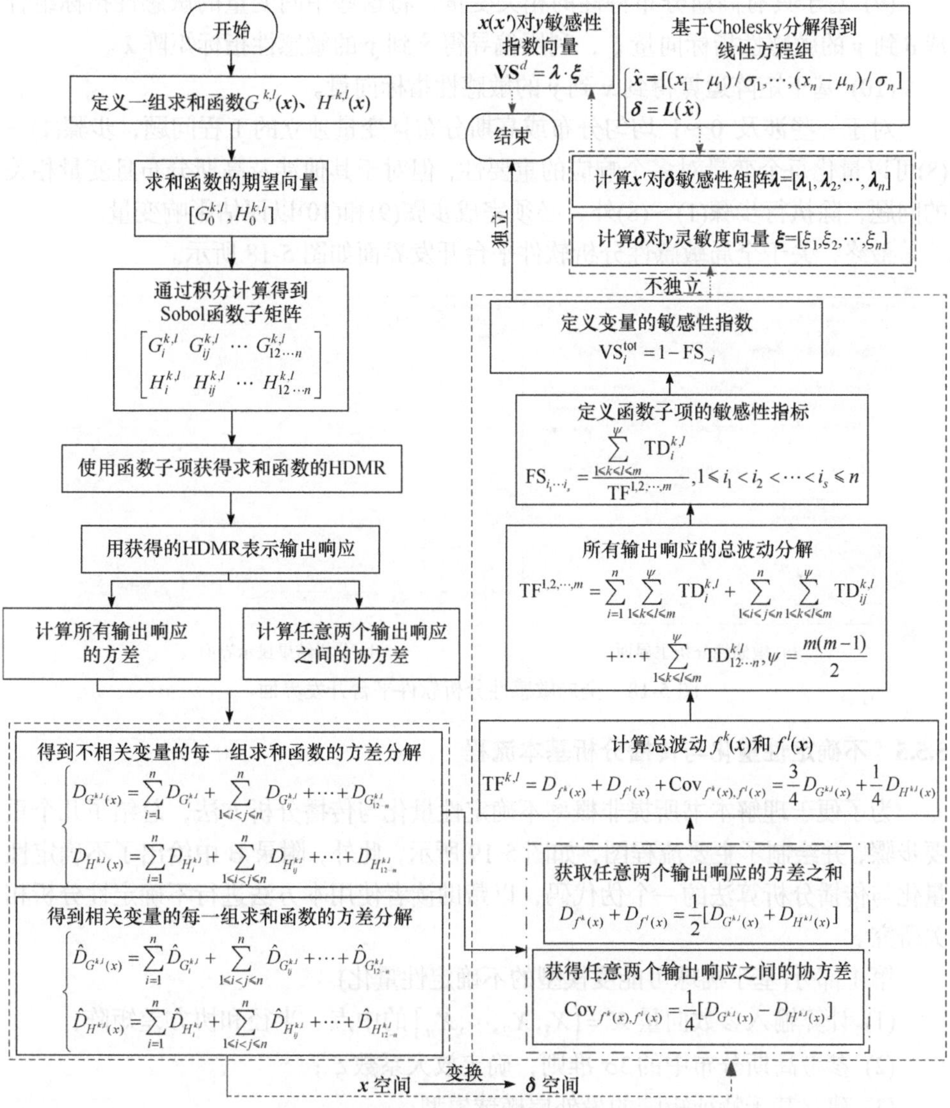


图 5-17　多输入多输出系统的全局敏感性分析方法流程图

③ 对于具有相关性的变量，采用 Cholesky 分解对变量进行归一化并转换到 $\boldsymbol{\delta}$ 空间，得到了归一化空间中每一组求和函数的方差分解。

(6) 计算任意两个输出响应的方差和任意两个输出响应之间的协方差，得到它们的总波动。

(7) 得到所有输出响应总波动的分解，定义函数子项的敏感性指标。

(8) 用式(3-72)和式(3-86)计算自变量的敏感性指标。

(9) 对于具有高斯分布特性的相关变量，将这些中间变量的敏感性指标组合成 $\boldsymbol{\delta}$ 到 $\boldsymbol{y}$ 的敏感性指标向量 $\boldsymbol{\xi}$，利用偏导得 $\hat{\boldsymbol{x}}$ 到 $\boldsymbol{y}$ 的敏感性指标矩阵 $\boldsymbol{\lambda}$。

(10) 基于矩阵运算得到 $\boldsymbol{x}$ 到 $\boldsymbol{y}$ 的敏感性指标向量。

对于一些涉及 0～1 均匀分布或高斯分布且变量独立的工程问题，步骤(1)～(8)可以量化每个变量对多个响应的重要性，但对于其他涉及高斯分布且变量相关的问题，除执行步骤(1)～(8)外，必须完成步骤(9)和(10)以评估影响变量。

最终，关于全局敏感性分析软件平台开发界面如图 5-18 所示。

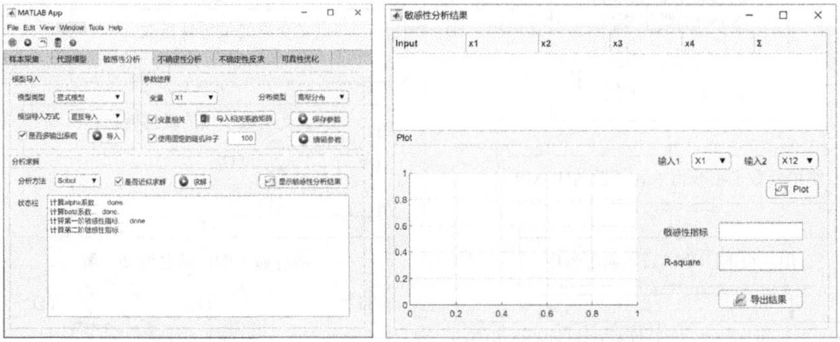


(a) 敏感性分析主界面　　(b) 分析结果显示界面

图 5-18　全局敏感性分析软件平台开发界面

### 5.5.5　不确定性量化与传播分析基本流程

为了便于理解本书所提非概率不确定性量化与传播分析方法，总结了几个重要步骤，并绘制了主要流程图，如图 5-19 所示，此外，附录 B 中给出了不确定性量化与传播分析算法的一个伪代码，以帮助读者使用本方法进行不确定性分析相关研究。

第 1 部分(基于椭球可能度模型的不确定性量化)。

(1) 计算输入参数向量 $\boldsymbol{X}=\left[X_1,X_2,\cdots,X_n\right]$ 的中点、半径和协方差矩阵；

(2) 参考高斯分布中的 $3\sigma$ 准则，确定放大系数 $\xi$；

(3) 建立基于特征矩阵的最外层椭球模型；

(4) 通过比例系数 $\varepsilon_\lambda$ 建立多个椭球模型 $E''_{\boldsymbol{X},\varepsilon_\lambda}$；

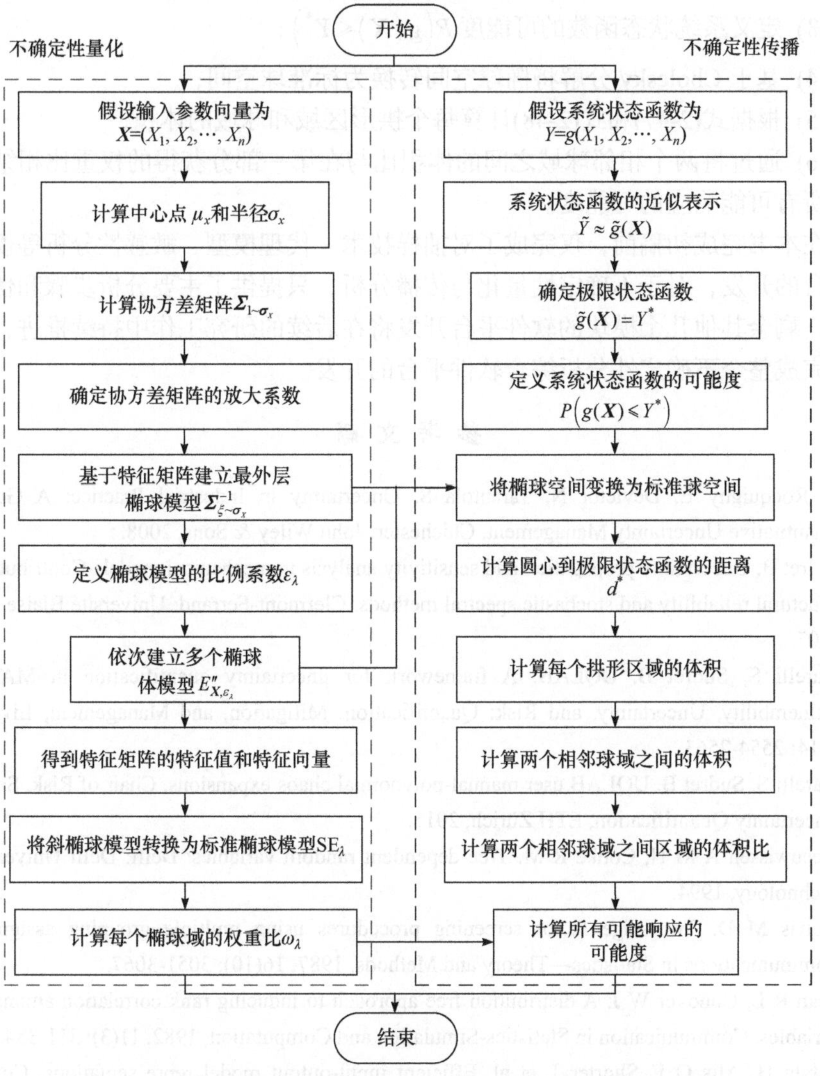


图 5-19　基于椭球可能度模型的不确定性量化与传播分析流程图

(5) 根据特征矩阵的特征向量将斜椭球模型转换为标准椭球模型；

(6) 计算每个椭球域的权重比 $\omega_\lambda$；

(7) 完成椭球可能度模型的建立。

第 2 部分(基于椭球可能度模型的不确定性传播)。

(1) 使用一阶泰勒级数展开法计算系统状态函数 $Y=g\left(X_1, X_2, \cdots, X_n\right)$ 的近似表示；

(2) 确定极限状态函数 $g\left(\boldsymbol{X}\right)=Y^*$；

(3) 定义系统状态函数的可能度 $P\left(g\left(\boldsymbol{X}\right)\leqslant Y^{*}\right)$；

(4) 基于 Cholesky 分解将椭球空间转换为标准球空间；

(5) 根据式(2-47)和式(2-48)计算每个拱形区域和球域的体积；

(6) 通过将两个相邻球域之间的体积比与在第一部分获得的权重比相结合，获得所有可能响应的可能度。

在本书完成初稿前，仅完成了对抽样技术、代理模型、敏感性分析等模块软件平台的开发，对于不确定性量化与传播分析，只提供了主要分析步骤和伪代码编写，剩余其他几个模块的软件平台开发将在后续的研究工作中持续推进，争取早日完成整个不确定性分析综合软件平台的开发。

## 参 考 文 献

[1] de Rocquigny E, Devictor N, Tarantola S. Uncertainty in Industrial Practice: A Guide to Quantitative Uncertainty Management. Chichester: John Wiley & Sons, 2008.

[2] Sudret B. Uncertainty propagation and sensitivity analysis in mechanical models-Contributions to structural reliability and stochastic spectral methods. Clermont-Ferrand: Université Blaise Pascal, 2007.

[3] Marelli S, Sudret B. UQLAB: A framework for uncertainty quantification in MATLAB. Vulnerability, Uncertainty, and Risk: Quantification, Mitigation, and Management, Liverpool, 2014: 2554-2563.

[4] Marelli S, Sudret B. UQLAB user manual-polynomial chaos expansions. Chair of Risk, Safety & Uncertainty Quantification, ETH Zürich, 2015.

[5] Meeuwissen A M H, Cooke R M. Tree dependent random variables. Delft: Delft University of Technology, 1994.

[6] Morris M D. Two-stage factor screening procedures using multiple grouping assignments. Communications in Statistics—Theory and Methods, 1987, 16(10): 3051-3067.

[7] Iman R L, Conover W J. A distribution free approach to inducing rank correlation among input variables. Communication in Statistics-Simulation and Computation, 1982, 11(3): 311-334.

[8] Rabitz H, Alis O F, Shorter J, et al. Efficient input-output model repre sentations. Computer Physics Communications, 1999, 117(1-2): 11-20.

[9] Ziehn T, Tomlin A S. GUI-HDMR—A software tool for global sensitivity analysis of complex models. Environmental Modelling & Software, 2009, 24(7): 775-785.

[10] Kucherenko S. Application of global sensitivity indices for measuring the effective-ness of quasi-Monte Carlo methods and parameter estimation. Proceedings of the fifth International Conference on Sensitivity Analysis of Model Output (SAMO 2007), Budapest, 2007.

[11] User Documentation for GUI-HDMR. Leeds: University of Leeds, 2010.

# 第6章 不确定性条件下人体下肢运动分析与外骨骼机器人系统开发

## 6.1 引 言

人口老龄化是公认的世界性社会难题，“健康中国 2030”战略目标是实现健康老龄化，然而，我国因城乡医疗资源配置不均、专业护理人员紧缺等问题使得老年人群体的康养护理面临巨大挑战[1,2]。研究表明，老年人步行能力与其预期寿命关系密切，提高步行能力可以有效维持老年人身心健康，有助于防止或延缓机体失能[3,4]。“智能机器人”国家重点研发计划专项对面向半失能老年人的辅助机器人技术与系统提出了明确需求，智能可靠的外骨骼机器人因在行走助力、步态改善、延缓机体衰老等方面具有重要作用，其成功研发将有望成为解决半失能老年人行走助力问题最切实可行的医疗设备[5-7]。

近年来，下肢外骨骼作为一种康养护理机器人得到了越来越多的关注。加利福尼亚大学伯克利分校的研究小组[8,9]开发了伯克利下肢外骨骼(Berkeley lower extremity exoskeleton, BLEEX)，每条腿有 7 个自由度(degrees of freedom, DOF)，以帮助士兵携带重物。Tsukuba 大学的 Sankai 等[10-12]成功设计了几个不同版本的混合辅助肢体(hybrid assistive limb, HAL)外骨骼来辅助残疾人在进行日常活动时，增强身体力量。Lee 及其团队[13,14]开发的汉阳外骨骼辅助机器人(Hanyang exoskeletal assistive robot, HEXAR)，由躯干安全套带、髋关节、膝关节和踝关节组成，可以帮助负重 40kg 的穿戴者以 1.5km/h 的速度行走。除了上面提到的外骨骼，世界各地还开发了许多其他外骨骼，本章不再一一讨论，将几种常见外骨骼的主要特征总结在表 6-1 中。当前所设计助力外骨骼机器人通常只能对老年人行走提供辅助作用，而无法对老年人肌肉力提供康复作用，若长期穿戴此类外骨骼，会大大增加老年人骨骼肌加快萎缩的风险，严重影响老年人身心健康，且助力外骨骼在设计中，因人体特征差异、运动环境多样导致其舒适性、可靠性也难以保障。因此，在个体特征差异、运动环境多样双重不确定性条件下，本章将重点开展人体移动代谢能耗研究和肌肉运动差异性分析，以便合理定义外骨骼机器人系统的优化控制目标，同时还应兼顾其康复特性；最后，在步态分析和动作捕捉实验及生物力学仿真分析的指导下，开发一种柔性可穿戴外骨骼机器人系统并对其助力效果进行试验验证。

表 6-1 几种关注度高的下肢外骨骼机器人

| 外骨骼名称 | 年份 | 应用 | 自由度 | 运动自由度 | 国家 |
|---|---|---|---|---|---|
| HAL-3[15] | 2002 | 运动辅助 | 3 | 髋屈/伸&膝屈/伸(单腿) | 日本 |
| Lokomat[16] | 2004 | 步态康复 | 4 | 髋屈/伸&膝屈/伸(双腿) | 瑞士 |
| BLEEX[8] | 2006 | 力量增强 | 14 | 髋屈/伸&膝屈/伸(双腿) | 美国 |
| ALEX[17] | 2009 | 步态康复 | 4 | 髋屈/伸&膝屈/伸(单腿) | 荷兰 |
| ReWalk[18] | 2012 | 运动辅助 | 6 | 髋屈/伸&膝屈/伸(双腿) | 美国 |
| HEXAR[13] | 2014 | 力量增强 | 15 | 髋屈/伸&膝屈/伸(双腿) | 韩国 |
| CUHK-EXO[19] | 2017 | 步态辅助 | 7 | 髋屈/伸&膝屈/伸(双腿) | 中国 |
| Ekso[20] | 2016 | 运动辅助+力量增强 | 6 | 髋屈/伸&膝屈/伸(双腿) | 意大利 |

## 6.2 考虑个体差异的人体最优移动成本研究

### 6.2.1 考虑特征差异的人体步态分析实验

1. 受试者信息

在河北工业大学随机招募八名受试者，四名男生和四名女生，受试者均健康没有肌肉骨骼疾病或损伤，也没有服用影响代谢能的药物。在开始实验前，研究人员向所有受试者详细讲解了实验方案和操作流程，确保受试者理解整个过程。开始实验，首先采用专业健康体检仪(型号：SH-10XD)测量受试者基本生理信息，如表 6-2 所示。然后，在实验过程中，采用专业用于能量消耗和活动的智能设备(intelligent device for energy expenditure and activity, IDEEA)测量人体在步行过程中代谢能耗，IDEEA 包括步态模块、代谢能模块和足底压力模块，其穿戴位置如图 6-1 所示。

表 6-2 8 名受试者的基本生理信息

| 基本信息 | 男生 | | | | | 女生 | | | | |
|---|---|---|---|---|---|---|---|---|---|---|
| | S1 | S2 | S3 | S4 | M±SD | S5 | S6 | S7 | S8 | M±SD |
| 年龄/岁 | 20 | 20 | 20 | 20 | 20±0.0 | 20 | 20 | 24 | 20 | 21±1.7 |
| 身高/cm | 171.0 | 174.0 | 182.0 | 181.0 | 177±4.6 | 165.0 | 164.0 | 168.0 | 162.0 | 164.8±2.2 |
| 体重/kg | 71.2 | 67.1 | 73 | 62.1 | 68.4±4.2 | 53.1 | 53.9 | 56.2 | 43.1 | 51.6±5.1 |

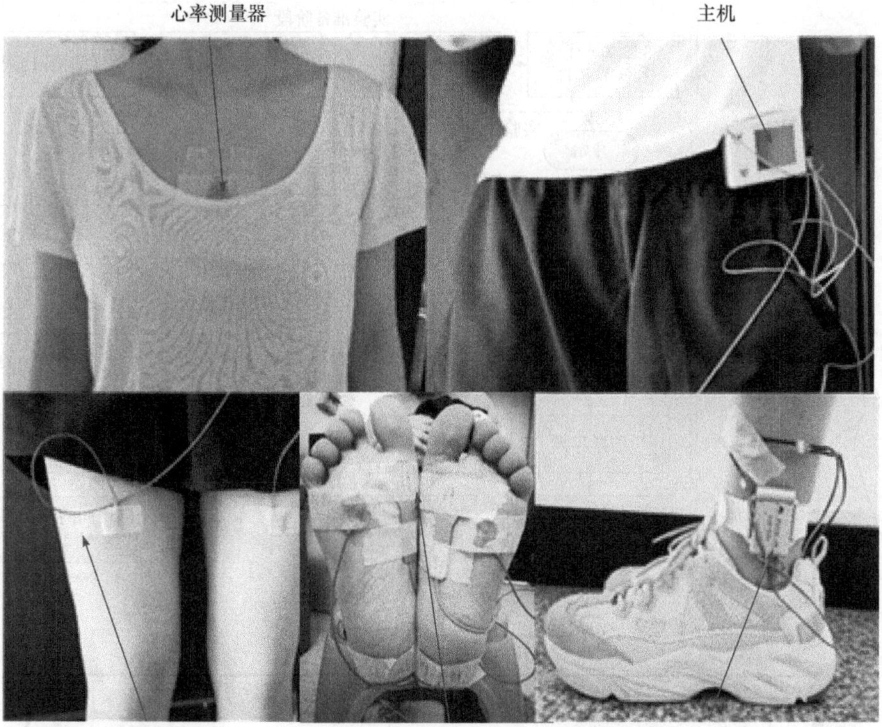


图 6-1　IDEEA 的穿戴位置

2. 步行实验

为了清晰地展示实验情况，本节绘制了如图 6-2 所示的实验方案图，该方案包括实验准备阶段和实验阶段。在实验阶段涉及两种步行实验：规定步长、步频实验和自选步行速度(简称步速)实验，各阶段详细的实验步骤如下。

1) 实验准备阶段

(1) 受试者仔细阅读知情同意书，理解实验方案；

(2) 记录受试者的身高、体重、年龄等基本生理信息；

(3) 受试者穿戴 IDEEA，并确保其能正常工作；

(4) 受试者熟悉测试环境和实验条件。

2) 实验阶段

(1) 规定步长和步频的步态实验。

在这些实验中，使用手机上节拍器 App，从 85～160 步/min，设定 6 个规定的步频，并通过足迹贴纸获得了 5 个规定步长。考虑到男女平均身高的差异，女生步长设定为 0.58～0.78m，男生为 0.63～0.83m。实验场景示意图如图 6-3 所示。

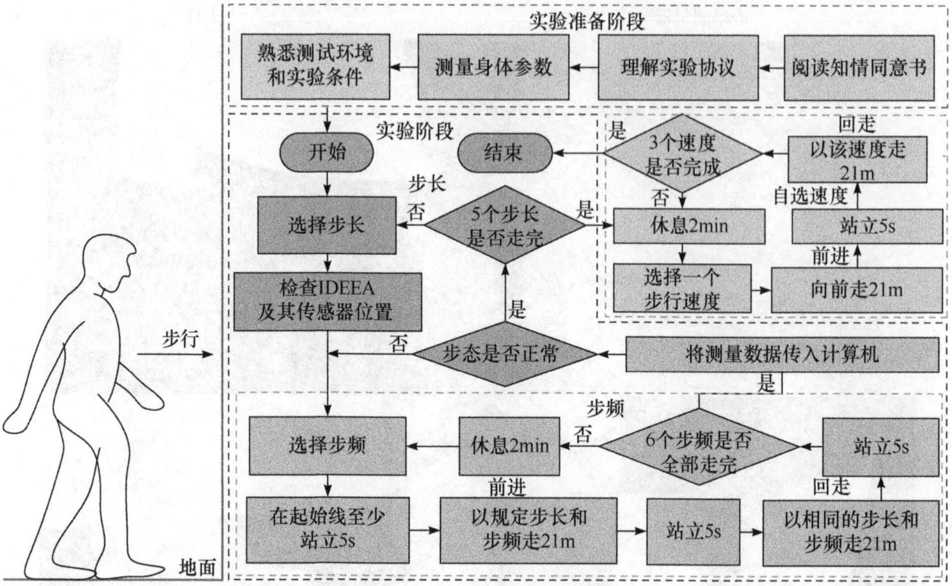


图 6-2　实验方案图

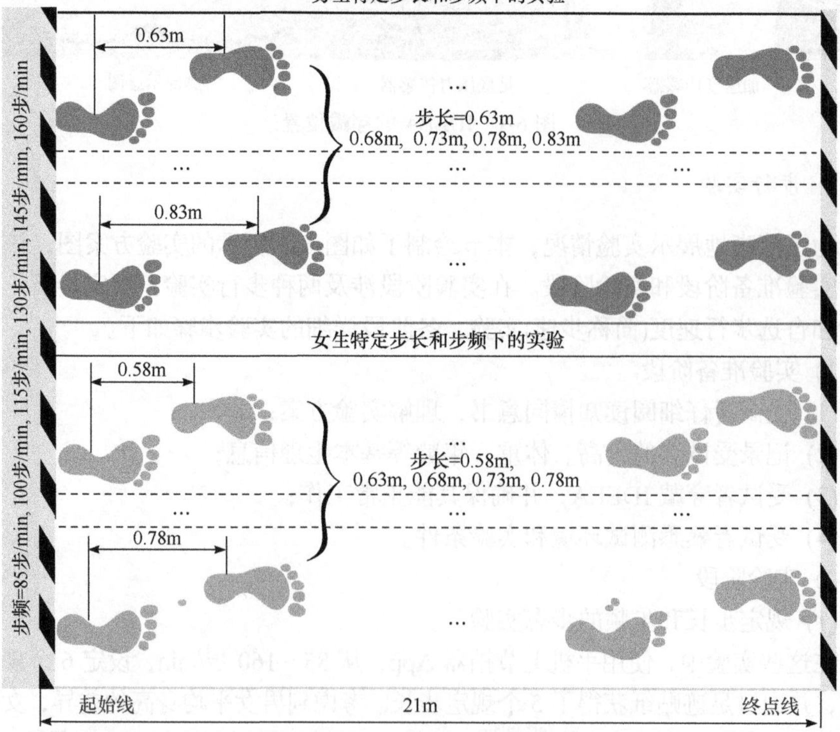


图 6-3　实验场景示意图

① 在进行实验前选择步长和步频，实验要求每位受试者在起始线上站立至少 5s，在平坦的大理石路面上前进 21m，在终点站立 5s 后，在相同步态条件下回走 21m，在起点站立 5s；

② 采用 6 个步频和某一设定步长进行步态实验，受试者每次实验完后需要休息 2min；

③ 6 个步频测试完成后上传实验数据，根据实验数据确定本次实验中的步态是否正常，若正常，则准备下一次实验，否则，重复这个实验；

④ 重新选择步长，重复上述实验步骤直至完成所有规定步长和步频的实验，每个受试者共走 30 次往返。

(2) 自选步速实验。

一般来说，人们可以自由选择步速。为了研究自由行走状态下的代谢能消耗情况，以三种最常见的自选步速：慢速、正常和快速进行实验研究。在三种自选步速下，实验依次采用上述实验步骤进行，在这些实验中，每个受试者总共进行了三次往返步行实验。

### 6.2.2　人体最优移动成本与步行指标

上述实验完成后，对所有实验结果进行记录和处理。根据规定的步频和步长实验，将记录的数据分为男女两组。男生组由受试者 1～4 的结果组成，女生组由受试者 5～8 的结果组成。基于样条插值方法，绘制 8 个三维移动成本示意图，如图 6-4 和图 6-5 所示，结果表明，移动成本与步频和步长有较强的相关性。

为了进一步研究不同性别的移动成本与步态特征之间的关系，计算了男生和女生受试者移动成本的平均值，分别列于表 6-3 和表 6-4 中。结果表明，随着步频的增加，男生和女生的移动成本平均值先减小后增大，且男生的移动成本平均值大于女生的移动成本平均值。为了明确移动成本的变化，使用插值方法绘制了移动成本曲线，如图 6-6 所示。图 6-6(a)和(b)分别为男女不同步长下步频与移动成本的关系。有趣的是，大部分曲线都是 U 形的，图 6-6(a)中所有曲线的最小值

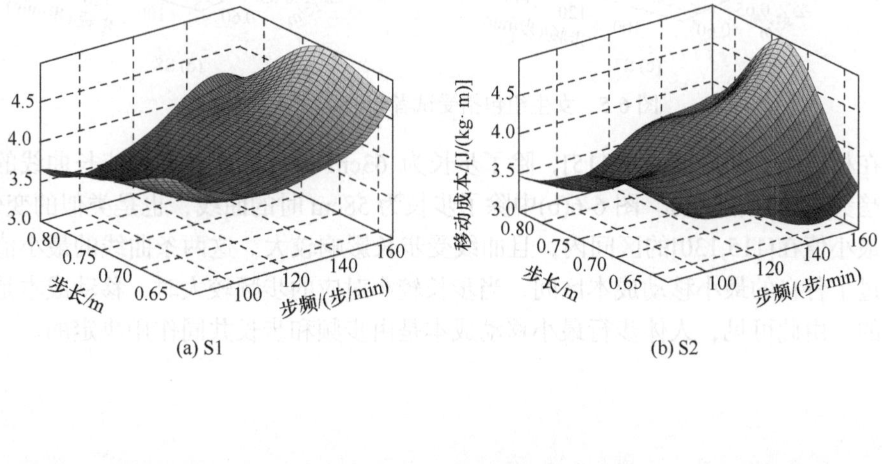


(a) S1　　(b) S2

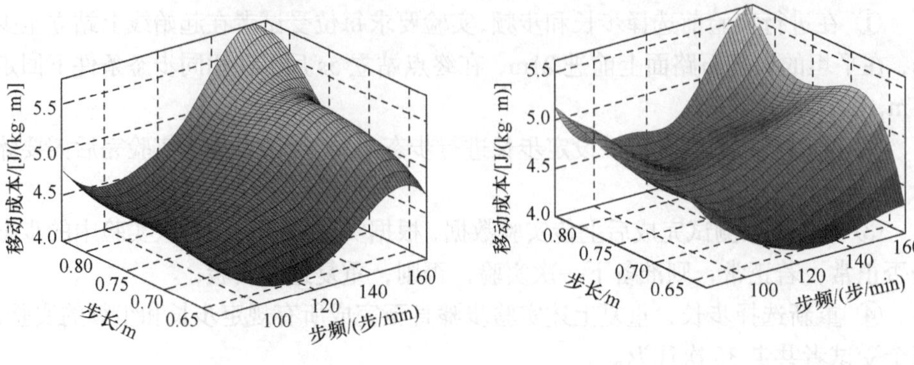


(c) S3　　(d) S4

图 6-4　男生组包括受试者 1～4 的移动成本

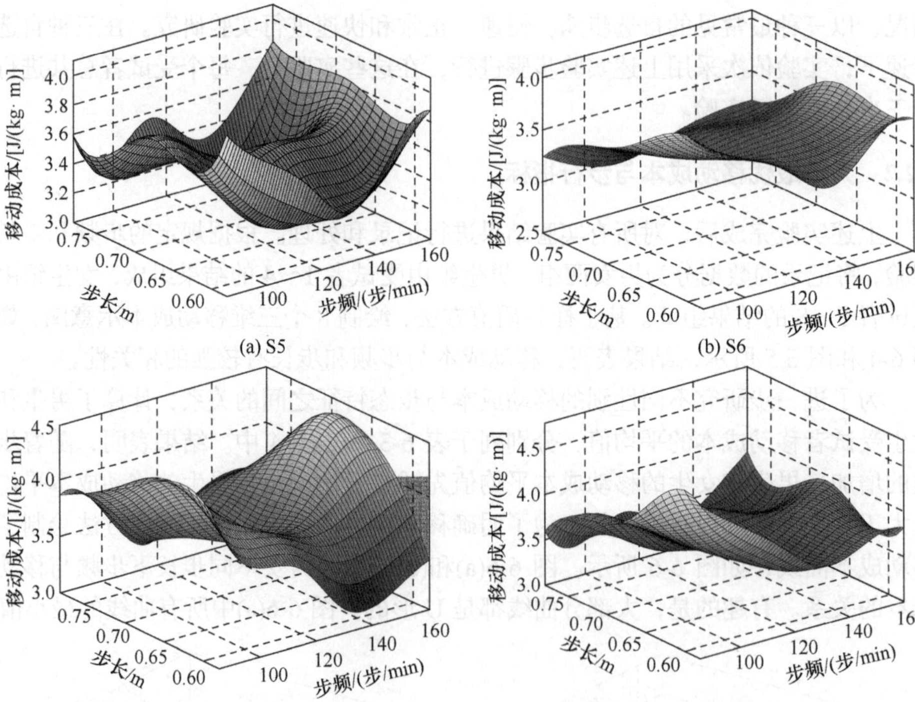


(a) S5　　(b) S6

(c) S7　　(d) S8

图 6-5　女生组包括受试者 5～8 的移动成本

都在相同的步频区间[100,115]，除了步长为 63cm 时的曲线，不同步长曲线的变化趋势几乎是相同的。图 6-6(b)中除了步长为 58cm 时的曲线，也是类似的变化，但最小值在[115,130]的区间内，且曲线受步长影响较大。这两条曲线的最小值都超过了各自的最小移动成本区间，当步长较小对应的步频较大时，移动成本是最优的。由此可见，人体步行最小移动成本是由步频和步长共同作用决定的。

表 6-3　不同步长和步频下男生的移动成本平均值

| 步频/(步/min) | 步长 | | | | |
|---|---|---|---|---|---|
| | 63cm | 68cm | 73cm | 78cm | 83cm |
| 85 | 4.408 | 4.421 | 4.343 | 4.269 | 4.256 |
| 100 | 4.095 | 4.094 | 4.106 | 4.008 | 3.953 |
| 115 | 3.980 | 4.093 | 4.147 | 3.968 | 4.029 |
| 130 | 3.895 | 4.252 | 4.383 | 4.338 | 4.253 |
| 145 | 4.114 | 4.533 | 4.730 | 4.542 | 4.667 |
| 160 | 4.317 | 4.840 | 4.988 | 4.875 | 4.809 |

表 6-4　不同步长和步频下女生的移动成本平均值

| 步频/(步/min) | 步长 | | | | |
|---|---|---|---|---|---|
| | 58cm | 63cm | 68cm | 73cm | 78cm |
| 85 | 4.276 | 4.205 | 3.979 | 3.782 | 3.573 |
| 100 | 3.951 | 3.766 | 3.777 | 3.571 | 3.349 |
| 115 | 3.752 | 3.557 | 3.514 | 3.360 | 3.326 |
| 130 | 3.382 | 3.506 | 3.535 | 3.447 | 3.303 |
| 145 | 3.560 | 3.639 | 3.738 | 3.471 | 3.437 |
| 160 | 3.729 | 3.814 | 3.960 | 3.744 | 3.628 |

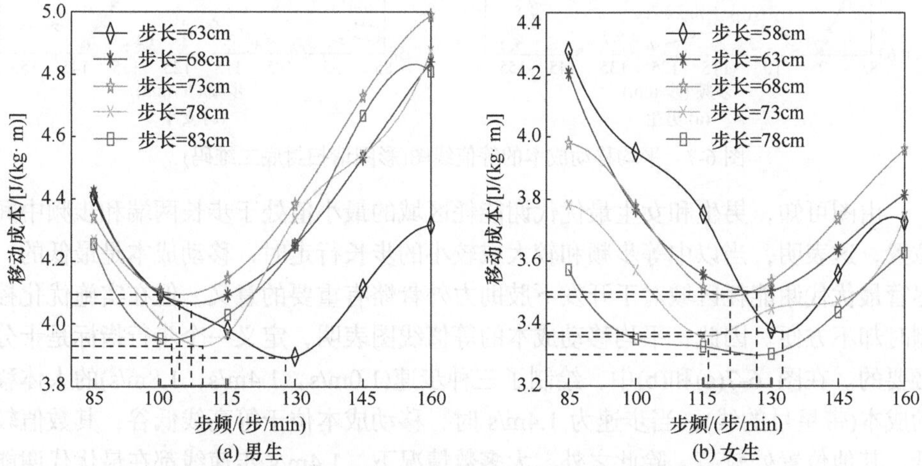

(a) 男生　(b) 女生

图 6-6　不同步长下的移动成本与步频的关系

为了进一步获得最优代谢能耗区域并定义基于最低移动成本的步行指标来指导下肢辅助外骨骼的控制，本节绘制了男生和女生平均移动成本的等值线图，如图 6-7 所示。首先，根据平均移动成本的等值线，分别得到图 6-7(a)和(b)中的两个

域，以绿色闭合曲线域为男生的最优代谢能耗区域，其移动成本值小于4.1J/(kg·m)，通过曲线拟合得到其表达式为

$$
\begin{aligned}
& l_{m1} = a_1 e^{b_1 s} + c_1 e^{d_1 s},\ a_1 = 257.6,\ b_1 = -0.073,\ c_1 = 0.149,\ d_1 = 0.013 \\
& l_{m2} = a_2 e^{-\left[(s-b_2)/c_2\right]^2} + a_3 e^{-\left[(s-b_3)/c_3\right]^2},\ a_2 = 0.182,\ b_2 = 101.3 \\
& c_2 = 15.42,\ a_3 = 0.648,\ b_3 = 131.7,\ c_3 = 59.67
\end{aligned} \tag{6-1}
$$

以粉色闭合曲线域为女生的最优代谢能耗区域，其移动成本值小于3.5J/(kg·m)，通过曲线拟合得到其表达式为

$$
\begin{aligned}
& l_{f1} = a_1 \cdot e^{b_1 s} + c_1 e^{d_1 s},\ a_1 = 5.064,\ b_1 = -0.029,\ c_1 = 0.204,\ d_1 = 0.008 \\
& l_{f2} = a_2 \cdot e^{-\left[(s-b_2)/c_2\right]^2} + a_3 \cdot e^{-\left[(s-b_3)/c_3\right]^2},\ a_2 = 0.179,\ b_2 = 123.0 \\
& c_2 = 8.172,\ a_3 = 0.607,\ b_3 = 138.1,\ c_3 = 23.42
\end{aligned} \tag{6-2}
$$

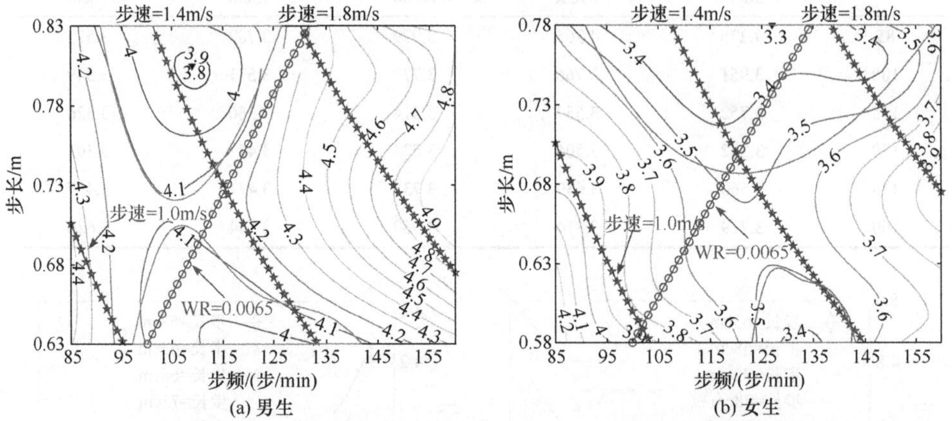


图 6-7 平均移动成本的等值线图(彩图请扫封底二维码)

由图可知，男生和女生最优代谢能耗区域的最小值处于步长两端和步频中间位置，这表明，当以中等步频和较大或较小的步长行走时，移动成本是最低的。尽管最优代谢能耗区域对于开发下肢助力外骨骼有重要的意义，但在实施优化控制时却不方便。因此，平均移动成本的等值线图表明，定义一个步行指标是十分必要的。在图 6-7(a)和(b)中，绘制了三种步速(1.0m/s，1.4m/s，1.8m/s)的人体移动成本(带星号的线)，当步速为 1.4m/s 时，移动成本位于等高线低谷，其数值较低，其他位置处较高。除此之外，大多数情况下，1.4m/s 步速线都在最优代谢能耗区域内。表 6-5 是不同年龄组健康男女的平均正常步速数据[21]，数据表明，成年人的步速随着年龄的增加呈现先增加后降低的趋势。在本研究中，所有受试者的年龄均在 20～24 岁，男生和女生的平均正常步速分别为 1.36m/s 和 1.34m/s。表 6-6 列出了三种自选步速(慢、正常、快)的测量步速和移动成本的平均值及标准

差，本研究中自选步速的正常步速高于表 6-5 中的结果。由于测试时间间隔较短，步速结果可能会受到规定步频和步长实验的影响，移动成本值与上述分析一致，然而，男生慢走时的移动成本与上述分析不符，考虑其标准差较大，影响了其可信度。

**表 6-5　不同年龄组健康男女的平均正常步速[21]**

| 性别 | 统计 | 20～29 岁 | 30～39 岁 | 40～49 岁 | 50～59 岁 | 60～69 岁 | 70～79 岁 | 80～89 岁 |
|---|---|---|---|---|---|---|---|---|
| 男生 | 平均值 | 1.36 | 1.43 | 1.43 | 1.43 | 1.34 | 1.26 | 0.97 |
| | 标准差 | ±0.09 | ±0.11 | ±0.08 | ±0.06 | ±0.07 | ±0.06 | ±0.14 |
| 女生 | 平均值 | 1.34 | 1.34 | 1.39 | 1.31 | 1.24 | 1.13 | 0.94 |
| | 标准差 | ±0.10 | ±0.14 | ±0.05 | ±0.09 | ±0.06 | ±0.06 | ±0.09 |

**表 6-6　三种自选步速下的平均步速和移动成本**

| 自选步速 | 男生 | | 女生 | |
|---|---|---|---|---|
| | 平均步速/(m/s) | 移动成本 | 平均步速/(m/s) | 移动成本 |
| 慢 | 0.95±0.08 | 3.85±0.66 | 1.11±0.06 | 3.88±0.19 |
| 正常 | 1.51±0.16 | 3.95±0.27 | 1.46±0.06 | 3.47±0.31 |
| 快 | 1.80±0.10 | 4.32±0.41 | 1.78±0.06 | 3.56±0.09 |

男生、女生自选正常步速的移动成本值在各自的最优代谢能耗区域中，这些结果再次证明，对于每一个年龄组，自选正常步速都是非常健康省力的。因此，考虑到行走过程中步态特征测量的便利性，本节构建了用于外骨骼机器人优化控制的步行指标，如下所示：

$$
\begin{cases}
\mathrm{WI} = \min\left(\left|\mathrm{SS}^m - \mathrm{SS}^I\right|\right) \\
\mathrm{SS}^m = \dfrac{\mathrm{SF}^m \cdot \mathrm{SL}^m}{60} \\
\underset{\langle G,A\rangle}{\mathrm{SS}_{\min}} \leqslant \mathrm{SS}^I \leqslant \underset{\langle G,A\rangle}{\mathrm{SS}_{\max}}
\end{cases}
\tag{6-3}
$$

式中，$\mathrm{SF}^m$、$\mathrm{SL}^m$、$\mathrm{SS}^m$ 分别是步频、步长和步速；$\underset{\langle G,A\rangle}{\mathrm{SS}_{\min}}$ 和 $\underset{\langle G,A\rangle}{\mathrm{SS}_{\max}}$ 分别是对应性别和年龄的最小步速和最大步速；$SS^I$ 是与年龄、性别和个人生理特征相关的理想步速，在控制过程中，可以通过调整步长或步频来获得最佳步速，为避免外骨骼机器人助力带来的不适，可根据老年人的身体状况提供阶段性助力计划。

由于实施困难，步态分析的许多研究成果并没有应用于外骨骼机器人的控制中，所以发展一个有效的步行指标对外骨骼机器人优化控制是非常关键的。步行比(walk ratio, WR)是一个与步速无关的指标，定义为步长与步频的比值，即

$$步行比=\frac{步长(m)}{步频(步/min)} \tag{6-4}$$

Jin 等[22]指出，对于健康成年人，步行比是一个常数，大约为0.0065m/(步/min)。一些学者已尝试将步行比用于外骨骼控制设计研究中，如 Yasuhara 等[23]提出一种基于步行比的髋关节辅助外骨骼控制方法；Seo 等[24]通过仿真分析和实验证明人体步行比是可控的，且与移动成本相关；Lee 等[25]指出辅助时间影响受试者的步长、步频和步行比；Jin 等[26]发现，所有穿戴外骨骼服的受试者的步行比都有所提高。这些结果表明，步行比是康复训练、临床治疗和机器人发展的一个重要指标。减少代谢能耗是有效的，但很难达到外骨骼的最佳控制。图 6-7(a)中，移动成本的最小化趋势与代表步行比的曲线趋势相反，与代表男生正常步速 1.4m/s 的曲线方向相同。此外，步速与步长和步频的乘积有关，已有学者证明步速对人体健康乃至生命有显著影响[21,27,28]。因此，通过间接优化步速和直接调整步频或步长来实现所设计外骨骼的优化辅助是有效和实用的。实验结果表明，本节所定义的步行指标比步行比更符合代谢移动成本的最小化趋势；基于步行指标的控制方法与基于步行比的控制方法一样容易实现，即调整步频和步长，这再次证明，正常行走速度是一个非常有意义的步行指标，有利于外骨骼助力、康复训练和运动健康。

## 6.3 基于运动学实验和生物力学仿真的人体下肢肌肉特性分析

### 6.3.1 动作捕捉实验与人体运动学仿真分析

本节设计四种类型的实验来探究行走、跑步、上楼和下楼时下肢肌肉的肌肉力和激活程度。经单位伦理咨询委员会批准，实验在专业医师的帮助和监督下实施，受试者在参加实验前仔细阅读并签署了知情同意书。

1. 受试者信息采集

从河北工业大学招募 19 名无运动功能障碍、神经肌肉疾病或平衡问题的受试者(男 10 名，女 9 名)。使用专业的健康测试机 SH-10XD 测量受试者生理信息，按照不同性别分别列于附录 C 中附表 C-1 与附表 C-2。在实验开始之前，研究人员向所有受试者详细解释实验行为标准，并确保这些受试者能够理解实验的整个过程。

2. 动作捕捉实验过程

动作捕捉实验过程分为两个阶段：准备阶段和实验阶段。为了清晰地展示所设计的实验方案，本节也绘制了实验方案图，如图 6-8 所示。在实验过程中，使用专业的运动捕捉系统 VICON 来测量受试者的运动姿态信息，并对数据进行简单处理，表 6-7 列出了动作捕捉实验所需全部仪器或设备。

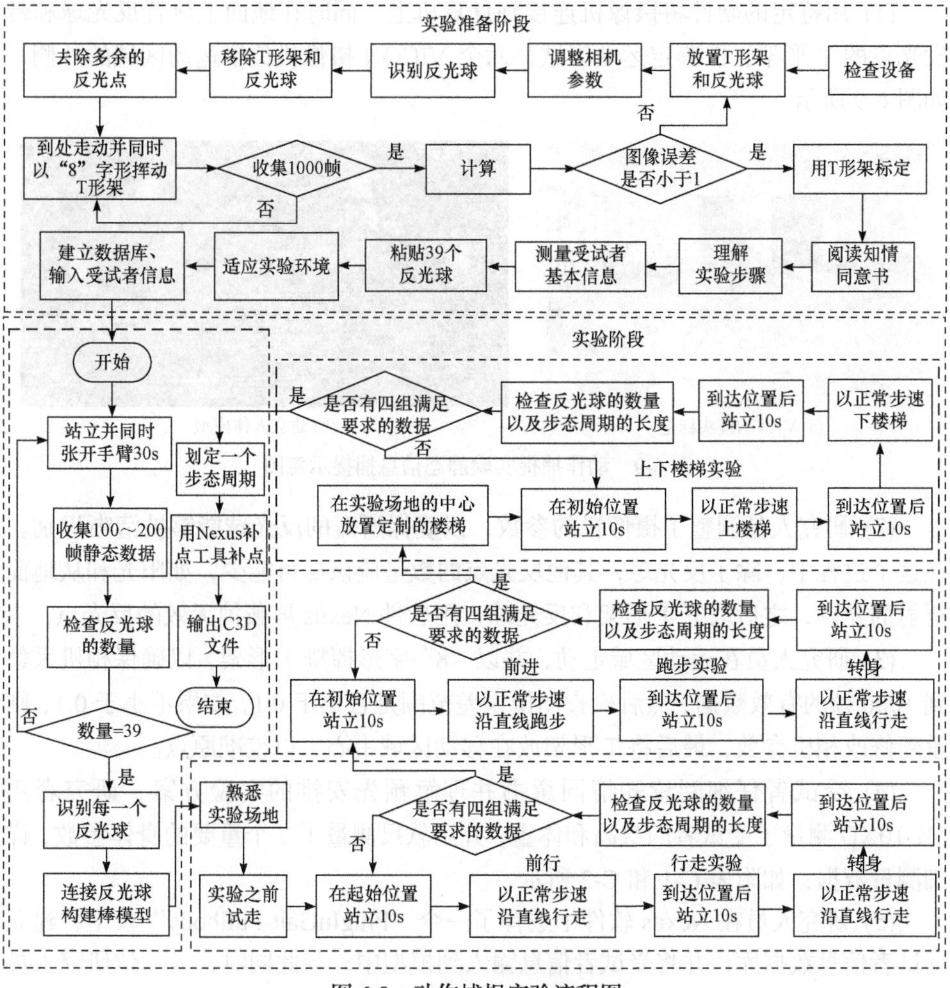


图 6-8　动作捕捉实验流程图

**表 6-7　动作捕捉实验所需的设备与仪器**

| 序号 | 设备名称 | 数量 | 序号 | 设备名称 | 数量 |
|---|---|---|---|---|---|
| 1 | VICON 摄像机 | 6 | 6 | 反光球 | 39 |
| 2 | MX Ultranet HD box | 1 | 7 | T 形架 | 1 |
| 3 | 数据线 | 6 | 8 | 定制楼梯 | 1 |
| 4 | 网线 | 1 | 9 | SH-10XD 健康检测仪 | 1 |
| 5 | 软尺 | 1 | 10 | Nexus 软件 | 1 |

1) 实验准备阶段

实验准备阶段涉及的内容包括设备连接、摄像机使用前的调试、注意事项、实验对象的行为等，其主要步骤有以下几个方面：

(1) 用特定的硬件将摄像机连接到计算机上，同时在地面上放置反光球和带发光点的 T 形架，以确定运动区域，六个 VICON 摄像机位于运动区域的外侧，如图 6-9 所示。

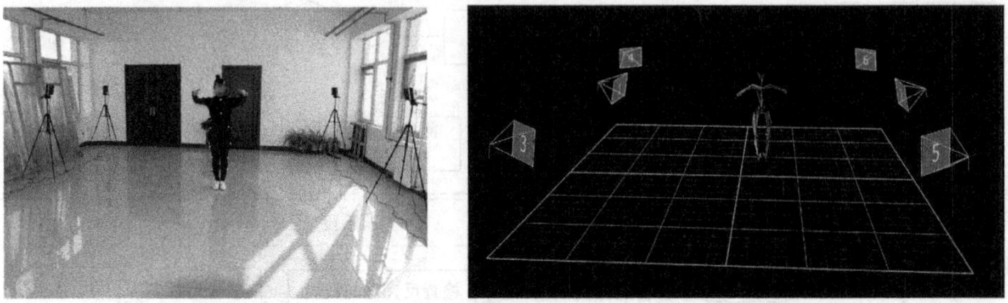

(a) VICON镜头标定　　(b) 建立人体模型

图 6-9　动作捕捉实验静态信息捕捉示意图

(2) 研究人员调整了摄像机的参数，以确保所需的反光球能够被清晰识别。在这个过程中，除了反光球，其他反光点的数量应该尽可能少，如阳光和从地面折射的光点，之后取下 T 形架和反光球，用软件 Nexus 屏蔽掉无效的反光点。

(3) 研究人员在运动区域走动，并以“8”字形挥舞 T 形架，以确保相机采集到 1000 帧的有效数据，然后检查图像误差范围是否小于 0.1，如果不小于 0.1，则重新修改相机参数，最后将 T 形架放在移动区域中心，以校准原点。

(4) 受试者仔细阅读知情同意书并理解预先安排的实验方案，研究者用 SH-10XD 测量了受试者的身高和体重，并用软尺测量了 7 个重要的身体参数，详细测量数据，如附表 C-1 和 C-2 所示。

(5) 研究人员在 Nexus 软件中选择了一个“PlugInGait-Fullbody”模型，建立受试者信息数据库，并将受试者信息输入到模型中；与此同时，另一位研究人员在受试者身上贴了 39 个反光球，之后受试者去适应实验环境和条件。

2) 实验阶段

主要介绍四种运动模式(步行、跑步、上楼梯、下楼梯)的步态实验过程，要求受试者使用日常步态特征(如正常步速和步频)进行步态运动。实验场景示意图如图 6-9 所示，步态周期图如图 6-10 所示，实验的主要步骤有以下几个方面：

(1) 让受试者张开双臂(图 6-9)站在测试区域中心大约 30s，与此同时，研究人员用 VICON 摄像机收集了 100～200 帧受试者的静态标准姿势。之后，研究人员在 Nexus 中识别出每一个反光球，并用线连接反光球，建立受试者的静态棒模

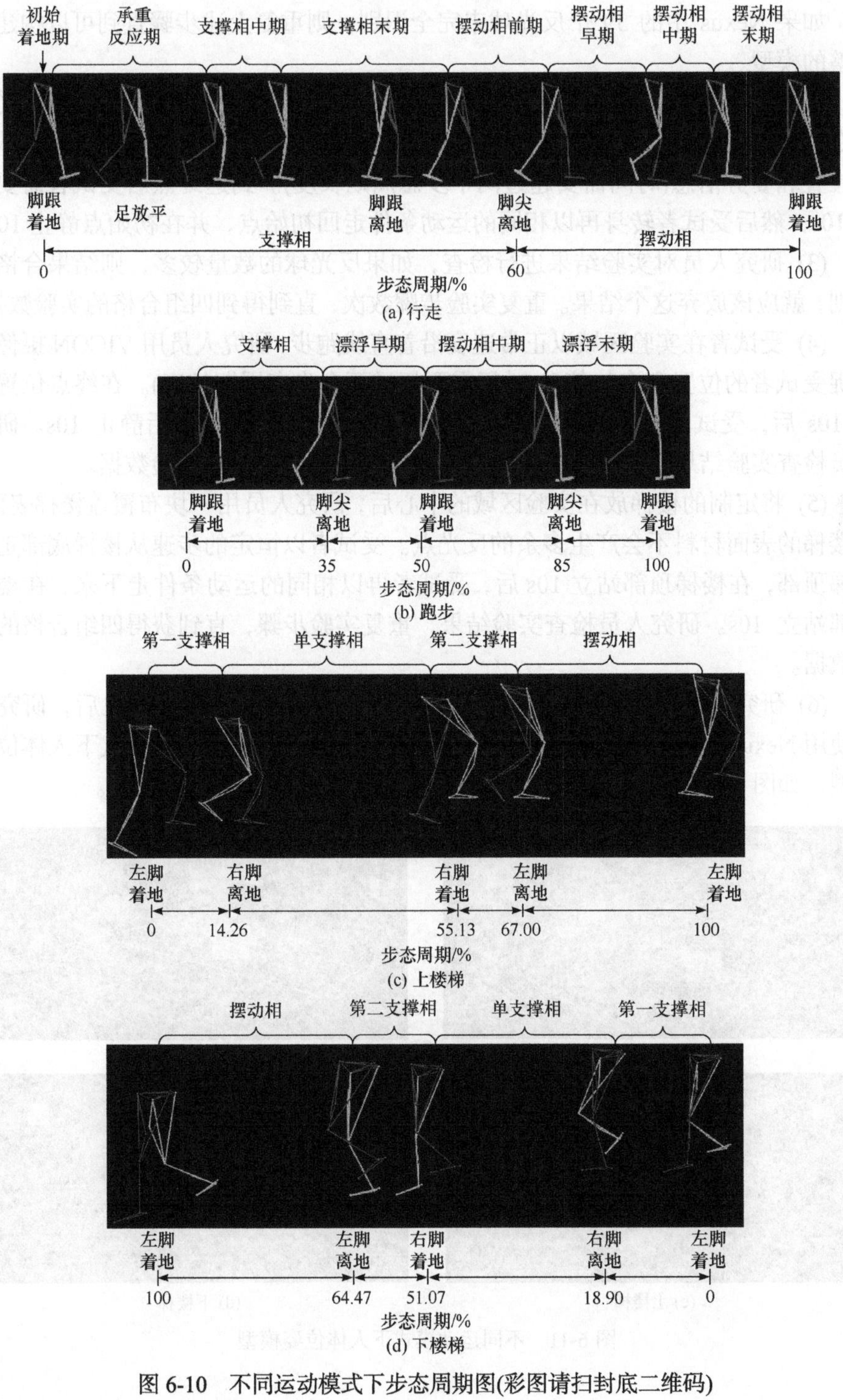


图 6-10　不同运动模式下步态周期图(彩图请扫封底二维码)

型，如果 Nexus 中的 39 个反光球未完全识别，则重复上述步骤直到可以构建出完整的模型。

(2) 在正式开始实验前，受试者可以在实验场地走动，熟悉实验环境。受试者在实验区域以正常速度沿直线行走，研究人员用 VICON 摄像机捕捉到受试者的位置和姿势信息(时间需要超过两个步态周期长度)。到达终点后受试者需要静止 10s，然后受试者转身再以相同的运动条件走回初始点，并在初始点静止 10s。

(3) 研究人员对实验结果进行检查，如果反光球的数量较多，则结果合格；否则，就应该放弃这个结果。重复实验步骤数次，直到得到四组合格的实验数据。

(4) 受试者在实验区域以正常速度沿着直线跑步，研究人员用 VICON 摄像机捕捉受试者的位置和姿势信息(时间需要超过两个步态周期长度)。在终点位置静止 10s 后，受试者转身再以相同的运动条件跑步，到达初始点后静止 10s。研究人员检查实验结果，并重复实验步骤，直到获得四组合格的实验数据。

(5) 将定制的楼梯放在实验区域的中心后，研究人员用一块布覆盖楼梯表面，使楼梯的表面材料不会产生多余的反光点。受试者以恒定的步速从楼梯底部走到楼梯顶部，在楼梯顶部站立 10s 后，受试者再以相同的运动条件走下来，在楼梯底部站立 10s。研究人员检查实验结果，重复实验步骤，直到获得四组合格的实验数据。

(6) 研究人员截取了一段步态周期的时长，并检查实验结果。之后，研究人员使用 Nexus 中补点工具，完成对缺失点的修复，构建不同运动模式下人体位姿模型，如图 6-11 所示，并将最终的实验结果以 C3D 文件的形式输出。

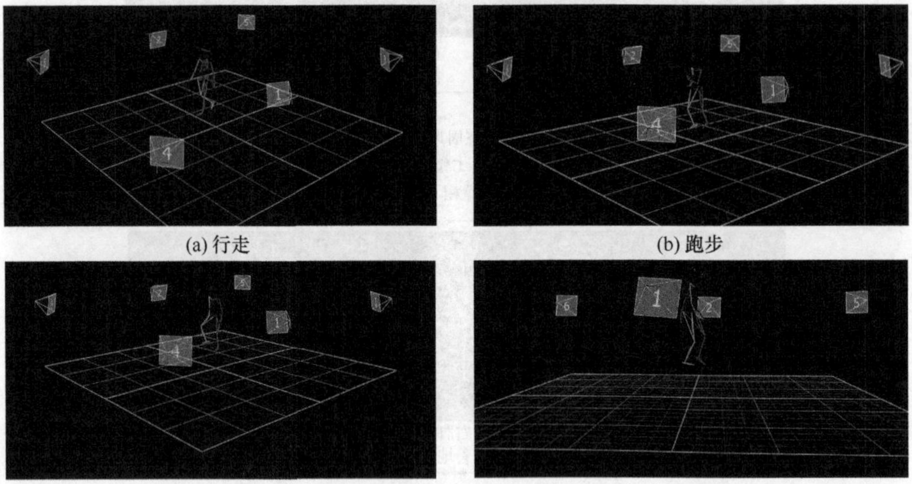

(a) 行走　(b) 跑步　(c) 上楼梯　(d) 下楼梯

图 6-11　不同运动模式下人体位姿模型

3. 人体运动学仿真

在人体运动学仿真过程中，使用 ANYBODY 生物力学仿真软件自带模型库(AMMR)中的标准全身模型来模拟人体在不同运动模式下的动作姿态，从而获得部分下肢肌肉的肌肉力和激活程度。下肢肌肉群主要包括：腓肠肌(GAS)，比目鱼肌(SOL)，胫骨前肌(TA)，臀中肌(GMED)，臀大肌(GMAX)，髂肌(IL)，股二头肌短头(BFsh)，由股二头肌长头肌、半膜肌、半腱肌组成的腘绳肌(HAM)，由股内侧肌、股外侧肌(VL)、股中间肌组成的肌肉群(VAS)，股直肌(RF)。

(1) 选择 AMMR 中的全身模型作为本次仿真的人体模型，改变模型参数(身高、体重)使模型的身体参数与受试者的参数相匹配。

(2) 将通过上述动作捕捉实验得到的 C3D 文件导入全身模型中，对全身模型的姿态粗调，使其接近由 C3D 文件中反光球的位置构建出来的人体棒模型的初始姿态；然后，对整个全身模型中的标记点进行微调，使其与 C3D 文件中反光球的初始位置一致；最终，在 ANYBODY 软件中建立人体运动学仿真模型，如图 6-12 所示。

(3) 完成动力学和逆动力学分析，将肌肉力和激活程度分析数据导出，用于后续肌肉力学特性分析。

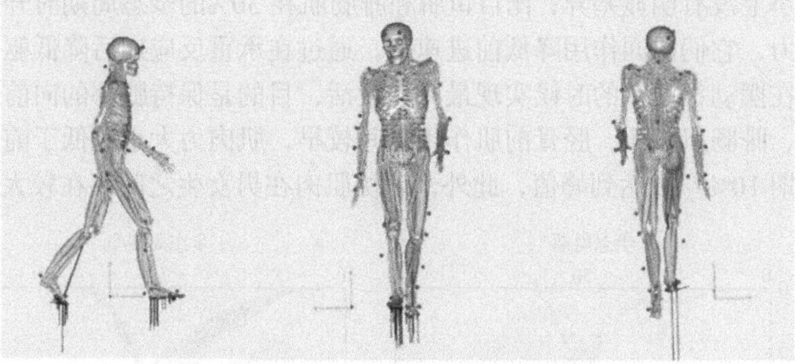

图 6-12　人体运动学仿真模型

### 6.3.2　不同运动模式下下肢肌肉的差异性分析

一般而言，下肢肌肉力和激活程度与步态特征关系明显，然而，在不同运动模式下，下肢肌肉力和激活程度的差异性分析较少。本节对实验和仿真数据进行分析处理，为了便于分析对比，将上述十块肌肉分为三组：第一组是踝关节肌肉群，包括比目鱼肌、腓肠肌、胫骨前肌；第二组为髋关节肌肉群，包括髂肌、臀中肌、臀大肌；第三组为膝关节肌肉群，包括股二头肌短头、腘绳肌、股直肌、VAS 肌群。首先，采用插值法绘制了肌肉力曲线，如图 6-13～图 6-15、图 6-18～图 6-20、图 6-23～图 6-25、图 6-28～图 6-30 所示。除此以外，还绘制了每一个实验中各时期的最大肌肉激活程度的三维直方图，如图 6-16、图 6-21、图 6-26、图 6-31 所示。它们清楚地表示了肌肉力的平均值和标准差。实线和实线区域分别代表女生的平均肌肉力和偏差，虚线和虚线区域代表男生的平均肌肉力和偏差，最小面积椭圆法用于绘制每个关节肌肉的最大激活程度相关域，如图 6-17、图 6-22、图 6-27、图 6-32 所示。椭圆半径的大小用来表示个体差异引起的不确定性水平，见表 6-8～表 6-11。

1. 行走模式下下肢肌肉差异性分析

在图 6-13～图 6-15 中，横坐标表示一个完整的步态周期(分为八个阶段：初始着地期(Ic)：0%～2%，承重反应期(Lg)：2%～12%，支撑相中期(Mst)：12%～31%，支撑相末期(Tst)：31%～50%，摆动相前期(Psw)：50%～62%，摆动相早期(Isw)：62%～75%，摆动相中期(Msw)：75%～87%，摆动相末期(Tsw)：87%～100%。

1) 男女生下肢肌肉力对比分析

图 6-13 显示了整个行走步态周期中踝关节肌肉的肌肉力。结果表明：比目鱼肌和腓肠肌的肌肉力有相似的变化趋势，并从承重反应期到摆动相早期的时间段内一直保持激活，并且比目鱼肌和腓肠肌在男女生之间具有较好的一致性，在肌肉力的大小上没有明显差异；比目鱼肌和腓肠肌在 30%的步态周期时开始出现较大的肌肉力，它们协同作用降低前进速度，通过在承重反应期后降低躯干的前进速度，并在摆动相前期的时候实现最大的激活，目的是保持腿部的向前运动；与比目鱼肌、腓肠肌相比，胫骨前肌作用时间较早，肌肉力大小远低于前两者，且在步态周期 10%左右达到峰值，此外，该块肌肉在男女生之间存在较大的差异。

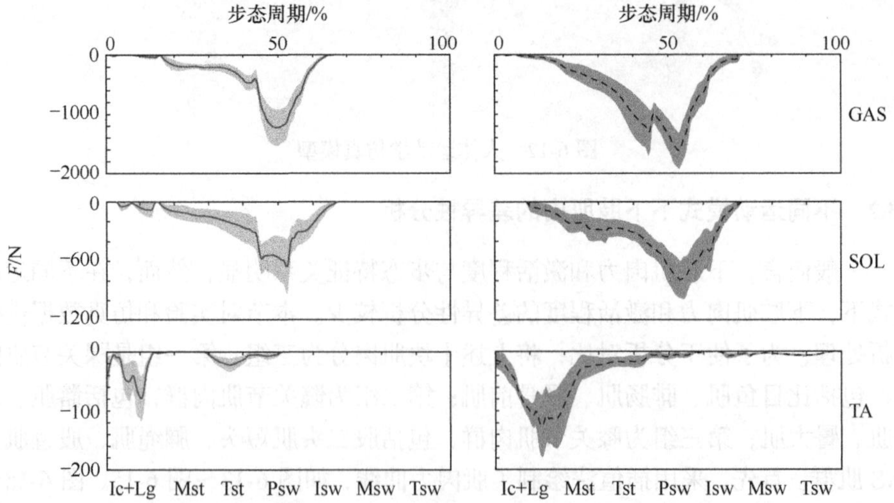

(a) 女生　　(b) 男生

图 6-13　行走模式下踝关节肌肉力对比

图 6-14 显示了整个行走的步态周期中髋关节肌肉的肌肉力。结果表明：臀中肌和臀大肌在支撑相的前半部分有相似的变化趋势，臀中肌和臀大肌在男女生之间有很好的一致性。Perry 等[29]提出在支撑相中期的时候，骨盆回到中间位置，不需要额外的力，这使臀中肌逐渐放松，这一结论通过图 6-14 所示臀中肌的肌肉力在支撑相的后半段逐渐下降可以得到证实。髂肌主要在摆动相前期激活，从图中可以看出男生的激活时间早于女生，且男生的髂肌肌肉力大于女生，但臀大肌肌肉力小于女生。

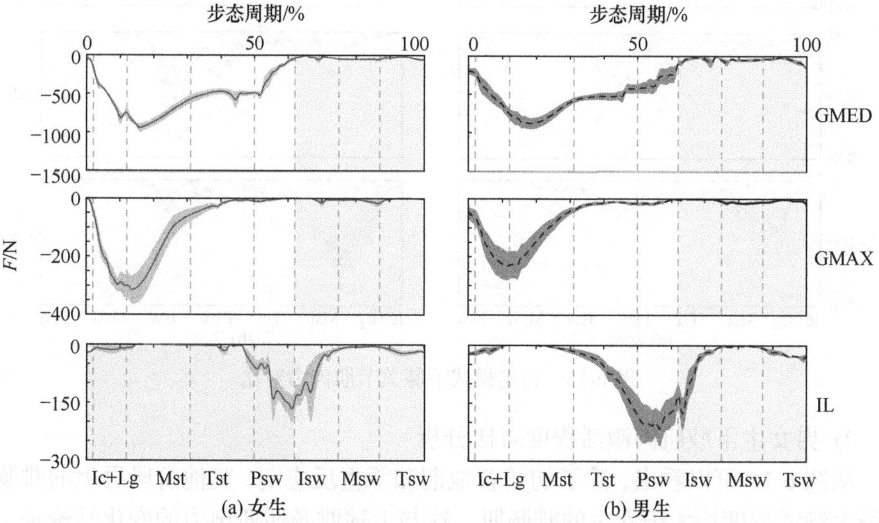


图 6-14　行走模式下髋关节肌肉力对比

图 6-15 显示了整个行走的步态周期中膝关节肌肉的肌肉力。结果表明：男生和女生股二头肌短头的差异在于支撑相和摆动相的交替位置，其中男生表现出很强的活动性，而女生则没有。Neptune 等[30]提出了股二头肌短头和其他肌肉之间存在协同效应，股二头肌短头与髂肌在男生中协同加速腿部运动，但这种现象在女生中并没有出现。腘绳肌在摆动相中期的时候激活，是为了在摆动相末期降低摆动腿的速度做准备。Perry 等[29]认为，腘绳肌激活是为了在摆动相末期控制膝关节的伸展速率，这与本书的观点是一致的。腘绳肌的力量在初始着地期和承重反应期达到峰值，以保护膝关节不受过度伸展的影响，股直肌在支撑相末期开始变得活跃并且保持长时间的激活，其功能是加速膝关节和髋关节的伸展。股直肌在男生和女生之间有较好的一致性，VAS 肌群主要在支撑相激活。Neptune 等[31]解释，VAS 肌群的功能是维持膝关节的稳定性，男女生之间 VAS 肌群的一致性较差，女生的 VAS 肌群激活时间较长，但女生 VAS 肌群的肌肉力比男生小。

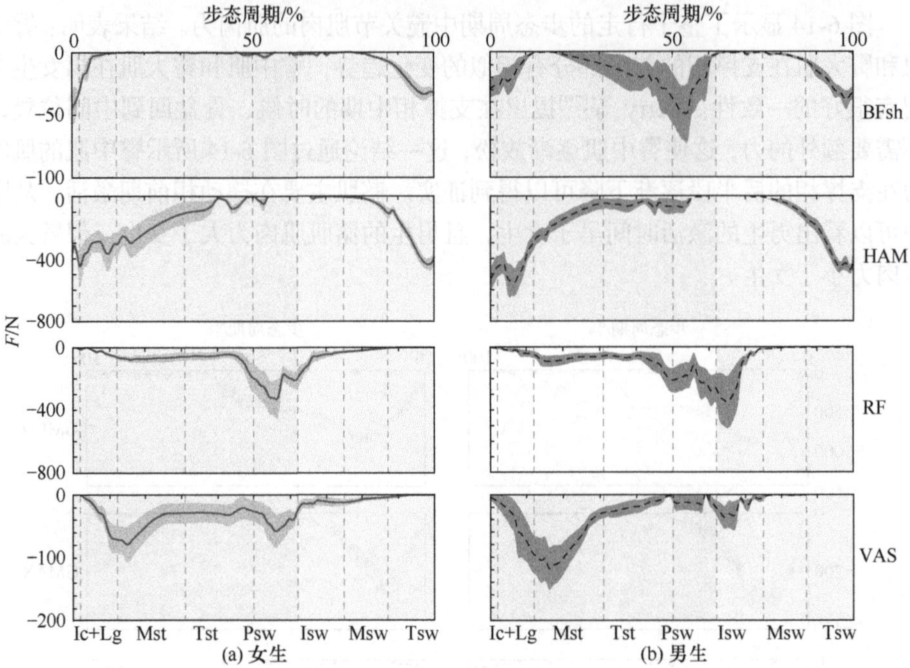


图 6-15 行走模式下膝关节肌肉力对比

2) 男女生下肢肌肉激活程度对比分析

从图 6-16 可以看出，除了初始着地期和承重反应期，其他阶段男生的腓肠肌的最大激活程度均大于女生的腓肠肌，这与上述腓肠肌肌肉力的变化结论是一致的。对于臀中肌，女生在初始着地期的最大激活程度大于男生，且该现象还存在于支撑相末期、摆动相前期和摆动相末期。对于腘绳肌，女生在初始着地期的最大激活程度大于男生，而在摆动相末期，男生的最大激活程度却大于女生。对于股直肌，男生在支撑相中期和摆动相早期的最大激活程度均大于女生，而在摆动相前期，女生的最大激活程度却大于男生。对于比目鱼肌，男生在支撑相中期和支撑相末期的最大激活程度均大于女生。对于胫骨前肌，男生在承重反应期、支撑相中期和支撑相末期的最大激活程度均大于女生。

3) 下肢肌肉激活程度相关性和不确定性分析

从图 6-17 可以看出，腓肠肌、比目鱼肌和胫骨前肌之间的最大激活程度的相关系数均小于 0.3。结果表明，在行走过程中踝关节的肌肉之间是弱相关的。由表 6-8 可知，腓肠肌的椭圆半径为 0.382，胫骨前肌的椭圆半径为 0.309，这表明在行走过程中腓肠肌和胫骨前肌因个体差异引起的不确定性较大。而比目鱼肌的椭圆半径为 0.135，这表明在行走过程中比目鱼肌由个体差异引起的不确定性比较小。

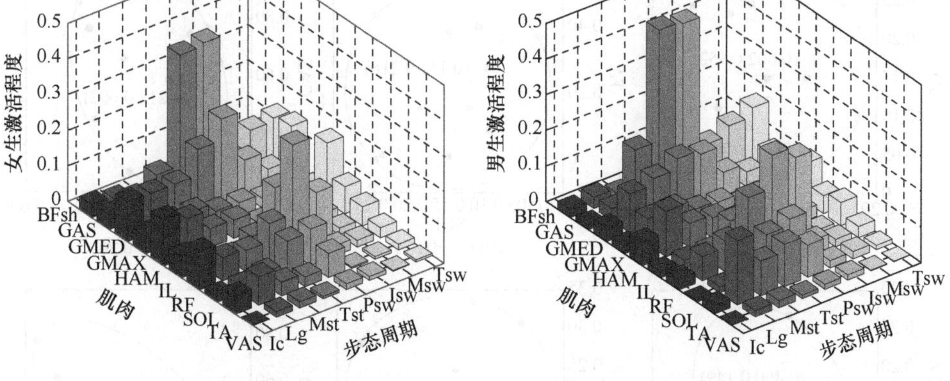


(a) 女生　　(b) 男生

图 6-16　行走模式下肌肉最大激活程度对比

**表 6-8　行走模式下下肢肌肉最大激活程度的不确定性水平**

| 肌肉 | 椭圆半径 | 肌肉 | 椭圆半径 |
|---|---|---|---|
| 股直肌 | 0.451 | 臀大肌 | 0.141 |
| 臀中肌 | 0.407 | 比目鱼肌 | 0.135 |
| 腓肠肌 | 0.382 | 髂肌 | 0.130 |
| 胫骨前肌 | 0.309 | 股二头肌短头 | 0.102 |
| 腘绳肌 | 0.289 | VAS 肌群 | 0.028 |

注：VAS 肌群指包括股外侧肌、股内侧肌和股中间肌的肌肉群。

从图 6-17 还可以看出，臀中肌和臀大肌之间的最大激活程度的相关系数为 0.227。这一结果表明臀中肌和臀大肌之间相关性较弱。臀中肌和臀大肌的作用是稳定骨盆，但两者的方法不同。臀大肌的方法是控制膝关节和髋关节伸直，而臀中肌的方法是减少早期髋关节屈肌的内收效应[29,30]。髂肌与臀中肌的最大激活程度的相关系数为 0.575，髂肌与臀中肌之间呈中度相关。由表 6-8 可知，臀中肌的椭圆半径为 0.407，臀大肌的椭圆半径为 0.141，说明臀中肌因个体差异引起的不确定性较大，髂肌的椭圆半径为 0.130，说明髂肌由个体差异引起的不确定性较小。VAS 肌群的最大激活程度与不同肌肉之间有不同程度的相关性。结果表明，VAS 肌群激活与股二头肌短头呈中度相关，与腘绳肌呈弱相关。但 VAS 肌群与股直肌的相关性很弱，几乎没有相关性。股直肌与腘绳肌的最大激活程度的相关系数为 0.588，股直肌与腘绳肌的最大激活程度呈现中度相关性。由表 6-8 可知，股直肌的椭圆半径为 0.451，这表明股直肌是行走模式下由于个体差异而具有最大不确定

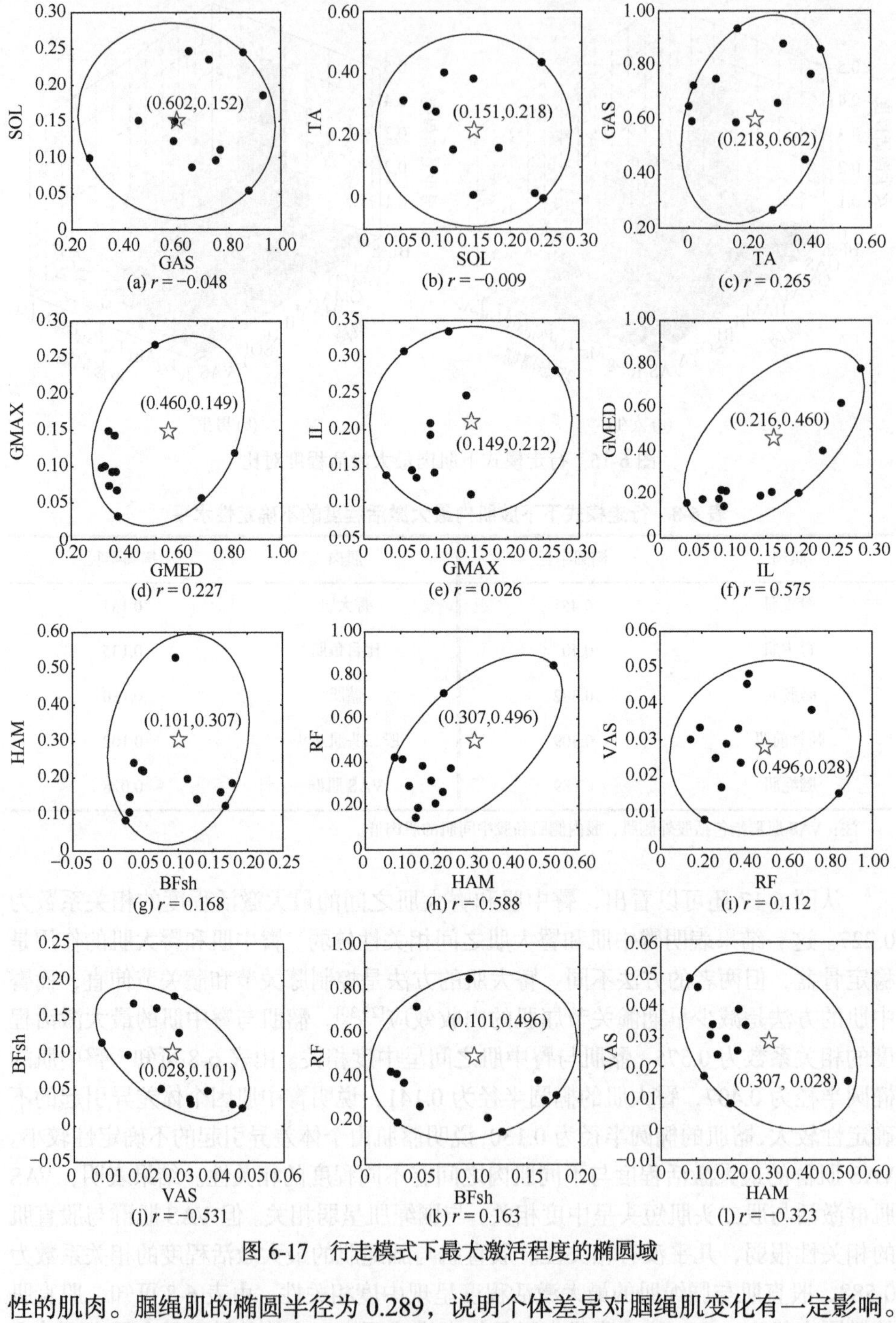


图 6-17　行走模式下最大激活程度的椭圆域

性的肌肉。腘绳肌的椭圆半径为 0.289，说明个体差异对腘绳肌变化有一定影响。股二头肌短头的椭圆半径为 0.102，说明股二头肌短头是行走过程中由于个体差异而具有较小不确定性的肌肉。股二头肌短头与 VAS 肌群的最大激活程度的相关系数为−0.531，说明股二头肌短头与 VAS 肌群之间存在中度负相关性。VAS 肌群的椭圆半径为 0.028，说明 VAS 肌群是行走过程中由个体差异引起的不确定性最小的肌肉。

2. 跑步模式下下肢肌肉差异性分析

为了研究跑步模式下下肢肌肉的个体差异，将下肢肌肉分为三组：踝关节肌肉群、膝关节肌肉群和髋关节肌肉群。绘制了跑步实验中肌肉力的二维图，如图 6-18～图 6-20 所示；跑步实验中肌肉激活的三维直方图如图 6-21 所示。除此之外，在图 6-22 中绘制了跑步模式下肌肉最大激活程度的椭圆域，表 6-9 中列出了与肌肉最大激活程度的不确定水平。在图 6-18～图 6-20 中，横坐标表示一个完整的步态周期(分为四个阶段：支撑相(Sp)：0%～35%，漂浮早期(El)：35%～50%，摆动相中期(Ms)：50%～85%，漂浮末期(Ef)：85%～100%)。

**表 6-9　跑步模式下下肢肌肉最大激活程度的不确定性水平**

| 肌肉 | 椭圆半径 | 肌肉 | 椭圆半径 |
|---|---|---|---|
| 臀中肌 | 0.694 | 腘绳肌 | 0.195 |
| 腓肠肌 | 0.447 | 股直肌 | 0.186 |
| 胫骨前肌 | 0.257 | 髂肌 | 0.173 |
| 比目鱼肌 | 0.236 | 股二头肌短头 | 0.081 |
| 臀大肌 | 0.195 | VAS 肌群 | 0.070 |

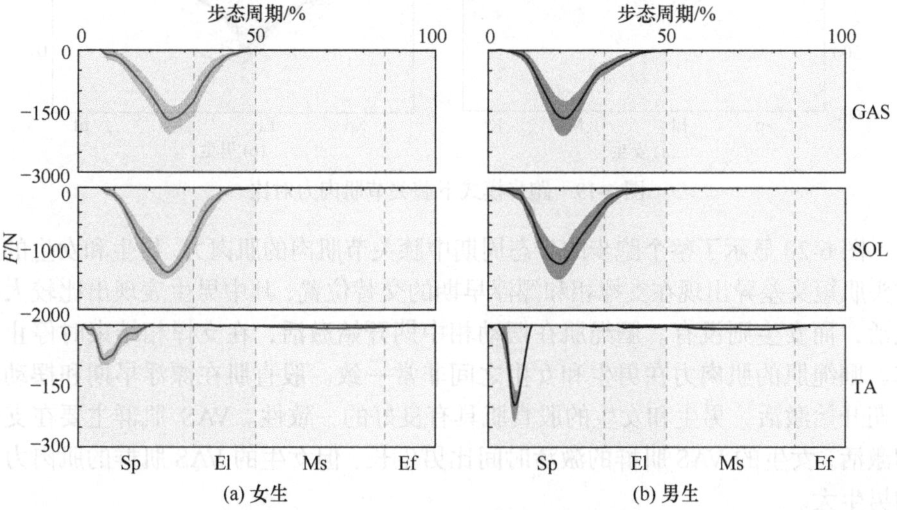


图 6-18　跑步模式下踝关节肌肉力对比

1) 男女生下肢肌肉力对比分析

图 6-18 显示了整个跑步的步态周期中踝关节肌肉的肌肉力。比目鱼肌和腓肠肌在支撑相和漂浮早期激活，表明比目鱼肌和腓肠肌在女生和男生之间具有良好的一致性，并且在肌肉力的平均大小和偏差方面没有表现出很大的差异。比目鱼肌和腓肠肌的肌肉力很大，比目鱼肌和腓肠肌是推动身体向前和支撑身体的主要部件，这与 Hamner 等[32]的研究一致。胫骨前肌主要在支撑相的前期激活。胫骨前肌的肌肉力和激活时间范围在男女生之间存在差异，表现为男生比女生的肌肉力大，但是肌肉激活的时间比女生短。

图 6-19 显示了整个跑步的步态周期中髋关节肌肉的肌肉力。臀中肌和臀大肌在支撑相激活并且它们的肌肉力比较大，所以在跑步中起着重要的作用。臀中肌和臀大肌的变化趋势相似，男女生之间的臀中肌和臀大肌有很好的一致性。髂肌主要在漂浮早期和摆动相中期激活。髂肌的男生和女生之间的差异表现在男生的髂肌开始激活的时间比女生早，而且男生的肌肉力比女生大。

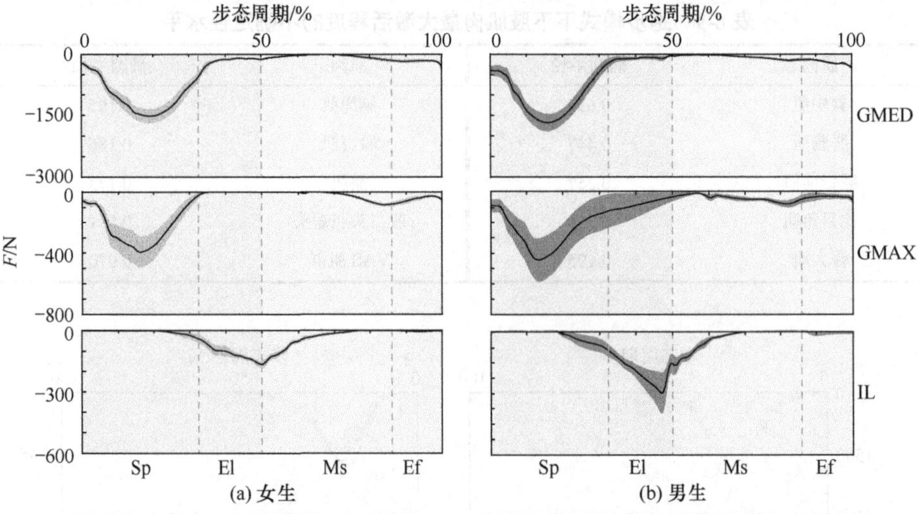


图 6-19　跑步模式下髋关节肌肉力对比

图 6-20 显示了整个跑步的步态周期中膝关节肌肉的肌肉力。男生和女生的股二头肌短头差异出现在支撑相和漂浮早期的交替位置，其中男生表现出比较大的激活，而女生则没有。腘绳肌在摆动相中期开始激活，在支撑相结束时停止工作。腘绳肌的肌肉力在男生和女生之间非常一致。股直肌在漂浮早期和摆动相中期开始激活，男生和女生的股直肌具有良好的一致性。VAS 肌群主要在支撑相激活，女生的 VAS 肌群的激活时间比男生长，但女生的 VAS 肌群的肌肉力不如男生大。

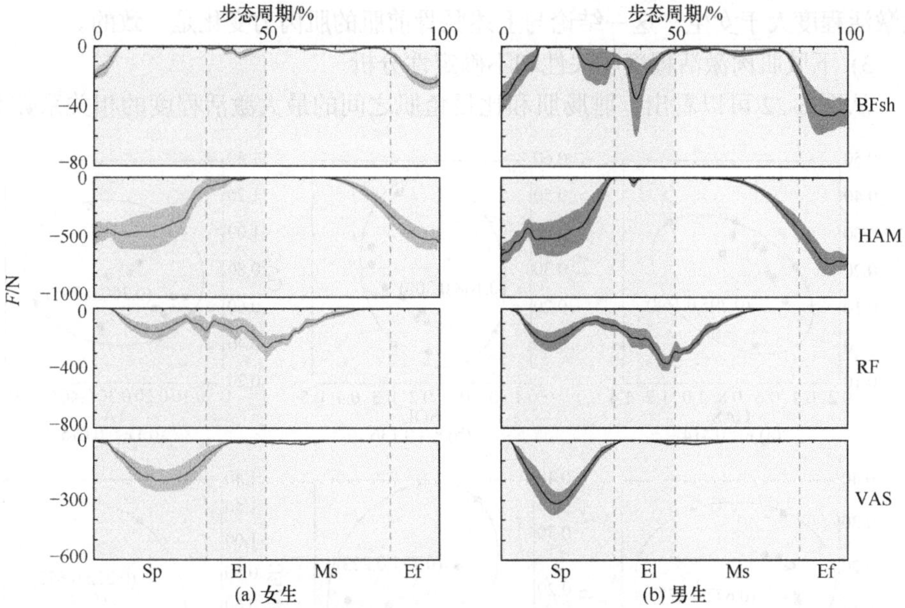


图 6-20 跑步模式下膝关节肌肉力对比

2) 男女生下肢肌肉激活程度对比分析

从图 6-21 可以看出，在摆动相中期和漂浮末期时，男生的腓肠肌最大激活程度大于女生的最大激活程度。对于股直肌，女生在漂浮末期的最大激活程度几乎等于 0，但是，男生在漂浮末期的股直肌都有明显地激活。在支撑相，女生比目鱼肌的最大激活程度大于男生比目鱼肌的最大激活程度。在摆动相中期和漂浮末期，男生比目鱼肌的最大激活程度大于女生。对于胫骨前肌，男生在支撑相的最

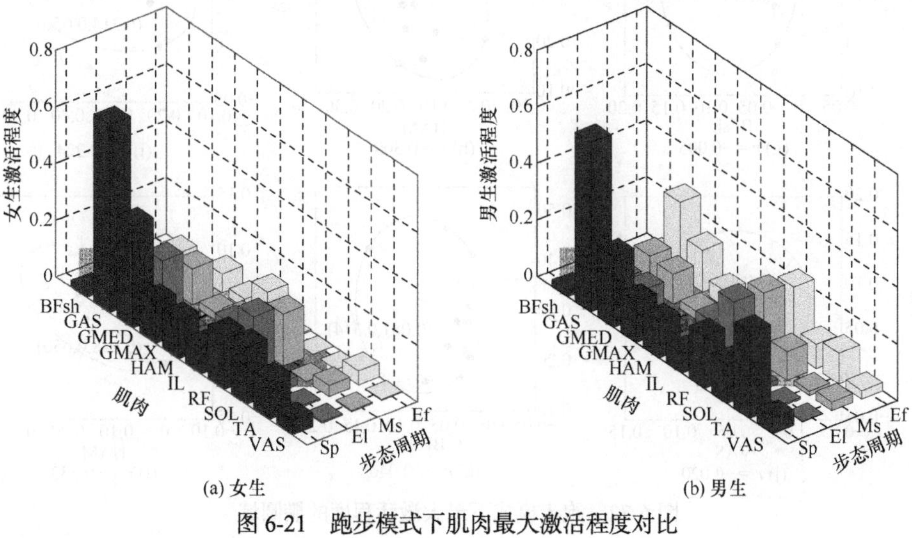


图 6-21 跑步模式下肌肉最大激活程度对比

大激活程度大于女生，这一结论与上述胫骨前肌的肌肉力变化是一致的。

3) 下肢肌肉激活程度相关性和不确定性分析

从图 6-22 可以看出，腓肠肌和比目鱼肌之间的最大激活程度的相关系数为

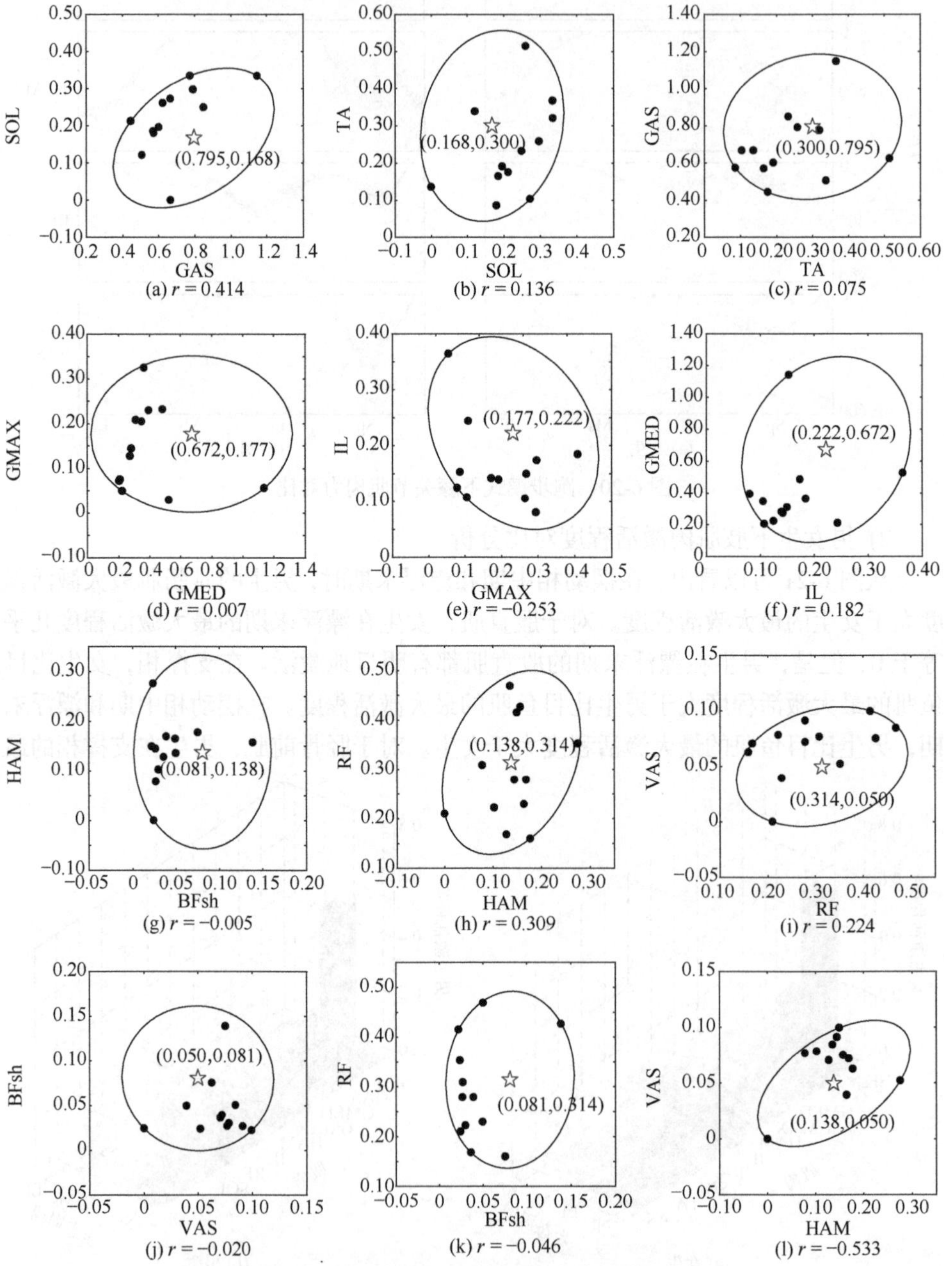


图 6-22　跑步模式下最大激活程度的椭圆域

0.414，它们两者之间具有低相关性。此外，胫骨前肌与腓肠肌、比目鱼肌之间的最大激活程度的相关系数均小于 0.3，因此胫骨前肌与腓肠肌弱相关，胫骨前肌与比目鱼肌之间也不相关。从表 6-9 中可以得出结论，腓肠肌和比目鱼肌两者由个体差异引起的不确定性很大，这一点与行走过程中有较大的不同。此外，行走过程中胫骨前肌由个体差异性影响导致其不确定性较大。

从图 6-22 可以看出，臀中肌和臀大肌之间的最大激活程度相关系数为 0.007，说明臀中肌和臀大肌之间没有相关性，这种情况与行走过程比较类似。髂肌与臀中肌、髂肌与臀大肌的最大激活程度相关系数都比较小，所以髂肌与臀中肌、髂肌与臀大肌之间的相关性也比较小。由图 6-20 可以发现，存在腓肠肌和臀中肌的最大肌肉激活程度大于 1 的现象，这是跑步时这两块肌肉出现短暂性过度拉伸造成的。由表 6-9 可知，臀中肌的椭圆半径为 0.694，臀大肌的椭圆半径为 0.195，说明臀中肌由个体差异引起的不确定性较大。髂肌的椭圆半径为 0.173，所以髂肌由个体差异引起的不确定性较小。VAS 肌群的激活与不同肌肉之间存在不同程度的相关性。结果表明，VAS 肌群与腘绳肌的最大激活程度存在中度负相关性。股直肌最大激活程度与腘绳肌的相关系数为 0.309，股直肌与腘绳肌的最大激活程度存在中度相关性。但 VAS 肌群与股直肌的相关性很弱，几乎没有相关性。结果还表明，股二头肌短头的最大激活程度与膝关节中的其他三块肌肉都不存在相关性。由表 6-9 可知，VAS 肌群的椭圆半径为 0.070，而股二头肌短头的椭圆半径为 0.081，表明 VAS 肌群和股二头肌短头受个体差异影响很小。股直肌的椭圆半径为 0.186，腘绳肌的椭圆半径为 0.195，表明二者在跑步模式下受个体差异影响较小。

### 3. 上楼梯模式下下肢肌肉差异性分析

为探讨上楼梯时下肢肌肉的个体差异，将上楼梯时下肢肌肉分为踝关节肌肉、髋关节肌肉、膝关节肌肉三组。绘制了上楼梯实验中肌肉力量的二维图，如图 6-23、图 6-24、图 6-25 所示，上楼梯实验中肌肉激活的三维直方图如图 6-26 所示。除此之外，上楼梯过程中肌肉最大激活程度的椭圆域如图 6-27 所示。在图 6-23～图 6.25 中，横坐标代表一个完整的步态周期(分为四个阶段：第一支撑相(FI)：0%～14.26%，单支撑相(SI)：14.26%～55.13%，第二支撑相(SE)：55.13%～67.00%，摆动相(SW)：67.00%～100%)。

#### 1) 男女生下肢肌肉力对比分析

图 6-23 显示了整个上楼梯的步态周期中踝关节肌肉的肌肉力，腓肠肌和比目鱼肌在整个步态周期中有两个峰值，两个峰值时间大致相同，腓肠肌和比目鱼肌的峰值时间分别在第一支撑相和单支撑相。女生的两个峰值差异不显著，但男生的后峰远大于前峰。胫骨前肌的激活时间在男生和女生之间存在差异，女生的激活时间在单支撑相时期有激活，然而，男生在整个步态周期内几乎都没有激活胫

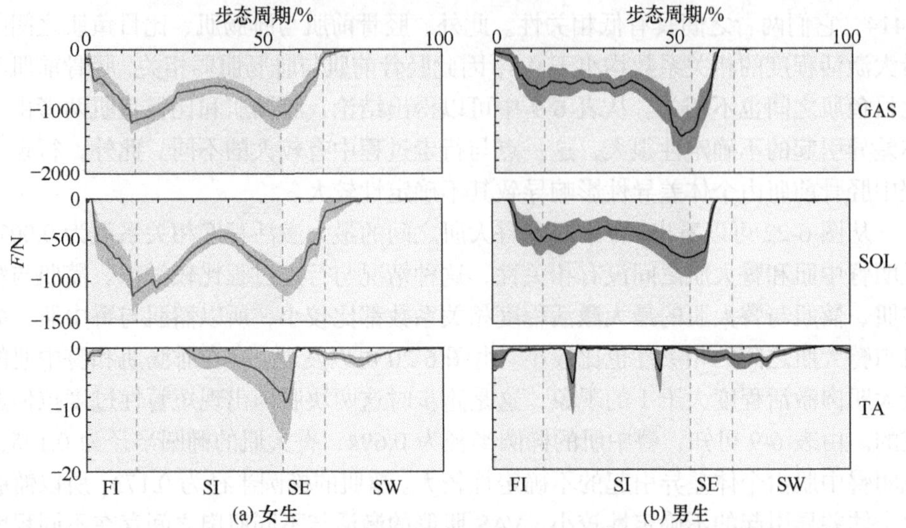

(a) 女生　　(b) 男生

图 6-23　上楼梯模式下踝关节肌肉力对比

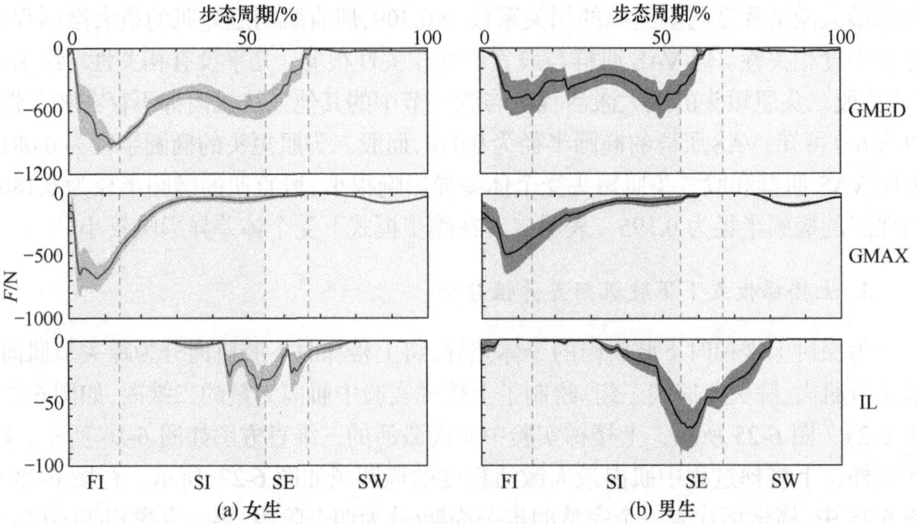

(a) 女生　　(b) 男生

图 6-24　上楼梯模式下髋关节肌肉力对比

骨前肌。但是，这种差异可以忽略，因为胫骨前肌的肌肉力相比较其他肌肉来说非常小，所以它起到的作用也比较小。图 6-24 显示了整个上楼梯的步态周期中髋关节肌肉的肌肉力，臀中肌有两个峰值，其中男生的两个峰值肌力相近，女生的第一个峰值比第二个峰值大得多。此外，男生在第二支撑相结束时停止激活，而女生的激活时间长于男生。在上楼梯的整个步态周期中，臀大肌只有一个峰值出现在第一个支撑相快要结束的时候，达到峰值后会迅速下降，肌肉力减小。男生和女生臀大肌的变化非常一致。髂肌的主要激活发生在单支撑相即将结束和第二支撑相即将开始的时候，但是男生髂肌的肌肉力明显大于女生。

图 6-25 显示了整个上楼梯的步态周期中膝关节肌肉的肌肉力，股二头肌短头的主要激活是在单支撑相的后期，女生的股二头肌短头几乎没有激活，而男生在这个阶段有明显的激活。腘绳肌在整个步态周期中都会激活，在单支撑相结束时达到峰值，但是男生的肌肉力比女生大一些。结果表明，性别对腘绳肌的肌肉力有显著影响。股直肌有两个峰，与腓肠肌、比目鱼肌、臀中肌在相同的时间达到第一个峰。股直肌的第二个峰值出现在摆动相的前半段，这一点与其他三个肌肉稍有不同，但是男生的股直肌在第二支撑相还存在一个不太明显的峰值。然而，与腓肠肌等肌肉相比，它的肌肉力非常小，所以在上楼梯的这段时间里，股直肌并不是主要贡献者。VAS 肌群主要在第一支撑相和单支撑相激活，女生的肌肉力比男生的肌肉力大一些，但 VAS 肌群肌肉力量较大，是下肢运动的主要贡献者之一。

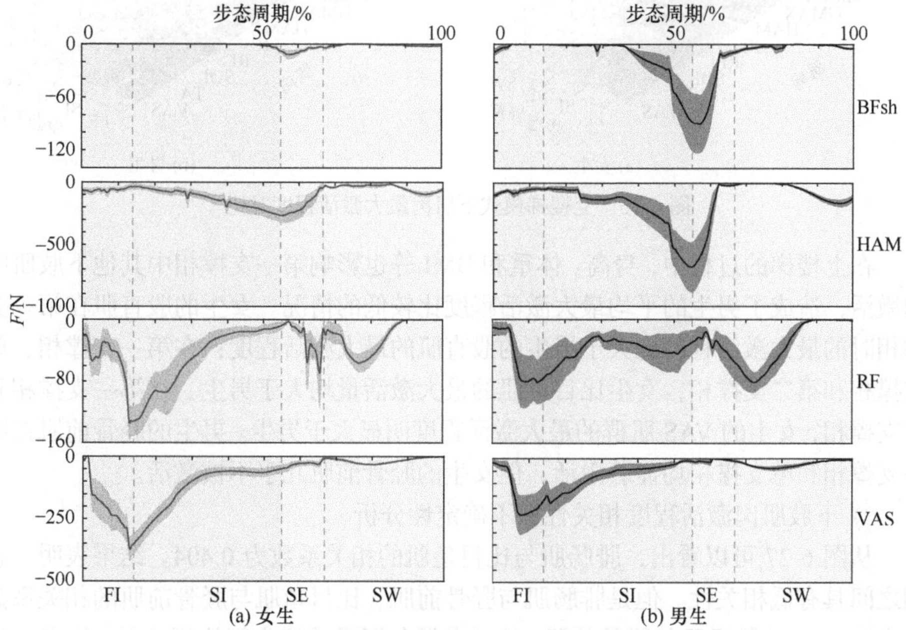

图 6-25　上楼梯模式下膝关节肌肉力对比

2) 男女生下肢肌肉激活程度对比分析

从图 6-26 可以看出，男生的股二头肌短头的最大激活程度在单支撑相比较大，而女生的股二头肌在单支撑相并没有被显著激活，这与前一部分关于股二头肌短头的肌肉力分析一致。女生的一些肌肉在第一支撑相的激活程度大于男生，尤其是腓肠肌、比目鱼肌、臀中肌和臀大肌这四块肌肉。通过对比原始数据发现，对于臀中肌，身体质量指数(body mass index, BMI)大的男生(S7：BMI=25.99，身高=170.9cm，体重=75.9kg，最大激活程度=0.24)的最大激活程度比较大，BMI 小的男生(S1：BMI=19.13，身高=188.4cm，体重=67.9kg，最大激活程度=0.009)的最大激活程度比较小。BMI 大但是体重比较轻的男生(S4：BMI=22.56，身高=179.0cm，体重=72.3kg，最大激活程度=0.007)的激活程度也比较低。

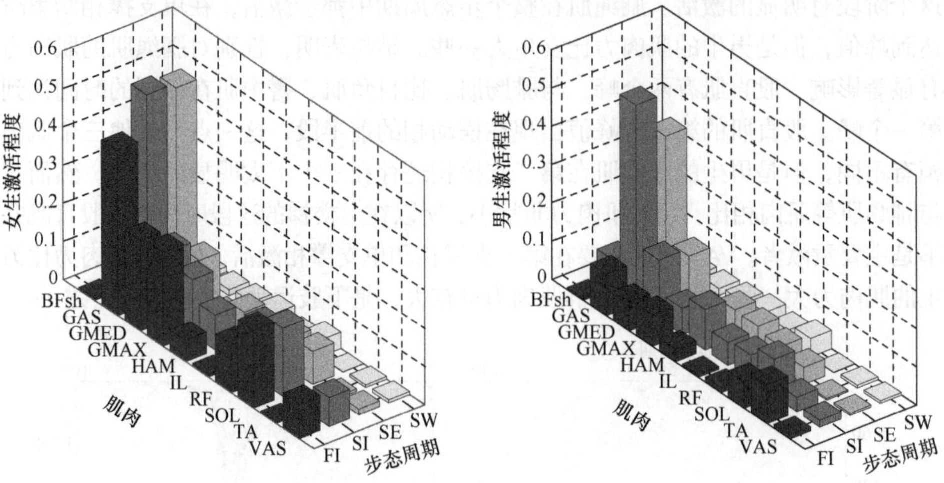


(a) 女生　　(b) 男生

图 6-26　上楼梯模式下肌肉最大激活程度对比

在上楼梯的过程中，身高、体重和 BMI 等也影响第一支撑相中其他下肢肌肉的激活，造成了男生的平均最大激活程度比较低的情况。女生的股直肌在第一支撑相时的最大激活程度也大于男生的股直肌的最大激活程度；在第一支撑相、单支撑相和第二支撑相，女生比目鱼肌的最大激活量均大于男生。在第一支撑相和单支撑相，女生的 VAS 肌群的最大激活程度明显大于男生。男生的胫骨前肌在第一支撑相和单支撑相均显著激活，但女生的胫骨前肌几乎不被激活。

3) 下肢肌肉激活程度相关性和不确定性分析

从图 6-27 可以看出，腓肠肌与比目鱼肌的相关系数为 0.404。结果表明，它们之间具有低相关性。但是腓肠肌与胫骨前肌、比目鱼肌与胫骨前肌的相关系数均小于 0.3，故腓肠肌与胫骨前肌、比目鱼肌与胫骨前肌之间均不相关。从表 6-10 可以看出，腓肠肌的椭圆半径为 0.382，所以腓肠肌由个体差异造成的不确定性最大，比目鱼肌的椭圆半径为 0.191，由个体差异造成较大的不确定性，胫骨前肌的椭圆半径为 0.036，因个体差异引起的不确定性最小。

如图 6-27 所示，髂肌和臀大肌之间的相关系数为–0.328，表明它们之间的相关性程度较低。但臀中肌与臀大肌、髂肌的相关系数小于 0.3，所以臀中肌和臀大肌、臀中肌和髂肌之间也相关。表 6-10 中数据表明，臀大肌和臀中肌的椭圆半径

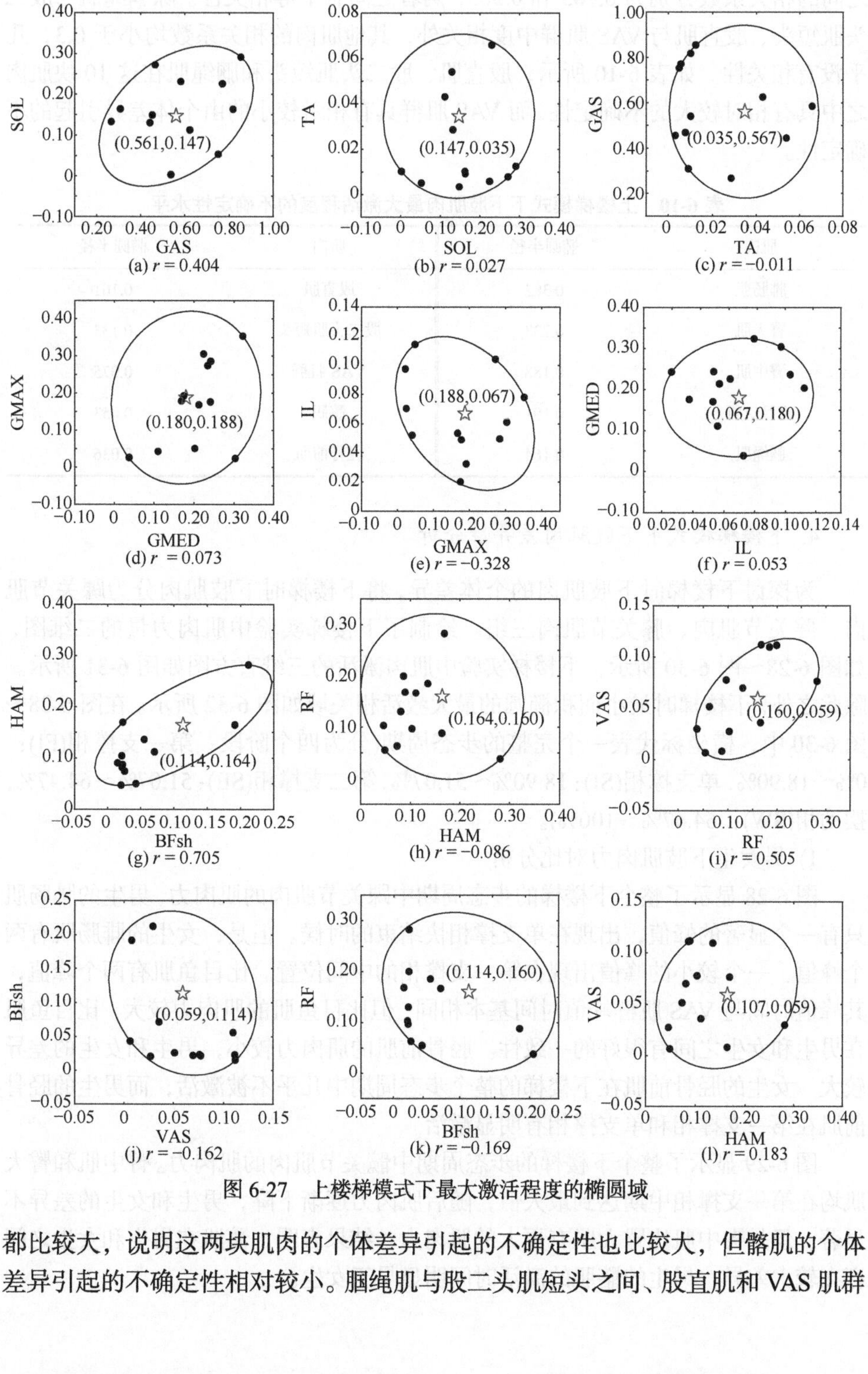


图 6-27　上楼梯模式下最大激活程度的椭圆域

都比较大，说明这两块肌肉的个体差异引起的不确定性也比较大，但髂肌的个体差异引起的不确定性相对较小。腘绳肌与股二头肌短头之间、股直肌和 VAS 肌群之间的相关系数分别为 0.705 和 0.505，两者之间有中等相关性。除胭绳肌与股二头肌短头、股直肌与 VAS 肌群中度相关外，其他肌肉的相关系数均小于 0.3，几乎没有相关性。如表 6-10 所示，股直肌、股二头肌短头和胭绳肌在这 10 块肌肉之中具有相对较大的不确定性，而 VAS 肌群具有相对较小的由个体差异引起的不确定性。

**表 6-10　上楼梯模式下下肢肌肉最大激活程度的不确定性水平**

| 肌肉 | 椭圆半径 | 肌肉 | 椭圆半径 |
|---|---|---|---|
| 腓肠肌 | 0.382 | 股直肌 | 0.161 |
| 臀大肌 | 0.233 | 股二头肌短头 | 0.133 |
| 臀中肌 | 0.188 | VAS 肌群 | 0.075 |
| 比目鱼肌 | 0.191 | 髂肌 | 0.053 |
| 胭绳肌 | 0.164 | 胫骨前肌 | 0.036 |

4. 下楼梯模式下下肢肌肉差异性分析

为探讨下楼梯时下肢肌肉的个体差异，将下楼梯时下肢肌肉分为踝关节肌肉、髋关节肌肉、膝关节肌肉三组。绘制了下楼梯实验中肌肉力量的二维图，如图 6-28～图 6-30 所示，下楼梯实验中肌肉激活的三维直方图如图 6-31 所示。除此之外，下楼梯时最小面积椭圆的最大激活相关域如图 6-32 所示。在图 6-28～图 6-30 中，横坐标代表一个完整的步态周期(分为四个阶段：第一支撑相(FI)：0%～18.90%，单支撑相(SI)：18.90%～51.07%，第二支撑相(SE)：51.07%～64.47%，摆动相(SW)：64.47%～100%)。

1) 男女生下肢肌肉力对比分析

图 6-28 显示了整个下楼梯的步态周期中踝关节肌肉的肌肉力，男生的腓肠肌只有一个显著的峰值，出现在单支撑相快结束的时候。但是，女生的腓肠肌有两个峰值，一个较小的峰值出现在第一支撑相的中间位置。比目鱼肌有两个峰值，其峰值时间与 VAS 肌群峰值时间基本相同，但比目鱼肌的肌肉力较大。比目鱼肌在男生和女生之间有很好的一致性。胫骨前肌的肌肉力较小，男生和女生的差异较大。女生的胫骨前肌在下楼梯的整个步态周期中几乎不被激活，而男生的胫骨前肌在第一支撑相和单支撑相有明显激活。

图 6-29 显示了整个下楼梯的步态周期中髋关节肌肉的肌肉力。臀中肌和臀大肌均在第一支撑相中期达到最大值，随后肌肉力逐渐下降，男生和女生的差异不显著。但是臀中肌比臀大肌有更大的肌肉力。结果表明，髂肌在男生和女生之间存在较大差异，男生的髂肌的激活时间明显早于女生。

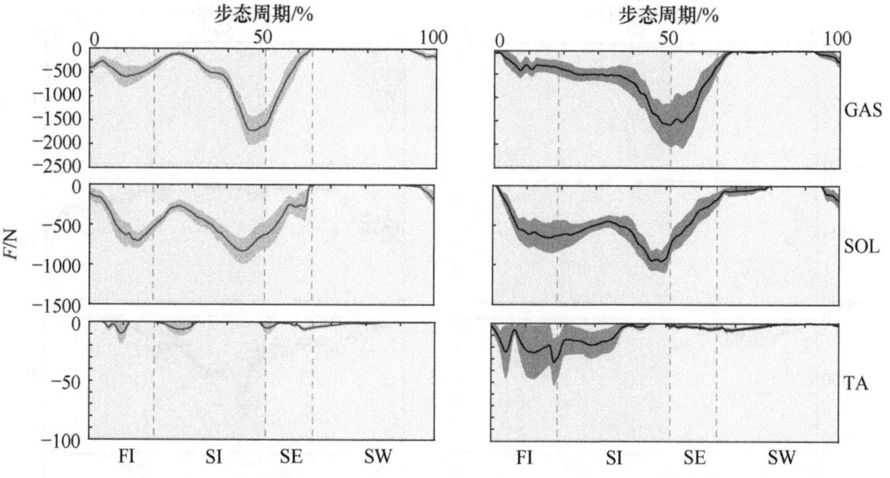


(a) 女生　　(b) 男生

图 6-28　下楼梯模式下踝关节肌肉力对比

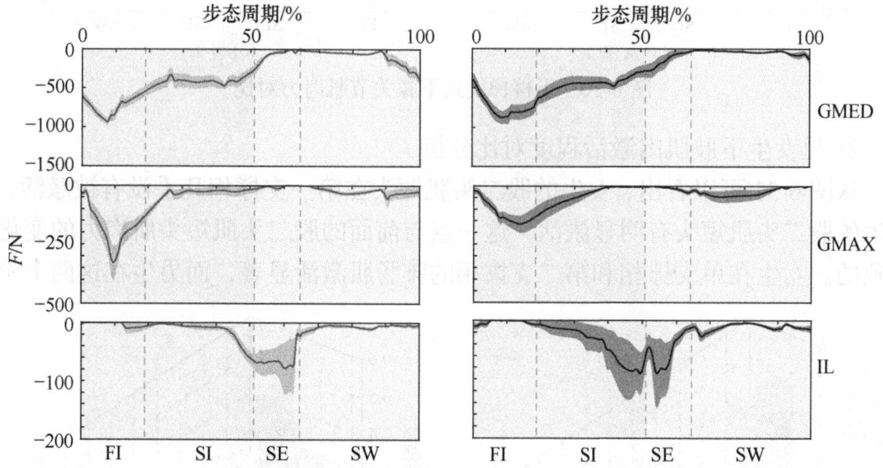


(a) 女生　　(b) 男生

图 6-29　下楼梯模式下髋关节肌肉力对比

图 6-30 显示了整个下楼梯的步态周期中膝关节肌肉的肌肉力。可以看出，女生的股二头肌短头肌肉力几乎接近于 0，但在下楼梯时男生的股二头肌短头在摆动相激活。在下楼梯的过程中，腘绳肌几乎都有激活，峰值出现在摆动相快结束的时候或者第一支撑相刚开始的时候，并且男生和女生的腘绳肌肌肉力是比较一致的。同样，股直肌几乎在整个步态周期中都被激活，并在单支撑相结束时达到峰值，男生和女生之间的一致性非常好。VAS 肌群有两个峰值，它的肌肉力较大，说明其对于下肢运动的贡献较大，同时男女生之间有较好的一致性。

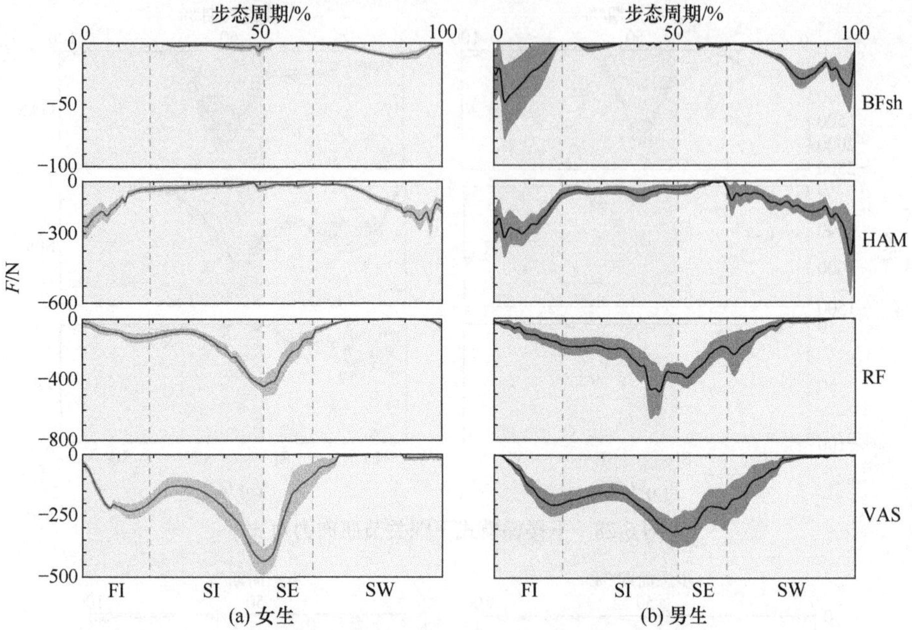


图 6-30 下楼梯模式下膝关节肌肉力对比

2) 男女生下肢肌肉激活程度对比分析

从图 6-31 可以看出，女生的股二头肌短头在第一支撑相几乎没有被激活，而男生的股二头肌短头有明显激活，这一点与前面的股二头肌短头肌肉力的变化是一致的。女生在单支撑相和第二支撑相的腓肠肌激活显著，而男生在这两个阶段

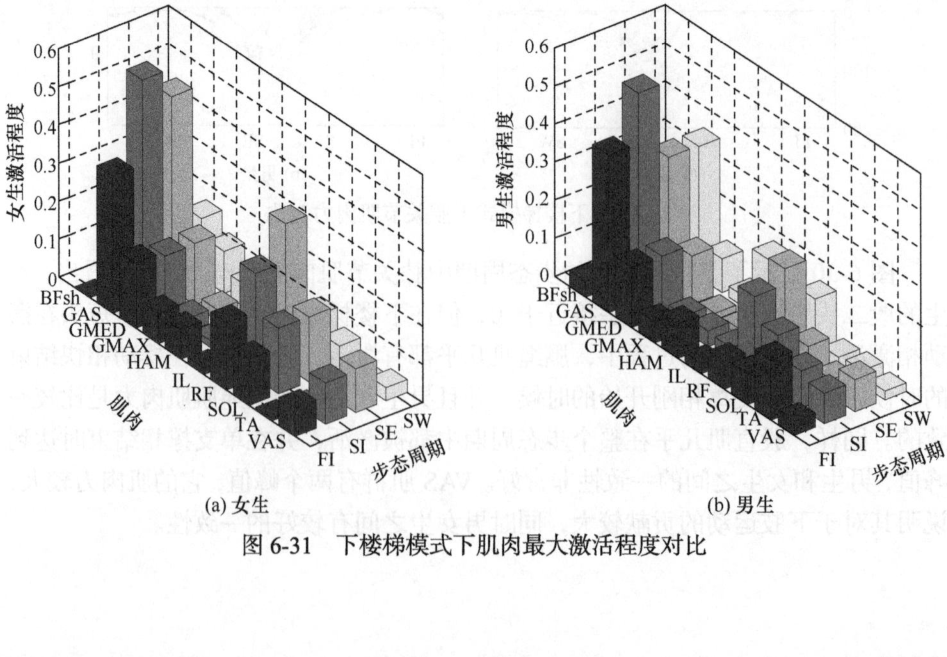


图 6-31 下楼梯模式下肌肉最大激活程度对比

的腓肠肌激活的差异较小。男生的腘绳肌在摆动相的最大激活程度明显大于女生。女生在第一支撑相的股直肌最大激活程度大于摆动相，而男生的情况则相反。

此外，女生在第二支撑相和单支撑相的股直肌最大激活程度均大于男生。在整个步态周期中，男生的胫骨前肌最大激活程度是很明显的，而女生的胫骨前肌最大激活程度几乎为零。

3) 下肢肌肉激活程度相关性和不确定性分析

由图 6-32 可知，在下楼梯的过程中，踝关节的三块肌肉之间的相关系数都小于 0.3，由此可见，踝关节肌肉群之间的相关性较弱，如表 6-11 所示，在选定的十块肌肉中，腓肠肌和胫骨前肌的椭圆半径相对较大，这导致个体差异引起的不确定性相对较大，但比目鱼肌由个体差异引起的不确定性不大。

如图 6-32 所示，臀中肌、臀大肌和髂肌之间的相关系数均大于 0.3，小于 0.5，说明它们之间是相关的。从表 6-11 可以看出，髂肌的不确定性较大，而臀中肌和臀大肌的不确定性很低。腘绳肌和股二头肌短头之间的相关系数大于 0.8，表明腘

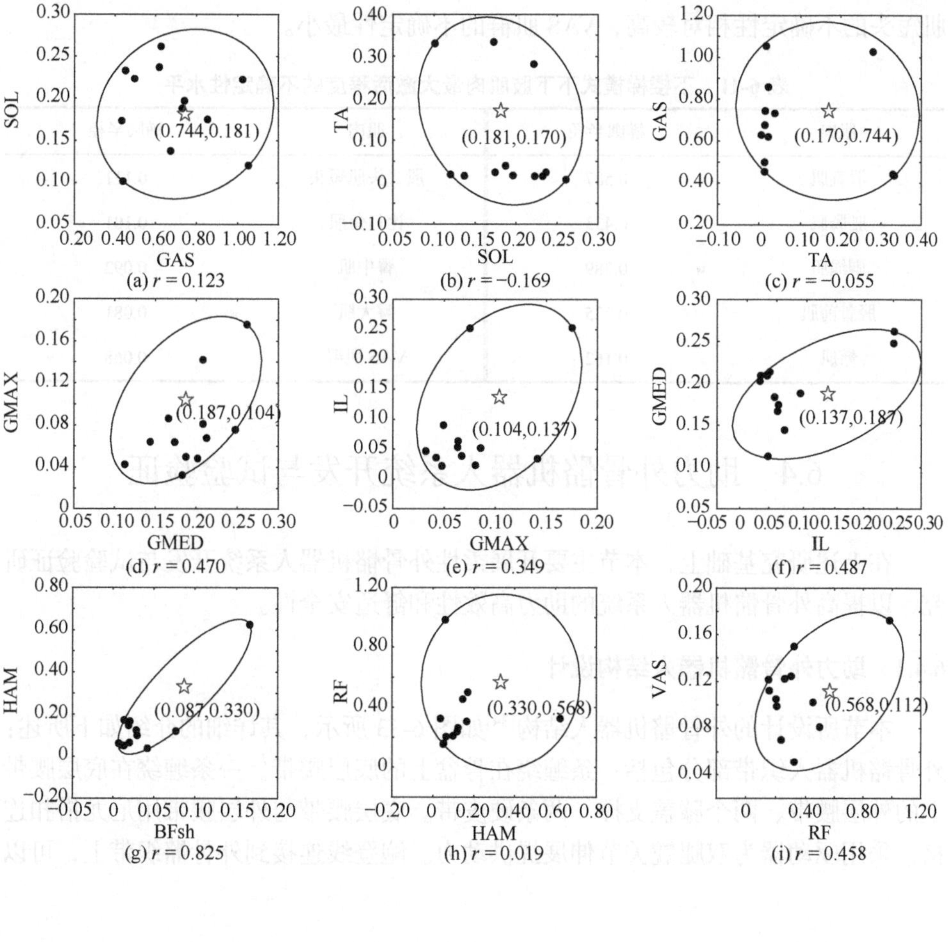


(a) $r = 0.123$　(b) $r = -0.169$　(c) $r = -0.055$

(d) $r = 0.470$　(e) $r = 0.349$　(f) $r = 0.487$

(g) $r = 0.825$　(h) $r = 0.019$　(i) $r = 0.458$

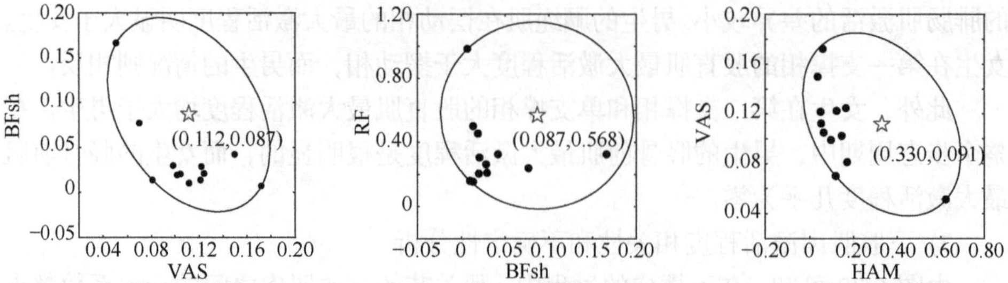


(j) $r = -0.352$　(k) $r = -0.026$　(l) $r = -0.336$

图 6-32　下楼梯模式下最大激活程度的椭圆域

绳肌和股二头肌短头之间有强相关性。VAS 肌群与股直肌、股二头肌短头与 VAS 肌群以及腘绳肌与 VAS 肌群之间的相关系数均大于 0.3、小于 0.5，说明 VAS 肌群与股直肌、股二头肌短头与 VAS 肌群以及腘绳肌与 VAS 肌群之间具有相关性。腘绳肌与股直肌、股直肌与股二头肌短头之间的相关系数均小于 0.3，几乎没有相关性。如表 6-11 所示，股直肌由个体差异引起的不确定性最高，腘绳肌和股二头肌短头的不确定性相对较高，VAS 肌群的不确定性最小。

表 6-11　下楼梯模式下下肢肌肉最大激活程度的不确定性水平

| 肌肉 | 椭圆半径 | 肌肉 | 椭圆半径 |
|---|---|---|---|
| 股直肌 | 0.587 | 股二头肌短头 | 0.111 |
| 腓肠肌 | 0.433 | 比目鱼肌 | 0.101 |
| 腘绳肌 | 0.389 | 臀中肌 | 0.092 |
| 胫骨前肌 | 0.225 | 臀大肌 | 0.081 |
| 髂肌 | 0.162 | VAS 肌群 | 0.068 |

# 6.4　助力外骨骼机器人系统开发与试验验证

在上述研究基础上，本节主要开展柔性外骨骼机器人系统开发与试验验证研究，以提高外骨骼机器人系统的助力高效性和舒适安全性。

## 6.4.1　助力外骨骼机器人结构设计

本节所设计的外骨骼机器人结构[34]如图 6-33 所示，其详细的介绍如下所述：外骨骼机器人织带部分包括一条缠绕在骨盆上的底层腰带、一条缠绕在底层腰带上的外层腰带、两个膝盖支撑、两条硬皮带。底层腰带与外层腰带用尼龙搭扣连接，采用驱动器为双腿髋关节伸展提供动力。鲍登线连接到外骨骼织带上，可以提供从驱动器到鲍登线护套末端的柔性传输。为了产生髋关节伸展扭矩，每条腿的鲍登线护套安装在底层腰带的背面，而内侧鲍登线则进一步延伸至膝盖支撑的后部。每条腿的后测力传感器置于鲍登线中间，鲍登线一端与膝部支撑相连，另一端与绕线轴连接。前测力传感器置于弹性带中间。两个驱动器安装在身体前侧的外层腰带上，通过卷起硬皮带，在双腿上驱动髋关节弯曲。外骨骼本质是替代人体行走时的部分肌肉功，因此一些研究人员设计了外骨骼在人体上与穿着者肌肉平行的受力路径，并在肌肉表面附着和固定软质织物支架作为施力点。这样，当外骨骼和纺织支撑之间在适当的时间产生力时，穿戴者的肌肉激活度会减少，让外骨骼来承担一部分工作。但当辅助力较大时，柔性织带支撑容易滑向辅助力方向，从而降低辅助效率。因此，研究表明，直接对关节施加扭矩可有效解决此问题，取代在肌肉上施加拉力。因此，为了有效地帮助髋关节伸展和屈曲，本节设计了膝盖支撑，连接在双腿膝盖上，而不是使用大腿支撑附着在大腿肌肉上，这样设计的目的是驱动器可以直接施加力在大腿末端(膝盖)处。根据以上设计方法，外骨骼将减轻对大腿肌肉压力，使佩戴者更舒适。通过增加臀部垫，也降低了穿戴者骨骼结构的轴向压力。因为外骨骼提供了比下肢肌肉更大的半径偏移，所以为了达到给定的关节力矩，外骨骼提供的轴向力比仅由潜在肌肉施加的力要小。

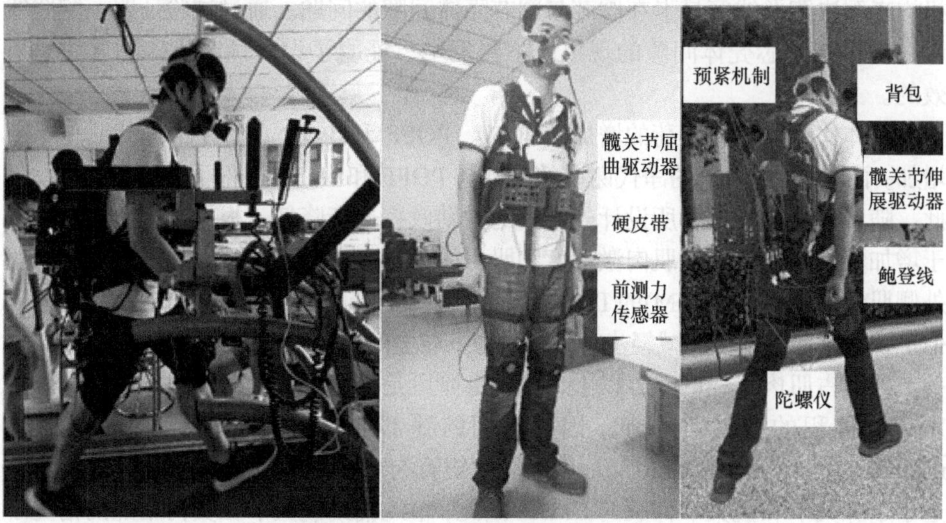


图 6-33　柔性外骨骼机器人系统[34]

两个驱动器安装在外层腰带上，外层腰带需要一种更硬的材料来支撑两个驱动器，并且在拉伸时还要避免过度松弛。为了提高拉伸强度，外层腰带材料选用聚酯纤维(67%)和聚丙烯(33%)的混合材料，该材料具有一定的抗皱、良好的形状保持和高弹性恢复能力。底层腰带直接接触到佩戴者的皮肤，因此它必须设计得足够柔软，以保持佩戴者的舒适。上述底层腰带的材料选择了具有高回弹、高拉伸强度、良好的抗冲击性和缓冲性能的乙烯-醋酸乙烯共聚物。但是，鲍登线产生的拉力(130N)较大，如果其材料太软，底层腰带的臀部会拉伸过大，进一步造成外骨骼的辅助效果比较低。为了提高底层腰带臀部的抗拉强度，在底层腰带臀部缝尼龙带，尼龙带端部用尼龙搭扣与外层腰带连接。由此，作用在底层腰带上的力通过尼龙带传递到外层腰带上，可以减小作用在底层腰带上的力。底层腰带和外层腰带用尼龙搭扣固定在佩戴者的腰部，这意味着腰带在很大的范围内适合腰部尺寸，尼龙搭扣的作用，使得腰带更容易穿戴，伸展性更小。

### 6.4.2　助力外骨骼机器人试验验证

为了评价所设计柔性助力外骨骼的助力性能，通过人体运动试验比较了三种情形下行走时的代谢成本，即穿着外骨骼并通电(power on, PON)、穿着外骨骼但断电(power off, POFF)和不穿着外骨骼(no wear, NOW)。受试者需要携带 0kg、10kg 和 25kg 不同重量的背包加上系统重量(7.5kg)进行上述试验，这些条件的选择主要是考虑日常负重的人群，所有试验均经中国人民解放军第 983 医院批准。为了简化系统结构和减轻系统重量，文献[35]采用了鲍登线驱动方法，其中一个电机通过鲍登线驱动双腿上的髋关节伸展，并在结构上做了进一步的创新，设计了预紧机构来解决鲍登线容易卡在阀芯与阀芯壳体间隙的问题。通过试验证明，鲍登线卡在阀芯与阀芯壳体间隙的现象已不再发生，证明了设计预紧机构的方法是有效的。

人体代谢率随着负荷的增加，NOW、POFF 和 PON 条件下的净代谢率不断增加，而 PON 条件下的净代谢率的降低与 POFF 和 NOW 条件下相比不显著。因此，随着负荷的增加，所设计外骨骼的辅助效率逐渐降低。根据以往研究人员关于增加负重行走时下肢肌肉激活度和肌力的数据，发现当负重 20%～40%时，股外侧肌(VL)和腓肠肌(GM)的 IEMG 显著增加，随着负荷的增加，肌肉活动的差异似乎是为了保持平衡和减轻步态中施加在下肢上的负荷增加而进行的调整[36,37]；踝关节伸肌占肌肉体积的 1/2 以上，在支撑阶段是被激活产生肌肉力；踝关节伸肌占肌肉体积的很大一部分，因为它们的腿部伸肌的有效机械效益(effective mechanical advantage，EMA)，即伸肌力矩臂与合成地面反作用力矩臂的比值[37]远小于膝关节和髋关节伸肌的 EMA。因此，单纯辅助髋关节在负荷增加的情况下不能有效降低净代谢成本，还需要辅助踝关节和膝关节。

结果表明，在倾斜角度为 5°的跑步机上固定步速为 1.53m/s 的试验中，电机采用最大输出模式，在 0N 负荷试验条件下，外骨骼机器人助力能明显降低人体平均代谢成本 8.9%±1.5%[34]。为了进一步提高其助力效率，将髋关节屈曲的助力增加到 50N。虽然摆动腿不承受负荷，但髋关节屈曲的大辅助力使大腿被迫向前摆动到更大的髋关节角度，这实际上增加了向前摆动的步长和角速度。因此，对于快走、跑步和上坡的人，辅助髋关节屈曲也可以有效地降低代谢率。根据上述试验，表明所设计的柔性助力外骨骼机器人系统在不同负重模式下能不同程度地减少代谢能耗，但降低的力度还有提高空间，在后续的研究中将继续加大对外骨骼机器人系统助力高效性的研究，同时考虑多源不确定性因素的影响，对外骨骼机器人系统的舒适、安全及可靠性展开更深入的研究，加快推进外骨骼机器人实用化、产品化进程。

## 参 考 文 献


[1] Officer A, Thiyagarajan J A, Schneiders M L, et al. Ageism, healthy life expectancy and population ageing: How are they related? International Journal of Environmental Research and Public Health, 2020, 17(9): 3159.

[2] 庞国防，胡才友，杨泽. 中国人口老龄化趋势与对策. 中国老年保健医学, 2021, 19(1): 3-5.

[3] Cromwell R L, Newto R A. Relationship between balance and gait stability in healthy older adults. Tournal of aging and Physical Activity, 2004, 12(1): 90-100.

[4] Sanchez-Villamañan M D C, Gonzalez-Vargas J, Torricelli D, et al. Compliant lower limb exoskeletons: A comprehensive review on mechanical design principles. Journal of NeuroEngineering and Rehabilitation, 2019, 16(1): 1-16.

[5] Ergasheva B I. Lower limb exoskeletons: Brief review. Scientific and Technical Journal of Information Technologies, Mechanics and Optics, 2017, 115(3): 1153-1158.

[6] Chen B, Ma H, Qin L Y, et al. Recent developments and challenges of lower extremity exoskeletons. Journal of Orthopaedic Translation, 2016, 5: 26-37.

[7] Ko C Y, Ko J, Kim H J, et al. New wearable exoskeleton for gait rehabilitation assistance integrated with mobility system. International Journal of Precision Engineering and Manufacturing, 2016, 17(7): 957-964.

[8] Zoss A B, Kazerooni H, Chu A. Biomechanical design of the Berkeley lower extremity exoskeleton (BLEEX). IEEE/ASME Transactions on Mechatronics, 2006, 11(2): 128-138.

[9] Kazerooni H, Racine J L, Huang L H, et al. On the control of the Berkeley lower extremity exoskeleton (BLEEX). Proceedings of the IEEE International Conference on Robotics and Automation, Barcelona, 2005.

[10] Sankai Y, Sakurai T. Exoskeletal cyborg-type robot. Science Robotics, 2018, 3(17): 3912.

[11] Sankai Y. HAL: Hybrid assistive limb based on cybernics. Robotics research—The 13th International Symposium, Hiroshima, 2010.

[12] Suzuki K, Kawamoto H, Hayashi T, et al. Intention-based walking support for paraplegia patients with robot suit HAL. Advanced Robotics, 2007, 21(12): 1441-1469.

[13] Kim W, Lee H, Kim D, et al. Mechanical design of the Hanyang exoskeleton assistive robot (HEXAR). The 14th International Conference on Control, Automation and Systems (ICCAS 2014), London, 2014.

[14] Yu S N, Lee H D, Lee S H, et al. Design of an under-actuated exoskeleton system for walking assist while load carrying. Advanced Robotics, 2012, 26(5-6): 561-580.

[15] Kawamoto H, Sankai Y. Comfortable power assist control method for walking aid by HAL-3. IEEE International Conference on Systems, Man and Cybernetics, Yasmine Hammamet, 2002.
[16] Jezernik S, Colombo G, Morari M. Automatic gait-pattern adaptation algorithms for rehabilitation with a 4-DOF robotic orthosis. IEEE Transactions on Robotics and Automation, 2004, 20(3): 574-582.
[17] Banala S K, Kim S H, Agrawal S K, et al. Robot assisted gait training with active leg exoskeleton (ALEX). IEEE Transactions on Neural Systems and Rehabilitation Engineering, 2009, 17(1): 2-8.
[18] Esquenazi A, Talaty M, Packel A, et al. The ReWalk powered exoskeleton to restore ambulatory function to individuals with thoracic-level motor-complete spinal cord injury. American Journal of Physical Medicine & Rehabilitation, 2012, 91(11): 911-921.
[19] Chen B, Zhong C H, Zhao X, et al. A wearable exoskeleton suit for motion assistance to paralysed patients. Journal of Orthopaedic Translation, 2017, 11: 7-18.
[20] Milia P, de Salvo F, Caserio M, et al. Neurorehabilitation in paraplegic patients with an active powered exoskeleton (Ekso). Digital Medicine, 2016, 2(4): 163.
[21] Bohannon R W, Andrews A W. Normal walking speed: A descriptive meta-analysis. Physiotherapy, 2011, 97(3): 182-189.
[22] Jin S, Iwamoto N, Hashimoto K, et al. Experimental evaluation of energy efficiency for a soft wearable robotic suit[J]. IEEE Transactions on Neural Systems and Rehabilitation Engineering, 2016, 25(8): 1192-1201.
[23] Yasuhara K, Shimada K, Koyama T, et al. Walking assist device with stride management system. Honda R&D Technical Review, 2009, 21(2): 54-62.
[24] Seo K, Hyung S Y, Choi B K, et al. A new adaptive frequency oscillator for gait assistance. IEEE International Conference on Robotics and Automation (ICRA), Seattle, 2015.
[25] Lee J, Seo K, Lim B, et al. Effects of assistance timing on metabolic cost, assistance power, and gait parameters for a hip-type exoskeleton. International Conference on Rehabilitation Robotics (ICORR), London, 2017.
[26] Jin S H, Guo S J, Kazunobu H, et al. Influence of a soft robotic suit on metabolic cost in long-distance level and inclined walking. Applied Bionics and Biomechanics, 2018: 1-8.
[27] Studenski S, Perera S, Patel K, et al. Gait speed and survival in older adults. JAMA, 2011, 305(1): 50-58.
[28] Hantel A, DuMontier C, Odejide O O, et al. Gait speed, survival, and recommended treatment intensity in older adults with blood cancer requiring treatment. Cancer, 2021, 127(6): 875-883.
[29] Perry J, Burnfield J M. Gait Analysis. 2nd ed. Thorofare: SLACK Incorporated, 2010.
[30] Neptune R R, Zajac F E, Kautz S A. Muscle force redistributes segmental power for body progression during walking. Gait & Posture, 2004, 19(2): 194-205.
[31] Neptune R R, Kautz S A, Zajac F E. Contributions of the individual ankle plantar flexors to support, forward progression and swing initiation during walking. Journal of Biomechanics, 2001, 34(11): 1387-1398.
[32] Hamner S R, Seth A, Delp S L. Muscle contributions to propulsion and support during running.

Journal of Biomechanics, 2010, 43(14): 2709-2716.

[33] Simpson K M, Munro B J, Steele J R. Backpack load affects lower limb muscle activity patterns of female hikers during prolonged load carriage. Journal of Electromyography and Kinesiology, 2011, 21(5): 782-788.

[34] Chen Q, Guo S, Sun L, et al. Inertial measurement unit-based optimization control of a soft exosuit for hip extension and flexion assistance. Journal of Mechanisms and Robotics, 2021, 13(2): 021016.

[35] Sinkjaer T, Andersen J B, Ladouceur M, et al. Major role for sensory feedback in soleus EMG activity in the stance phase of walking in man. The Journal of Physiology, 2000, 523(3): 817-827.

[36] Biewener A A. Scaling body support in mammals: Limb posture and muscle mechanics. Science, 1989, 245(4913): 45-48.

[37] Griffin T M, Roberts T J, Kram R. Metabolic cost of generating muscular force in human walking: Insights from load-carrying and speed experiments. Journal of Applied Physiology, 2003, 95(1): 172-183.

# 附录 A　多目标优化解集表

附表 A-1　乘员约束系统多目标优化 20 组 Pareto 解集

| 编号 | $f_{db}+\Delta f_{db}$ | $f_{bs}+\Delta f_{bs}$ | $f_{ds}+\Delta f_{ds}$ | $L_{rl}+\Delta L_{rl}$ | $A_{ai}+\Delta A_{ai}$ | $C_{vo}+\Delta C_{vo}$ | $f_{HIC}$ | $f_{BRIC}$ | $\xi$ |
|---|---|---|---|---|---|---|---|---|---|
| 1 | 0.275±0.03220 | 0.504±0.0369 | 0.212±0.0191 | 88.226±3.7185 | 3.416±0.7191 | 1.332±0.0914 | 53.683 | 1.287 | 0.602 |
| 2 | 0.274±0.03257 | 0.507±0.0333 | 0.215±0.0191 | 88.292±3.7560 | 3.225±1.0258 | 1.327±0.0930 | 53.793 | 1.286 | 0.716 |
| 3 | 0.274±0.0452 | 0.516±0.0198 | 0.207±0.0186 | 88.362±3.7937 | 2.926±1.4264 | 1.330±0.1055 | 55.510 | 1.275 | 0.902 |
| 4 | 0.274±0.0423 | 0.504±0.0579 | 0.215±0.0337 | 88.447±3.6951 | 3.404±4842 | 1.319±0.1510 | 53.172 | 1.294 | 1.018 |
| 5 | 0.266±0.0430 | 0.474±0.0441 | 0.222±0.0345 | 88.889±4.2460 | 3.901±2.4284 | 1.300±0.1330 | 49.571 | 1.358 | 1.183 |
| 6 | 0.265±0.0448 | 0.485±0.0508 | 0.222±0.0452 | 88.819±4.1503 | 3.821±2.5180 | 1.298±0.1388 | 50.175 | 1.345 | 1.290 |
| 7 | 0.280±0.0553 | 0.525±0.0473 | 0.214±0.0432 | 88.789±4.0385 | 2.628±2.1690 | 1.349±0.1297 | 58.622 | 1.276 | 1.457 |
| 8 | 0.258±0.0533 | 0.474±0.0613 | 0.236±0.0732 | 88.951±4.2505 | 3.867±2.9875 | 1.307±0.1656 | 49.517 | 1.386 | 1.593 |
| 9 | 0.269±0.0569 | 0.479±0.0641 | 0.219±0.0639 | 88.925±4.1723 | 3.508±3.2644 | 1.298±0.1708 | 50.377 | 1.338 | 1.746 |
| 10 | 0.270±0.0581 | 0.502±0.0792 | 0.237±0.0845 | 89.335±4.4429 | 3.003±2.9179 | 1.293±0.1825 | 53.363 | 1.321 | 1.892 |
| 11 | 0.274±0.0713 | 0.485±0.0722 | 0.248±0.0965 | 89.720±4.7535 | 3.862±3.7666 | 1.224±0.2646 | 53.380 | 1.403 | 2.043 |
| 12 | 0.285±0.0823 | 0.494±0.0906 | 0.249±0.0965 | 90.016±5.0133 | 3.803±3.7367 | 1.200±0.2911 | 57.580 | 1.440 | 2.140 |
| 13 | 0.285±0.0844 | 0.497±0.0948 | 0.250±0.0972 | 90.154±5.2209 | 3.976±3.9199 | 1.163±0.3278 | 60.224 | 1.486 | 2.201 |

续表

| 编号 | $f_{db}+\Delta f_{db}$ | $f_{bs}+\Delta f_{bs}$ | $f_{ds}+\Delta f_{ds}$ | $L_{rl}+\Delta L_{rl}$ | $A_{ai}+\Delta A_{ai}$ | $C_{vo}+\Delta C_{vo}$ | $f_{HIC}$ | $f_{BRIC}$ | $\xi$ |
|---|---|---|---|---|---|---|---|---|---|
| 14 | 0.287±0.0863 | 0.499±0.0961 | 0.250±0.0987 | 90.206±5.1727 | 3.940±3.8825 | 1.143±0.3491 | 62.301 | 1.518 | 2.237 |
| 15 | 0.287±0.0866 | 0.499±0.0967 | 0.250±0.0990 | 90.350±5.2958 | 4.083±4.0278 | 1.112±0.3793 | 65.708 | 1.571 | 2.276 |
| 16 | 0.290±0.0894 | 0.499±0.0963 | 0.250±0.0991 | 90.373±5.3203 | 3.940±3.8839 | 1.096±0.3964 | 67.689 | 1.602 | 2.304 |
| 17 | 0.291±0.0900 | 0.499±0.0961 | 0.250±0.0989 | 90.400±5.3450 | 3.986±3.9300 | 1.069±0.4225 | 71.032 | 1.647 | 2.338 |
| 18 | 0.292±0.0910 | 0.499±0.0961 | 0.250±0.0994 | 90.322±5.2744 | 4.017±3.9611 | 1.051±0.4412 | 73.718 | 1.680 | 2.366 |
| 19 | 0.295±0.0939 | 0.500±0.0968 | 0.250±0.0990 | 90.423±5.3813 | 4.030±3.9736 | 1.037±0.4556 | 76.820 | 1.719 | 2.393 |
| 20 | 0.298±0.0968 | 0.500±0.0970 | 0.250±0.0993 | 90.405±5.3482 | 4.287±4.2291 | 1.031±0.4618 | 79.823 | 1.751 | 2.410 |

# 附录B 伪 代 码

## 1. 多输入多输出系统全局敏感性分析方法的伪代码

**输入：** 多输入多输出系统模型 $y=f(x)$，输入变量 $x=(x_1,x_2,\cdots,x_n)$ 以及多个输出响应 $y=(y_1,y_2,\cdots,y_m)$

**输出：** 输入变量敏感性指数 $\mathrm{VS}=(\mathrm{VS}_1,\mathrm{VS}_2,\cdots,\mathrm{VS}_n)$

1) 主程序：main ( )

If $\rho \neq 0$ then

$\hat{x} \leftarrow \dfrac{x-\mu_x}{\sigma_x}$ //将输入变量从原始空间转换为标准空间

end if

for $k$=1: $m$−1 do

for $l$=$i$+1: $m$ do

$\begin{cases} G^{k,l}(x) \leftarrow f^k(x)+f^l(x) \\ H^{k,l}(x) \leftarrow f^k(x)-f^l(x) \end{cases}$ //利用输出构造一组求和函数

$\begin{cases} \mathrm{HDMR}\left(G^{k,l}(x)\right) \\ \mathrm{HDMR}\left(H^{k,l}(x)\right) \end{cases}$ //求和函数的 HDMR

end for

end for

If $x\sim N(\mu,\sigma^2)$ then

$$\varphi(x)=\frac{1}{\left(\sqrt{2\pi}\right)^n \prod_{i=1}^{n}\sigma_i}\exp\left[-\frac{1}{2}\left(\frac{x-\mu}{\sigma}\right)^{\mathrm{T}}\left(\frac{x-\mu}{\sigma}\right)\right]$$ //联合概率密度函数

else if $x\sim U(\alpha,\beta)$ then

$$\varphi(x)=\frac{1}{\prod_{i=1}^{n}(\beta_i-\alpha_i)}$$ //均匀分布的联合概率密度函数

end if

$\varphi(x)=\left(\varphi_1(x_1),\varphi_2(x_2),\cdots,\varphi_n(x_n)\right)$ //给定输入的概率密度函数

for $i$=1: $n$ do

$\begin{cases} D_{G^{k,l}(x)} \\ D_{H^{k,l}(x)} \end{cases},1\leqslant k<l\leqslant m$ //通过积分得到方差分解

end for

$$\begin{cases} D_{f^k(x)} + D_{f^l(x)} \leftarrow \frac{1}{2}\left(D_{G^{k,l}(x)} + D_{H^{k,l}(x)}\right) \\ C_{\left(f^k(x),\, f^l(x)\right)} \leftarrow \frac{1}{4}\left(D_{G^{k,l}(x)} - D_{H^{k,l}(x)}\right) \end{cases}$$ //计算方差和协方差

$\mathrm{TF}^{k,l} \leftarrow \frac{3}{4} D_{G^{k,l}(x)} + \frac{1}{4} D_{H^{k,l}(x)}$ //使用方差定义总波动

$\mathrm{TF}^{1,2,\cdots,m} \leftarrow \sum_{i=1}^{n} \sum_{1 \leqslant k < l \leqslant m}^{\psi} \mathrm{TD}_i^{k,l} + \sum_{1 \leqslant i < j \leqslant n}^{n} \sum_{1 \leqslant k < l \leqslant m}^{\psi} \mathrm{TD}_{ij}^{k,l} + \cdots + \sum_{1 \leqslant k < l \leqslant m}^{\psi} \mathrm{TD}_{12\cdots n}^{k,l}$ //获得

$\mathrm{VS}_i \leftarrow 1 - \frac{\sum \sum_{1 \leqslant k < l \leqslant m}^{\psi} \mathrm{TD}_{\sim i}^{k,l}}{\mathrm{TF}^{1,2,\cdots,m}}$ //计算变量的敏感性指数

If $\rho \neq 0$ then

  Eve ← Chol($\Sigma$) //进行 Cholesky 分解

  $\delta \leftarrow \hat{x} \cdot \mathrm{Inv(Eve)}$ //自变量转换为因变量

  一级敏感性指标矩阵 $\hat{x}$ 的 $\delta$：$\lambda \leftarrow \begin{bmatrix} \lambda_1^1 & \lambda_2^1 & \cdots & \lambda_n^1 \\ \lambda_1^2 & \lambda_2^2 & \cdots & \lambda_n^2 \\ \vdots & \vdots & & \vdots \\ \lambda_1^m & \lambda_2^m & \cdots & \lambda_n^m \end{bmatrix}$

  二级敏感性指标向量 $\delta$ 的 $y$：$\xi \leftarrow [\xi_1, \xi_2, \cdots, \xi_n]$

  敏感性指数 $x$ to $y$：DVS ← $\xi \cdot \lambda$

end if

2) 子程序：HDMR (·)

$f_0 \leftarrow \int f(x)\,\mathrm{d}x$ //计算输出响应函数的平均值

for $i$=1: $n$ do

  $f_i(x_i) \leftarrow -f_0 + \int f(x) \prod_{k \neq i} \mathrm{d}x_k$ //计算一阶函数子项

end for

for $i$=1: $n$–1 do

  for $j$=$i$+1: $n$ do

$f_{ij}(x_i, x_j) = -f_0 - f_i(x_i) - f_j(x_j) + \int f(x) \prod_{k \neq i,j} \mathrm{d}x_k$ //计算二阶函数子项

  end for

end for

## 2. 非概率不确定性量化和传播分析伪代码

**输入**：参数矩阵 $X = (X_1, X_2, \cdots, X_n)$，放大系数 $\xi$，椭球数 $\gamma$，极限状态函数 $g(X)$，响应向量 $Y^* = (Y_1^*, Y_2^*, \cdots, Y_N^*)$

**输出**：系统状态函数的可能度 $F_Y(Y^*)$

for $i = 1:n$ do //计算均值向量

$\mu_i \leftarrow \text{mean}(X_i)$

end for

$\mu_X \leftarrow [\mu_1, \mu_2, \cdots, \mu_n]$

$\Sigma_{1\sim\sigma_X} \leftarrow \text{cov}(X)$　　//计算协方差矩阵

$\Sigma_{\xi\sim\sigma_X} \leftarrow \xi^2 \cdot \Sigma_{1\sim\sigma_X}$　　///建立最外层椭球模型

for $\lambda = 1:\gamma$ do

$\varepsilon_\lambda \leftarrow (2/3)^{\lambda-1}$　　//定义比例系数

$\Sigma_{X,\varepsilon_\lambda} \leftarrow \varepsilon_\lambda \cdot \Sigma_{\xi\sim\sigma_X}$　　//建立多椭球模型

$\omega_{\tilde{X},\lambda} \leftarrow [\Phi(\varepsilon_\lambda \xi) - \Phi(-\varepsilon_\lambda \xi)]^n$　　//完整的权重因子

$r_\lambda \leftarrow \sqrt{\varepsilon_\lambda}$　　//输出球面域的半径

$A_\lambda^{an} \leftarrow \pi(r_\lambda^2 - r_{\lambda+1}^2)$　　//计算圆环面积

end for

$r_{\gamma+1} \leftarrow 0$

$\Lambda \leftarrow \text{Ch}\left(\Sigma_{X,\varepsilon_{\lambda=1}}^{-1}\right)$　　//进行 Cholesky 分解

for $c = 1:N$ do　　//计算所有可能响应的可能度

$d^* \leftarrow \dfrac{g(\mu_X) - Y_c^*}{\left\|\nabla g^{\mathrm{T}}(\mu_X)\Lambda^{-1}\right\|_2}$　　//从中心到函数的距离

if $|d^*| \leqslant 1$ then

for $\lambda = 1:\gamma$ do

$$A_{c,\lambda}^{ar} \leftarrow r_\lambda^2 \cdot \arccos\left(\frac{|d^*|}{r_\lambda}\right) - |d^*| \cdot \sqrt{r_\lambda^2 - (d^*)^2}$$

if $|d^*| \leqslant r_\lambda$ then

if $d^* < 0$ then

$A_{c,\lambda}^* \leftarrow A_{c,\lambda}^{ar} - A_{c,\lambda+1}^{ar}$

$A_{c,\lambda}^* \leftarrow A_\lambda^{an} - \left(A_{c,\lambda}^{ar} - A_{c,\lambda+1}^{ar}\right)$

end if

else if $d_c^* < 0$ then $A_{c,\lambda}^* \leftarrow 0$ else $A_{c,\lambda}^* \leftarrow A_{c,\lambda}^{an}$ end if

end if

end for

else if $d^* \geqslant 0$ then $A_{c,\lambda}^* \leftarrow A_\lambda^{an}$ else $A_{c,\lambda}^* \leftarrow 0$ end if

end if

$$F_Y(Y_c^*) \leftarrow 1 - \frac{\sum_{\lambda=1}^{\gamma+1} A_{c,\lambda}^* \cdot (\omega_\lambda - \omega_{\lambda+1})}{\sum_{\lambda=1}^{\gamma+1} A_{c,\lambda} \cdot (\omega_\lambda - \omega_{\lambda+1})}$$　　//获得响应的可能度

end for

# 附录C 受试者生理信息表

附表 C-1 女生受试者生理信息

| 序号 | 年龄/岁 | 身高/mm | 体重/kg | BMI | 下肢长度/mm | | 膝宽/mm | | 踝宽/mm | | 肘宽/mm | | 腕宽/mm | | 掌厚/mm | | 肩厚/mm | |
|---|---|---|---|---|---|---|---|---|---|---|---|---|---|---|---|---|---|---|
| | | | | | 左 | 右 | 左 | 右 | 左 | 右 | 左 | 右 | 左 | 右 | 左 | 右 | 左 | 右 |
| 1 | 18 | 1653 | 67.3 | 24.63 | 803 | 807 | 101.37 | 99.78 | 67.33 | 71.50 | 62.73 | 66.47 | 50.94 | 53.45 | 26.29 | 26.74 | 67.0 | 62.0 |
| 2 | 19 | 1618 | 43.0 | 16.43 | 823 | 814 | 86.90 | 92.97 | 68.80 | 65.14 | 53.87 | 58.06 | 45.34 | 48.71 | 23.87 | 24.99 | 79.0 | 63.0 |
| 3 | 19 | 1605 | 62.7 | 24.34 | 860 | 880 | 108.20 | 108.17 | 60.07 | 60.31 | 71.61 | 73.17 | 49.64 | 47.49 | 30.63 | 28.99 | 62.0 | 60.0 |
| 4 | 19 | 1655 | 51.4 | 18.77 | 890 | 900 | 94.94 | 95.37 | 62.57 | 61.54 | 60.39 | 61.92 | 50.09 | 51.73 | 21.98 | 24.00 | 60.0 | 60.0 |
| 5 | 23 | 1666 | 59.1 | 21.29 | 890 | 894 | 110.08 | 106.96 | 60.97 | 61.63 | 67.99 | 68.09 | 48.72 | 49.92 | 30.35 | 28.95 | 66.0 | 65.0 |
| 6 | 19 | 1608 | 63.0 | 24.37 | 808 | 806 | 113.71 | 107.28 | 65.90 | 65.93 | 66.58 | 65.90 | 50.24 | 52.94 | 32.66 | 32.70 | 67.0 | 65.0 |
| 7 | 19 | 1630 | 55.2 | 23.74 | 855 | 850 | 95.19 | 95.93 | 60.69 | 63.66 | 51.04 | 55.10 | 46.65 | 44.74 | 22.65 | 25.72 | 60.0 | 61.0 |
| 8 | 19 | 1664 | 52.9 | 19.11 | 798 | 813 | 95.28 | 94.84 | 64.83 | 67.37 | 65.77 | 65.48 | 51.77 | 49.99 | 29.04 | 28.83 | 67.0 | 65.0 |
| 9 | 28 | 1642 | 64.0 | 20.78 | 839 | 856 | 107.15 | 104.42 | 64.21 | 64.30 | 65.12 | 64.72 | 49.69 | 50.24 | 24.40 | 28.23 | 76.0 | 74.0 |
| 均值 | 20 | 1638 | 57.6 | 21.50 | 841 | 847 | 101.42 | 100.64 | 63.93 | 64.60 | 62.79 | 64.32 | 49.23 | 49.91 | 26.87 | 27.68 | 67.1 | 63.9 |
| 偏差 | ±3 | ±22 | ±7.2 | ±2.47 | ±33 | ±36 | ±8.39 | ±5.76 | ±2.91 | ±3.25 | ±6.30 | ±5.07 | ±1.93 | ±2.56 | ±3.68 | ±2.49 | ±6.2 | ±4.1 |

**附表 C-2 男生受试者生理信息**

| 序号 | 年龄/岁 | 身高/mm | 体重/kg | BMI | 下肢长度/mm | | 膝宽/mm | | 踝宽/mm | | 肘宽/mm | | 腕宽/mm | | 掌厚/mm | | 肩厚/mm | |
|---|---|---|---|---|---|---|---|---|---|---|---|---|---|---|---|---|---|---|
| | | | | | 左 | 右 | 左 | 右 | 左 | 右 | 左 | 右 | 左 | 右 | 左 | 右 | 左 | 右 |
| 1 | 19 | 1884 | 67.9 | 19.13 | 1000 | 1000 | 103.08 | 112.70 | 73.88 | 75.74 | 66.09 | 63.24 | 57.18 | 56.57 | 28.56 | 31.69 | 53.0 | 55.0 |
| 2 | 22 | 1686 | 66.6 | 23.43 | 890 | 900 | 101.50 | 98.16 | 66.12 | 68.88 | 73.07 | 74.74 | 52.74 | 52.52 | 29.59 | 28.81 | 57.0 | 55.0 |
| 3 | 21 | 1817 | 81.8 | 24.78 | 985 | 987 | 97.90 | 96.90 | 70.28 | 70.62 | 65.44 | 68.84 | 51.65 | 54.37 | 28.16 | 30.57 | 65.0 | 64.0 |
| 4 | 19 | 1790 | 72.3 | 22.56 | 910 | 915 | 110.25 | 115.9 | 73.65 | 73.26 | 70.31 | 72.21 | 51.80 | 53.65 | 29.45 | 30.77 | 55.0 | 60.0 |
| 5 | 21 | 1676 | 54.9 | 19.54 | 850 | 850 | 100.69 | 101.39 | 68.23 | 64.88 | 67.78 | 71.87 | 52.80 | 54.90 | 26.14 | 28.30 | 65.0 | 64.0 |
| 6 | 25 | 1621 | 61.9 | 23.56 | 885 | 855 | 94.90 | 95.40 | 70.20 | 70.60 | 69.20 | 73.20 | 52.40 | 51.50 | 28.10 | 29.20 | 40.0 | 40.0 |
| 7 | 31 | 1709 | 75.9 | 25.99 | 850 | 855 | 110.88 | 114.51 | 71.94 | 71.54 | 70.48 | 67.77 | 56.89 | 57.79 | 28.57 | 28.92 | 62.0 | 62.0 |
| 8 | 26 | 1656 | 53.2 | 19.40 | 850 | 850 | 98.89 | 104.19 | 68.13 | 73.20 | 66.66 | 68.69 | 50.48 | 53.95 | 25.60 | 26.67 | 52.0 | 51.0 |
| 9 | 19 | 1746 | 73.8 | 24.21 | 855 | 850 | 103.01 | 100.54 | 64.14 | 65.30 | 58.47 | 59.99 | 54.82 | 57.98 | 30.10 | 31.88 | 70.0 | 70.0 |
| 10 | 22 | 1722 | 67.3 | 22.70 | 900 | 900 | 111.33 | 107.56 | 69.67 | 67.83 | 78.46 | 77.13 | 52.46 | 53.11 | 27.68 | 30.47 | 56.0 | 55.0 |
| 均值 | 22 | 1731 | 67.6 | 22.53 | 898 | 896 | 103.24 | 104.73 | 69.62 | 70.19 | 68.60 | 69.77 | 53.32 | 54.63 | 28.20 | 29.73 | 57.5 | 57.6 |
| 偏差 | ±3 | ±73 | ±8.2 | ±1.90 | ±50 | ±52 | ±5.15 | ±6.83 | ±2.81 | ±3.17 | ±4.74 | ±4.72 | ±2.03 | ±1.98 | ±1.30 | ±1.48 | ±7.7 | ±8.40 |

注：下肢长度—— 髂前上棘到内踝的长度；膝宽—— 膝内外侧宽度；踝宽—— 内外踝之间的距离；肘宽—— 肘内外侧宽度；腕宽—— 腕关节内外侧宽度；掌厚—— 手掌掌骨最厚部位厚度；肩厚——肩峰端与肩关节活动中心之间距离。

# 编 后 记

“博士后文库”是汇集自然科学领域博士后研究人员优秀学术成果的系列丛书。“博士后文库”致力于打造专属于博士后学术创新的旗舰品牌，营造博士后百花齐放的学术氛围，提升博士后优秀成果的学术影响力和社会影响力。

“博士后文库”出版资助工作开展以来，得到了全国博士后管委会办公室、中国博士后科学基金会、中国科学院、科学出版社等有关单位领导的大力支持，众多热心博士后事业的专家学者给予积极的建议，工作人员做了大量艰苦细致的工作。在此，我们一并表示感谢！

“博士后文库”编委会